大数据应用与技术丛书

Python 和 Dask
数据科学

[美] 杰西·丹尼尔(Jesse C. Daniel)　著

王　颖　周致成　王龙江　译

清华大学出版社
北　京

北京市版权局著作权合同登记号 图字：01-2020-2054

Jesse C. Daniel

Data Science with Python and Dask

EISBN: 978-1-61729-560-7

Original English language edition published by Manning Publications, USA © 2019 by Manning Publications. Simplified Chinese-language edition copyright © 2020 by Tsinghua University Press Limited. All rights reserved.

本书封面贴有清华大学出版社防伪标签，无标签者不得销售。

版权所有，侵权必究。侵权举报电话：010-62782989 13701121933

图书在版编目(CIP)数据

Python 和 Dask 数据科学/(美) 杰西•丹尼尔(Jesse C. Daniel)著；王颖，周致成，王龙江 译. —北京：清华大学出版社，2020.6

(大数据应用与技术丛书)

书名原文: Data Science with Python and Dask

ISBN 978-7-302-55378-6

Ⅰ. ①P… Ⅱ. ①杰… ②王… ③周… ④王… Ⅲ. ①软件工具－程序设计 Ⅳ. ①TP311.561

中国版本图书馆 CIP 数据核字(2020)第 070587 号

责任编辑：王　军
封面设计：孔祥峰
版式设计：思创景点
责任校对：牛艳敏
责任印制：刘海龙

出版发行：清华大学出版社
　　　　　网　　址：http://www.tup.com.cn，http://www.wqbook.com
　　　　　地　　址：北京清华大学学研大厦 A 座　　　　**邮　编**：100084
　　　　　社 总 机：010-62770175　　　　　　　　　　　**邮　购**：010-62786544
　　　　　投稿与读者服务：010-62776969，c-service@tup.tsinghua.edu.cn
　　　　　质 量 反 馈：010-62772015，zhiliang@tup.tsinghua.edu.cn
印 装 者：北京鑫海金澳胶印有限公司
经　　销：全国新华书店
开　　本：170mm×240mm　　　　**印　张**：17　　　　**字　数**：333 千字
版　　次：2020 年 6 月第 1 版　　　**印　次**：2020 年 6 月第 1 次印刷
定　　价：79.80 元

产品编号：085827-01

译者序

背景

随着信息技术的高速发展和迅速普及,人类社会进入大数据时代。每天都会产生海量数据,如何挖掘出数据中蕴藏的价值是一个重要研究课题,得到广泛关注和研究,数据科学也应运而生。

数据科学的定义

数据科学的应用领域非常广泛,从社交媒体到电子商务,从量化金融到医学健康,通过利用统计分析、机器学习和人工智能等技术从海量数据中抽丝剥茧、去伪存真,可以挖掘数据中隐藏的价值,并以数据为驱动,揭示其中的规律,能更好地指导我们进行决策,服务于我们的生活。数据科学极大地提升了工作和生产效率,改变社会面貌,正在为我们打开一个崭新的世界。它已不仅仅是一门学科,更是一种全新的思维方式。

存在的问题

海量数据的快速处理是数据科学面临的一个重要挑战,大数据普遍采用分布式存储结构,分布式计算框架能有效地提高计算的并行性。

Dask 简介

Dask 是一个并行计算库,能在集群中进行分布式计算,能以一种更便捷的方式处理大数据。与 Spark 这些大数据处理框架相比,Dask 是一种量级更轻的处理框架,完全基于 Python 实现,学习成本更低。Dask 是对 NumPy、Pandas 和 scikit-learn 库的原生扩展,更便于进行分布式并行计算。Dask 可以有效地处理单机上的中规模数据集和集群上的大规模数据集，也作为通用框架对大部分 Python 对象进行并行化，其配置和维护开销非常低。

在执行大规模的数据分析时，如果本机的内存不足，又不想使用 Spark 等大数据工具，那么 Dask 是一个不错的替代选择。而且它的 API 使用与 Pandas 很相似，对于习惯于用 Pandas 处理数据的人员，学习 Dask 将非常容易。

本书简介

本书详尽介绍使用 Dask 进行数据准备、数据清理、探索性数据分析和数据可视化，最后介绍使用 Dask 进行机器学习。通过提供真实的数据、丰富的案例，帮助读者尽快了解和掌握 Dask 的用法。每个知识点都提供了相应的代码段，帮助读者通过实践强化对知识的理解。每章的开头和结尾对该章的主要内容进行概括和总结。

本书还提供了示例代码和数据集的下载地址。可以在论坛里对本书发表评论，提出技术问题，从作者和其他用户那里得到帮助和提高。本书是迄今为止最详尽介绍使用 Dask 进行数据科学工作的书籍。

译者的贡献

本书由王颖、周致成、王龙江翻译。在翻译过程中查阅了大量数据科学相关书籍和 Dask 官方文档，力求翻译的准确性；同时润色了行文结构，尽量以通俗易懂的语言阐述相关知识点，提高可读性。但由于译者水平有限，难免有疏漏之处，望各位读者包涵并予以指正。

致谢

在此要感谢清华大学出版社的编辑，他们为本书的翻译和校对工作付出了大量心血，本书的成功出版离不开他们的辛勤付出。

结语

最后，衷心希望各位读者将从本书中学到的 Dask 知识运用于实际工作并解决问题，祝各位读者学有所获。

作者简介

Jesse C. Daniel 具有 5 年使用 Python 编写应用程序的经验，其中包括从事 PyData 堆栈(Pandas、NumPy、SciPy 和 scikit-learn)的工作 3 年。Jesse 于 2016 年进入丹佛大学，担任商业信息和分析学的副教授，讲授 Python 数据科学课程。他目前领导着丹佛当地的一家科技公司的数据科学家团队。

致 谢

作为一名新作者，我很快学到的一件事情是，有许多人会参与到一本书的创作中。如果我没有在写这本书的过程中得到特别棒的支持、反馈和鼓励，我绝不可能顺利地完成。

首先，我要感谢 Manning 出版社的 Stephen Soehnlen，他向我提出写这本书的想法，感谢 Marjan Bace 为这本书开"绿灯"。他们给我提供了第一次成为作家的机会，为此我真的非常感谢。接下来，非常感谢开发编辑 Dustin Archibald，是他耐心地指导我写作，也促使我成为一名更好的作家和教师。同样，非常感谢技术编辑 Mike Shepard，是他检查了我所有的代码，并提供了另一个反馈渠道。

接下来，感谢所有在撰写本书过程中提供极好反馈的检查者：Al Krinker、Dan Russell、Francisco Sauceda、George Thomas、Gregory Matuszek、Guilherme Pereira de Freitas、Gustavo Patino、Jeremy Loscheider、Julien Pohie、Kanak Kshetri、Ken W. Alger、Lukasz Tracewski、Martin Czygan、Pauli Sutelainen、Philip Patterson、Raghavan Srinivasan、Rob Koch、Romain Jouin、Ruairi O'Reilly、Steve Atchue 和 Suresh Rangarajulu。特别感谢 Ivan Martinovic 协调同行评审过程，并收集整理这些反馈。

我还想感谢 Bert Bates、Becky Rinehart、Nichole Beard、Matko Hrvatin 和所有其他 Manning 美工人员、Chris Kaufmann、Ana Romac、Owen Roberts 和市场部的其他朋友、Nicole Butterfield、Rejhana Markanovic 和 Lori Kehrwald。也非常感谢 Francesco Bianchi、Mike Stephens、Deirdre Hiam、Michelle Melani、Melody Dolab、Tiffany Taylor，以及无数在幕后为本书的顺利付梓而努力奉献的人。

最后，我要特别感谢妻子 Clementine，她对我在办公室夜以继日地工作表示理解。没有你无限的爱和支持，我不可能完成本书。假如没有我父亲对我坚持科技事业的鼓励和母亲不那么温柔地督促我写英语作业，我也不可能完成本书。我爱你们。

关于封面插图

《Python 和 Dask 数据科学》封面插图名为 La Bourbonnais，这幅插图取自许多艺术家的作品集，由 Louis Curmer 编辑，并于 1841 年在巴黎出版。每幅插图都是手工绘制和着色的，这些丰富多样的图画生动地提醒我们，200 年前，世界上各个地区的城市、村庄和社区在文化上有如此大的差异。不同地区的人们彼此孤立，讲不同的方言。在城市街道或者乡下，很容易就可以通过人们的衣着辨别他们住在哪里，以及他们的职业或社会地位。

随着各个地区的多样性逐渐消失，着装规范也发生了变化。现在已经很难根据衣着区分不同大洲的人了，更不要说区分不同城镇或者地区的人。也许我们已经把文化的多样性变成了更趋多样化的个人生活，变成了快速发展的科技生活。

在一本计算机书籍很难与另一本计算机书籍区分开来的时候，Manning 以两个世纪前丰富多样的地域生活为基础，通过收录的图片，向富有创造力的专业人员致敬。

序　言

　　数据科学是一个有趣的、充满活力和快节奏的工作领域。到目前为止，虽然我作为一名数据科学工作者只有五年时间，但我觉得已经找到了可以相伴一生的工具和技术，也觉得数据科学代表一种流行趋势。我一向专注于让数据科学变得简单，致力于降低入门的门槛，开发更优秀的库让数据科学变得比之前更容易理解。由软件架构师和开发人员组成的生机勃勃的社区在孜孜不倦地为大家改进数据科学，这才促使我写了这本《Python 和 Dask 数据科学》。这是一个使我望而生畏的经历；尽管如此，我也感到非常荣幸，因为我能够通过展现由 Dask 维护人员和贡献者组成的团队所做的真正优秀的工作，为这个充满活力的社区做点贡献。

　　2016 年，当我在工作中第一次遇到棘手的数据集时，我意外地发现了 Dask。在我笨手笨脚地摸索 Hadoop、Spark、Ambari、ZooKeeper 和一些 Apache "大数据"技术数日后，我怀着异常恼火的心情，随意地在谷歌上搜索了一下"Python 大数据库"。在翻阅了几页的结果后，我有两个选择：继续死磕 PySpark，或者学习如何在 Pandas 库使用分块(chunking)。就在我认为我的搜索工作没有用的时候，我意外地发现一个 StackOverflow 问题中提到一个名为 Dask 的库。在 Github 上找到 Dask 后，我便开始研读文档。Dask 是一个由 DataFrame 组成的数据集？还是模仿 Pandas 的 API？还可以使用 pip 安装？这好像太好了，甚至难以置信。但事实上并非如此。我非常生气——为什么之前没听说过这个库？为什么在大数据达到如此狂热的程度时，还有如此强大而且易用的东西在雷达下飞行却没有被我发现？

　　在成功地将 Dask 用于我的工作项目后，我决心成为一名布道者。当我在丹佛大学讲授使用 Python 数据科学课程时，我立即开始寻找将 Dask 纳入课程的方法。我还在丹佛当地的关于 Python 数据的会议上做了几次演讲。后来，当有人找我写一本关于 Dask 的书时，我便毫不犹豫地同意了。当你读到本书时，我希望你也可以发现 Dask 在数据科学工具库中是多么优秀和有用。

前　言

本书读者对象

《Python 和 Dask 数据科学》带你亲身体验一个典型的数据科学工作流程，引导你使用 Dask 完成数据清理乃至数据部署。本书首先介绍可扩展计算的一些基础知识，并解释 Dask 如何利用这些概念在大小数据集上执行操作。在此基础上，本书将重点转向利用各种真实世界的数据集去准备、分析、可视化和建模，从而提供关于如何使用 Dask 执行公共数据科学任务的具体实例。最后，本书教你一步步地在 AWS 上部署自己的 Dask 集群去扩展你的分析代码。

本书主要是为初级到中级的数据科学家、数据工程师和数据分析师编写的，带读者处理能使单台机器到达极限的数据集。虽然有其他分布式框架(如 PySpark)的经验不是必需的，但是具有这方面经验的读者可以通过与 Dask 的功能和性能进行比较而从本书中受益。虽然可在互联网上查阅到各种文章和文献，但那些都无法像本书一样全面介绍如何将 Dask 用于数据科学。

本书结构安排：路线图

本书分为三部分，共包含 11 章。

第 I 部分介绍有关可扩展计算的一些基础知识，并提供了几个简单示例，说明 Dask 如何使用这些概念来扩展工作负载。

- 第 1 章通过构建一个案例来介绍 Dask，说明 Dask 为什么是数据科学工具包中的一个重要工具。并解释有向无环图(Directed Acyclic Graph，DAG)，DAG 是可扩展计算和 Dask 的核心概念。
- 第 2 章将介绍 Dask 如何使用 DAG 在多个 CPU 核心甚至物理机上分配任务。该章介绍如何自动显示由任务调度器生成的 DAG，以及任务调度器如何分配资源并有效地处理数据。

第 II 部分介绍常见的数据清理、分析和可视化任务，以及使用 Dask DataFrame

构造的结构化数据。
- 第3章介绍Dask DataFrame的概念设计，以及如何对Pandas DataFrame进行抽象化和并行化处理。
- 第4章讨论如何从各种数据源和存储格式(如文本文件、数据库、S3和Parquet文件)中创建Dask DataFrame。
- 第5章深入探讨如何使用DataFrame来清理和转换数据集，包括排序、过滤、处理丢失的值、连接数据集以及以多种文件格式编写数据帧。
- 第6章介绍如何使用内置聚合函数(如sum、mean等)，以及自己写一个聚合函数和窗口函数，还介绍如何生成基本的描述性统计。
- 第7章介绍基本可视化效果的创建步骤。
- 第8章在第7章的基础上，介绍具有交互性和地理特征的高级可视化。

第Ⅲ部分介绍Dask的高级主题，如非结构化数据、机器学习和构建可扩展工作负载。

- 第9章演示如何使用Dask包和数组去解析、清理和分析非结构化数据。
- 第10章展示了如何从Dask数据源中构建机器学习模型，以及测试和维护训练模型。
- 第11章介绍如何使用Docker在AWS上建立Dask集群。

如果你喜欢循序渐进地学习，可以选择按顺序阅读本书；如果你想了解一些特定内容，也可选择跳过一些章节阅读。但是无论选择如何阅读，都应该首先阅读一下第1章和第2章，以便更好地理解Dask如何将工作负载(工作任务)从多个CPU核心扩展到多台机器。你还应该参考附录，了解有关Dask设置的具体信息和正文中使用的一些其他包的具体细节。

关于代码

本书在真实数据集的基础上提供实际操作的案例。因此，书中有许多代码。许多源代码包含有注释，旨在进一步解释代码的含义。

所有代码都由Jupyter Notebook提供,可从以下网址下载:http://www.tupwk.com.cn/downpage。另外，也可扫描封底二维码下载。每一个Notebook单元都对应着一个已编号的源代码，并按照在本书中的顺序显示。

目 录

第 I 部分　可扩展计算的基础

第 1 章　可扩展计算的重要性 ……… 3
- 1.1　Dask 的优势 ……………… 4
- 1.2　有向无环图 ……………… 9
- 1.3　横向扩展、并发和恢复 …… 13
  - 1.3.1　纵向扩展和横向扩展 ……………… 14
  - 1.3.2　并发和资源管理 …… 16
  - 1.3.3　从失败中恢复 ……… 17
- 1.4　本书使用的数据集 ……… 18
- 1.5　本章小结 ………………… 19

第 2 章　Dask 入门 ……………… 21
- 2.1　DataFrame API 初探 …… 22
  - 2.1.1　Dask 对象的元数据 … 22
  - 2.1.2　使用 compute 方法运行计算任务 ……… 25
  - 2.1.3　使用 persist 简化复杂计算 ……………… 27
- 2.2　DAG 的可视化 …………… 28
  - 2.2.1　使用 Dask 延迟对象查看 DAG ……………… 28
  - 2.2.2　带有循环和集合的复杂 DAG 的可视化 ……… 29
  - 2.2.3　使用 persist 简化 DAG ……………… 32
- 2.3　任务调度 ………………… 35
  - 2.3.1　延迟计算 …………… 35
  - 2.3.2　数据本地化 ………… 36
- 2.4　本章小结 ………………… 38

第 II 部分　使用 Dask DataFrame 处理结构化数据

第 3 章　介绍 Dask DataFrame …… 41
- 3.1　为什么使用 DataFrame …… 42
- 3.2　Dask 和 Pandas ………… 43
  - 3.2.1　管理 DataFrame 分区 ……………… 45
  - 3.2.2　"混洗"介绍 ……… 48
- 3.3　Dask DataFrame 的局限性 ……………… 49
- 3.4　本章小结 ………………… 50

第 4 章　将数据读入 DataFrame …… 53
- 4.1　从文本文件读取数据 …… 54
  - 4.1.1　Dask 数据类型 ……… 59
  - 4.1.2　为 Dask DataFrame 创建数据模式 ……… 61
- 4.2　从关系数据库中读取数据 ………………… 65
- 4.3　从 HDFS 和 S3 中读取数据 ………………… 68

4.4 读取 Parquet 格式的数据 ……………… 72
4.5 本章小结 …………… 74

第 5 章 DataFrame 的清理和转换 ……………… 75
5.1 使用索引和轴 …………… 77
    5.1.1 从 DataFrame 中选择列 ………… 77
    5.1.2 从 DataFrame 中删除列 ………… 79
    5.1.3 DataFrame 中列的重命名 …………… 81
    5.1.4 从 DataFrame 中选择行 ………… 81
5.2 处理缺失值 ………… 83
    5.2.1 对 DataFrame 中的缺失值计数 ……… 83
    5.2.2 删除含有缺失值的列 ……………… 85
    5.2.3 填充缺失值 …………… 85
    5.2.4 删除缺少数据的行 …… 86
    5.2.5 使用缺失值输入多个列 …………… 87
5.3 数据重编码 ……………… 89
5.4 元素运算 ………………… 93
5.5 过滤和重新索引 DataFrame …………… 95
5.6 DataFrame 的连接 ………… 97
    5.6.1 连接两个 DataFrame …………… 98
    5.6.2 合并两个 DataFrame ………… 101
5.7 将数据写入文本文件和 Parquet 文件 ………… 103
    5.7.1 写入含分隔符的文本文件 ………………… 103
    5.7.2 写入 Parquet 文件 … 104
5.8 本章小结 …………… 105

第 6 章 聚合和分析 DataFrame …… 107
6.1 描述性统计信息 ………… 108
    6.1.1 什么是描述性统计信息 …………… 108
    6.1.2 使用 Dask 计算描述性统计信息 ………… 110
    6.1.3 使用 describe 方法进行描述性统计 ……… 114
6.2 内置的聚合函数 ………… 115
    6.2.1 什么是相关性 ……… 115
    6.2.2 计算 Dask DataFrame 的相关性 ………… 117
6.3 自定义聚合函数 ………… 121
    6.3.1 使用 t 检验测试分类变量 …………… 121
    6.3.2 使用自定义聚合函数来实现 Brown-Forsythe 检验 ……… 123
6.4 滚动(窗口)功能 ………… 134
    6.4.1 为滚动函数准备数据 ……………… 135
    6.4.2 将 rolling 方法应用到一个窗口函数 …… 136
6.5 本章小结 …………… 137

第 7 章 使用 Seaborn 对 DataFrame 进行可视化 ……………… 139
7.1 prepare-reduce-collect-plot 模式 ……………… 141
7.2 可视化散点图与规则图的延伸关系 ………… 143

7.2.1　使用 Dask 和 Seaborn
　　　　　　创建散点图 ………… 143
　　　7.2.2　在散点图中添加线性
　　　　　　回归线 ………… 146
　　　7.2.3　在散点图中添加非线性
　　　　　　回归线 ………… 147
　7.3　使用小提琴图可视化分类
　　　关系 ……………………… 149
　　　7.3.1　使用 Dask 和 Seaborn
　　　　　　创建小提琴图 ……… 150
　　　7.3.2　从 Dask DataFrame
　　　　　　随机采样数据 ……… 152
　7.4　使用热图可视化两个
　　　分类关系 ………………… 154
　7.5　本章小结 ………………… 157

第 8 章　用 Datashader 对位置数据
　　　　可视化 ……………………… 159
　8.1　什么是 Datashader？
　　　它是如何工作的？ ……… 160
　　　8.1.1　Datashader 渲染流程的
　　　　　　五个阶段 …………… 161
　　　8.1.2　使用 Datashader 进行
　　　　　　可视化 ……………… 165
　8.2　将位置数据绘制为
　　　交互式热图 ……………… 166
　　　8.2.1　准备用于地图平铺的
　　　　　　地理数据 …………… 166
　　　8.2.2　创建交互式热图 …… 167
　8.3　本章小结 ………………… 169

第 III 部分　扩展和部署 Dask

第 9 章　使用 Bag 和 Arrays ……… 173
　9.1　使用 Bag 读取和解析
　　　非结构化数据 …………… 175

　　　9.1.1　从 Bag 中选择和查看
　　　　　　数据 ………………… 176
　　　9.1.2　常见的解析错误和
　　　　　　解决办法 …………… 176
　　　9.1.3　使用分隔符 ………… 177
　9.2　转换、过滤和合并
　　　元素 ……………………… 184
　　　9.2.1　使用 map 函数转换
　　　　　　元素 ………………… 184
　　　9.2.2　使用 filter 函数
　　　　　　过滤 Bag …………… 186
　　　9.2.3　计算 Bag 的描述统
　　　　　　计量 ………………… 189
　　　9.2.4　使用 foldby 方法创建
　　　　　　聚合函数 …………… 190
　9.3　从 Bag 中创建 Arrays 和
　　　DataFrame ……………… 192
　9.4　使用 Bag 和 NLTK 进行
　　　并行文本分析 …………… 193
　　　9.4.1　二元分析的基础 …… 194
　　　9.4.2　提取 token 和过滤
　　　　　　停顿词 ……………… 194
　　　9.4.3　分析二元组 ………… 198
　9.5　本章小结 ………………… 200

第 10 章　使用 Dask-ML 进行机器
　　　　　学习 ……………………… 201
　10.1　使用 Dask-ML 建立线性
　　　　模型 …………………… 202
　　　10.1.1　准备二进制向量化
　　　　　　　数据 ……………… 204
　　　10.1.2　使用 Dask-ML 建立
　　　　　　　Logistic 回归
　　　　　　　模型 ……………… 210

10.2 评估和调整 Dask-ML 模型 ·················· 211
 10.2.1 用计分法评估 Dask-ML 模型 ····· 211
 10.2.2 使用 Dask-ML 构建朴素贝叶斯分类器 ······ 212
 10.2.3 自动调整超参数 ················ 213
10.3 持续的 Dask-ML 模型 ·················· 215
10.4 本章小结 ················ 217

第 11 章 扩展和部署 Dask ········· 219

11.1 使用 Docker 在 Amazon AWS 上创建 Dask 集群 ·················· 220
 11.1.1 入门 ················ 221
 11.1.2 生成安全密钥 ······ 222
 11.1.3 创建 ECS 集群 ····· 224
 11.1.4 配置集群的网络 ···· 227
 11.1.5 在 Elastic 文件系统中创建共享数据驱动 ················ 231
 11.1.6 在 Elastic Container Repository 中为 Docker 镜像分配空间 ····· 236
 11.1.7 为调度器、工作节点和 Notebook 创建和部署镜像 ········· 237
 11.1.8 连接到集群 ········· 244
11.2 在集群上运行和监视 Dask 作业 ················ 246
11.3 在 AWS 上清理 Dask 集群 ·················· 250
11.4 本章小结 ················ 252

附录 A 软件的安装 ··················253

第Ⅰ部分

可扩展计算的基础

本书的第Ⅰ部分介绍可扩展计算中的一些基本概念,可帮助我们更好地理解 Dask 的优势和底层的运行机理。

第 1 章将介绍有向无环图(Directed Acyclic Graph,DAG),以及它在将计算负载扩展到多个不同的 worker 上所发挥的作用。

第 2 章阐述了 Dask 如何使用 DAG 的理念来分析大型数据集,以及它在可扩展性和并行性方面的优势(无论是使用个人笔记本还是在计算机集群上运行代码)。

一旦完成了第Ⅰ部分,就将对 Dask 的内部原理有一个基本的了解,就可以学习一些使用 Dask 分析实际数据集的示例了。

第1章

可扩展计算的重要性

> **本章主要内容：**
> - 介绍 Dask 为什么成为杰出的可扩展计算框架
> - 使用一个有关菜谱的简单示例介绍如何读取和解释有向无环图
> - 讨论 DAG 在分摊工作负载中的作用，Dask 的任务调度器如何使用 DAG 来分解、控制和监控计算任务
> - 介绍本书使用的数据集

欢迎阅读《Python 和 Dask 数据科学》！既然你决定选择这本书，无疑说明你对数据科学和机器学习很感兴趣，或者你是一名数据科学家、数据分析师或者机器学习工程师。但我怀疑你当前正面临着一个重大挑战，或者你已经在职业生涯中遇到了这个问题。当然，我说的是处理大规模数据集时所面临的令人苦恼的问题。这个问题是：即使对于一些简单的计算任务，也需要很长的运行时间，而且代码不稳定和工作流程笨拙。但不要绝望！随着采集和存储大量数据的费用的下降，这些问题已经变得很常见。为此，计算机科学界为了降低大数据集处理的复杂性，在设计一个更好、更易于使用的编程框架方面付出了大量努力。解决这些问题目前有许多不同的技术和框架，但很少有像 Dask 这样强大和灵活的解决方案。本书旨在介绍使用 Dask 对大型数据集进行分析和建模所需的工具和技术，将把你的数据处理能力提升到一个新层次。

这本书适合哪些人，不适合哪些人？

Dask 的应用场景包括结构化数据分析，使用科学计算进行大规模仿真以及通用的分布式计算等。本书不可能涵盖其中的所有方面，主要介绍如何利用 Dask

进行数据分析和机器学习。当然，本书中也涉及其他方面的知识(如 Bag 和 delayed API)，但那些不是我们的重点。

本书主要面向中级数据科学家、数据工程师和分析人员，特别是那些没有处理过超过单机存储容量限制的数据集的读者。我们会涉及数据处理的整个过程，从数据准备到分析，再到使用 Dask 进行数据建模，深入探讨分布式计算的基础知识。

如果你使用过其他分布式计算框架(如 Spark)并已掌握了 NumPy、SciPy、Pandas 库的用法，你仍可从本书学到一些东西，但你可能发现本书并不适合你。Dask 旨在扩展 NumPy 和 Pandas，使其尽可能简单和轻松，你可通过其他资源(如 API 文档)更好地学习它。

本书的大部分内容集中于在数据处理中的几个典型任务实例，许多数据科学家和数据工程师在实际项目中会经常遇到这些问题。本章主要介绍 Dask 的一些重要基础知识，以便你了解其底层的工作原理。

首先介绍为什么你需要将 Dask 这样的工具加入数据科学工具集中，以及 Dask 的独特之处；其次将介绍有向无环图(DAG)的概念，Dask 使用 DAG 来控制代码的并行执行。有了这些知识，当使用 Dask 处理大型数据集时，会对它的工作方式有更好的了解；这些知识将贯穿整个 Dask 学习过程，当我们在后续章节介绍如何在云中构建集群时，会回过头来回顾这些知识。下面来说明 Dask 的独特之处，分析为什么它能成为数据科学领域的一个强大工具。

1.1 Dask 的优势

对于许多现代公司而言，数据科学的变革力量得到了普遍重视。在合适的人手中，高效的数据分析团队可将 0 和 1 表示的计算机数据转化成公司的竞争力。数据科学可以帮助企业做出更好的决策，优化业务流程和发现战略盲点。然而，我们今天讲的数据科学并不是一个全新概念。在过去几十年中，世界各地的公司一直在努力寻找更好的方法来制定战略和战术决策。决策支持、商业智能、数据分析或运筹学等的目标都是一致的，就是密切关注正在发生的事情并做出更明智的决策。然而，近年来发生的变化是，学习和应用数据科学的门槛已经大大降低。数据科学不再局限于运筹学期刊、学术研究和大型咨询公司的发展部门。Python 编程语言的日益普及成为推动数据科学大众化的一个关键因素。Python 语言提供了一系列被称为 Python 开放数据科学栈(Python Open Data Science Stack)的强大第三方库，这些库包括 NumPy、SciPy、Pandas 和 scikit-learn，已成为行业标准工具，拥有大量开发人员和丰富的学习资料。历史上的一些擅长该领域的编程语言，如 Fortran、MATLAB 和 Octave，学习成本更高，且缺乏与 Python 同样的社区支持。

由于这些原因，Python 及其开放数据科学栈已成为数据科学学习者和日常从业者最欢迎的工具之一。

伴随着数据科学的快速发展，计算机变得越来越强大。这样可以更容易地生成、采集、存储和处理远多于以前的数据，并且费用在持续下降。但是目前有很多公司开始质疑采集和存储这些海量数据是否有价值。原始数据并没有内在价值，必须经过清理、审查和解析，才能从中提取可操作的信息。显然，这就是数据科学家发挥作用的地方。通过使用 Python 开放数据科学栈，数据科学家通常使用诸如 Pandas 的工具进行数据清理和探索性数据分析，利用 SciPy 和 NumPy 对数据进行统计检验，利用 scikit-learn 构建预测模型。这一切都适用于可以放入内存中规模较小的数据集。但由于数据采集和存储的开销持续减少，数据科学家需要更频繁地面对分析大规模数据集的问题。面对超过一定大小的数据集时，这些工具就无能为力了。当数据集的大小超过一定阈值后，就会出现本章开头提出的问题。那么这些阈值怎么确定呢？为避免定义不明确的概念和过度使用大数据术语，我们将在本书中使用三层定义来描述不同规模的数据集和每类数据集所面临的问题。表 1.1 描述了本书中定义的小规模数据集、中等规模数据集和大规模数据集的不同标准。

表 1.1 数据集规模的定义

数据集类型	大小范围	能否装入内存	能否装入本地磁盘
小规模数据集	小于 2~4GB	是	是
中等规模数据集	小于 2TB	否	是
大规模数据集	大于 2TB	否	否

小规模数据集是指可轻松放入 RAM 中的数据集，并可为数据操作和转换留出足够的内存。它们小于 2~4GB，并且不需要换页即可完成诸如排序和聚合的复杂操作。数据换页或置换到磁盘时，会使用计算机的永久存储空间(如磁盘或固态驱动器)作为额外存储空间来存储处理过程中的中间结果。这样会大大减慢处理速度，因为在高速数据访问方面，磁盘的访问速率远低于内存。学习数据科学时会经常遇到这类数据集，而像 Pandas、NumPy 和 scikit-learn 这类工具是处理这类数据的首选。实际上，在这些问题上投入更复杂的工具有杀鸡用牛刀之嫌，可能因为增加不必要的复杂性和管理开销而降低性能，从而适得其反。

中等规模数据集是不能完全放入内存中，但可存放在单个计算机的永久存储空间中的数据集。这类数据集的大小通常在 10GB 到 2TB 之间。虽然可使用相同的工具集来分析小规模数据集和中等规模数据集，但由于这些工具必须使用分页置换以解决内存不足的问题，因此会产生显著的性能下降。这类数据因为太大，因此有必要引入并行化以缩短处理时间。不是将程序的执行限制在单个 CPU 核心上,而是将任务分配到所有可用的 CPU 核心上,这样可大大加快计算速度。但对于 Python 语言来讲,在多核系统的进程之间实现共享任务并不是一件容易的事,因此,很难利用 Pandas 来实现数据处理的并行化。

大规模数据集是既不能放入内存也不能完全存储在单个计算机永久存储空间上的数据集。这类数据集的大小通常超过 2TB,可达到 PB 级甚至更大。Pandas、NumPy 和 scikit-learn 根本不适合处理这种规模的数据集,因为它们本身并不是设计用来处理分布式数据集的。

当然,这三种规模的数据集之间的界限是有点模糊的,取决于你的计算机的硬件配置,更多是数量级上的差别,而不是具体大小。例如,在功能非常强大的计算机上,小规模数据可能达到 10GB 级别,但达不到 TB 级别。中等规模数据可达到 10TB 的数量级,但达不到 PB 的数量级。无论如何,最重要的一点是,当你的数据集超过小规模数据集定义时,就有必要寻找替代的分析工具。然而寻找一个合适的替代工具通常比较困难,这可能需要学习新技术,用其他编程语言重写代码,通常会减缓项目的进度。

Dask 由 Matthew Rocklin 于 2014 年底提出,旨在为 Python 开放数据科学栈带来原生扩展性并克服其单机容量限制。随着时间的推移,该项目已成为针对 Python 开发者的最佳可扩展计算框架之一。Dask 由几个不同的组件和 API 组成,可分为三层:调度器、底层 API 和顶层 API。Dask 的框架如图 1.1 所示。

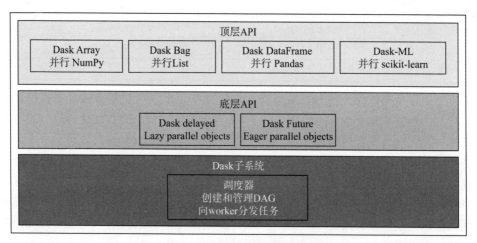

图 1.1 Dask 的组件和层次

Dask 如此强大的原因在于这些组件和层次构建在彼此之上。Dask 的核心是任务调度器,它协调和监视跨 CPU 核心和机器的计算任务的执行。这些计算任务在代码中表示为 Dask delayed 对象或 Dask Future 对象(主要差别是前者是"懒执行",即需要值时才会执行,而后者是"急执行",即无论是否立即需要值,都是立即执行的)。Dask 的顶层 API 在 delayed 和 Future 对象之上提供了一层抽象。顶层对象的操作会转化成由任务调度器管理的多个并行的底层操作,这些对用户都是透明无感的。由于这样的设计,Dask 具备以下几个关键优势:

- Dask 完全由 Python 实现,是对 NumPy、Pandas 和 scikit-learn 库的原生扩展。
- Dask 可有效处理单机上的中等规模数据集和集群上的大规模数据集。
- Dask 可作为通用框架对大多数 Python 对象进行并行化。
- Dask 的配置和维护开销非常低。

让 Dask 在竞争中脱颖而出的第一点是它完全用 Python 语言编写和实现,其集合 API 是对 NumPy、Pandas 和 scikit-learn 库的原生扩展。Dask 不仅使用 NumPy 和 Pandas 用户所熟悉的常见操作和模式,其底层对象也来自每个相应库中的对应对象。Dask DataFrame 由许多较小的 Pandas DataFrame 组成,Dask Array 由许多较小的 NumPy Array 组成,以此类推。

每个较小的底层对象(称为块或分区)可在同一集群的机器间传输,或者在本地排队一次一块地处理;稍后我们将更深入地介绍这个过程。将中等规模和大规模数据集分解成小块,并管理对处理这些数据块的函数的并行执行,是 Dask 处理大规模数据集的基础。Pandas 和 NumPy 中用户已经熟悉的许多函数、属性和方法在 Dask 中有对应的语法。这种设计使得经验丰富的 Pandas、NumPy 和 scikit-learn 用户可轻松地从小规模数据集迁移到中等规模和大规模数据集上。数据工程师可以专注于学习编写具有健壮性、高性能和优化并行性的代码,而不用再学习新的语法。幸运的是,Dask 为常见用例做了很多繁重的工作,但在本书中我们将研究一些最佳实践和陷阱,使你能最大限度地使用 Dask。

Dask 不仅可处理单个机器上的中等规模数据集,也可以处理集群上的大规模数据集。向上或向下扩展 Dask 并不复杂。这使用户可以轻松地在本地计算机上对任务进行原型设计,并在需要时将这些任务无缝地提交到集群上。这一切都不需要重构现有代码或编写额外代码来处理集群特定的问题,如资源管理、恢复和数据迁移等。Dask 拥有很大的灵活性,用户可以选择部署和运行代码的最佳方式。通常,使用集群来处理中等规模数据集是完全没有必要的,因为协调许多机器协同工作所产生的开销,会影响数据处理的效率。Dask 经过优化,可最大限度地减少内存占用,因此,即使在相对低功耗的机器上也可以很好地处理中等规模数据集。这种透明的可扩展性得益于 Dask 精心设计的内置任务调度器。当 Dask 在单个机器上运行时,可使用本地任务调度器;分布式任务调度器可通用于集群和本地的任务执行。Dask 还可与目前流行的集群资源管理器(如 YARN、Mesos 和 Kubernetes)进行对接,允许你将现有集群与分布式任务调度器结合在一起使用。配置任务调度器并使用资源管理器跨任意数量的系统部署 Dask 只需要很少的工作量。在本书中,我们将介绍以不同配置来运行 Dask:在单机使用本地调度器,在云中使用 Docker 运行分布式任务调度器和使用 Amazon ECS。

Dask 的最特殊之处在于它具有扩展大多数 Python 对象的能力。Dask 底层 API、Dask delayed 和 Dask Future 中扩展了 Numpy、Pandas 和其他 Python 对象和数据结构，如 Dask Array 基于 NumPy 的 Array，Dask DataFrame 基于 Pandas 的 DataFrame，Dask Bag 基于 Python 列表。Dask 的底层 API 可以直接用于将 Dask 的所有可扩展性、容错性和远程执行功能应用于任何问题，而不必从头开始构建分布式应用程序。

最后，Dask 非常轻巧，易于安装、卸载和维护。可以使用 pip 或 conda 包管理器安装所有依赖项。使用 Docker 构建和部署集群工作镜像也非常容易，Dask 几乎不需要任何配置，我们将在本书后面介绍。因此，Dask 不仅能很好地处理重复性工作，而且是进行概念证明和执行临时数据分析的绝佳工具。

数据科学家比较关心的一个问题是，Dask 与 Apache Spark 等其他类似技术相比是否更优秀。Spark 无疑已成为分析大规模数据集的一个非常流行的框架，并且在这方面做得很好。尽管 Spark 支持包括 Python 在内的多种语言，但作为 Java 库的遗留问题可能会给缺乏 Java 专业知识的用户带来一些挑战。Spark 于 2010 年推出，作为 Apache Hadoop 的 MapReduce 处理引擎的内存替代版本，很大程度上依赖于 Java 虚拟机(JVM)的核心功能。对 Python 的支持在几个发布周期之后出现，使用一个名为 PySpark 的 API，但是这个 API 只是让你使用 Python 与 Spark 集群交互。提交给 Spark 的任何 Python 代码都必须使用 Py4J 库交给 JVM 执行。由于某些执行发生在 Python 上下文之外，这使得对 PySpark 代码的除错和调试变得非常困难。

PySpark 用户可能最终将代码库迁移到 Scala 或 Java 上，以充分利用 Spark 的功能。Spark 的新功能和增强功能首先添加到 Java 和 Scala API 中，并且通常需要经过数个发布周期后才能将该功能同步到 PySpark 上。此外，PySpark 学习起来并不容易。它的 DataFrame API 虽然在概念上类似于 Pandas，但在语法和结构方面存在很大差别。这意味着新的 PySpark 用户必须重新学习如何以"Spark 方式"编写代码，而不能借鉴现有的使用 Pandas 和 scikit-learn 的经验和知识。Spark 经过高度优化，可对集合对象进行直接计算，例如为数组中的每个项添加常量或对数组进行求和。但这种优化是以牺牲灵活性为代价的。Spark 只能对集合执行 Map 或者 Reduce 操作。因此，你不能和 Dask 一样，使用 Spark 来编写和扩展自定义算法。Spark 也因其安装和配置困难而被诟病，需要许多依赖项，例如，Apache ZooKeeper 和 Apache Ambari，它们本身也很难安装和配置。对于使用 Spark 和 Hadoop 的公司来说，建立专门的 IT 部门来配置、监控和维护集群也是不现实的。

这种比较并不意味着对 Spark 不公平。Spark 非常擅长完成它的功能，是分析和处理大规模数据集的可行解决方案。然而，对于使用过 Python 开放数据科学栈的数据科学家，Dask 的简短学习曲线、灵活性和熟悉的 API 使得 Dask 更具吸引力。

我希望到现在为止你已经开始明白为什么 Dask 是一个功能强大且多样的工具集。如果我之前的猜测(你是因为正在面对一个大规模数据集而决定拿起这本书)是正确的话，我希望你能够尝试使用 Dask，并且学习更多 Dask 知识来处理实际数据集。在我们学习一些 Dask 代码之前，最好先了解几个核心概念，这将有助于我们了解 Dask 的任务调度器是如何对计算任务进行"分而治之"的。如果你对分布式计算的概念不熟悉，这将大有裨益，因为了解任务调度的机制将使你更好地了解计算任务执行的过程以及潜在的性能瓶颈。

1.2 有向无环图

Dask 的任务调度器使用有向无环图(或简称 DAG)的概念来分解、控制和表示计算任务。DAG 来源于数学中的图论。与名称的含义不同，图论与饼图或条形图并无关系，相反，图论中的图是指一组彼此具有关系的对象。虽然这个定义非常模糊和抽象，但它意味着图可用于表示更大范围的更多信息。有向无环图具有一些特殊性质，使得它的定义稍微窄一些。抽象地讨论图的概念没有意义，下面让我们看一个使用 DAG 对实际过程进行建模的示例。

当我不忙于写作、教学或分析数据时，我喜欢烹饪。对我来说，这个世界上很少有东西可以与一盘热腾腾的意大利面相提并论。而且我最喜欢的面是 bucatini all'Amatriciana。如果你喜欢意大利菜，你会喜欢厚的 bucatini 面条，带着浓郁咸味的 Pecorino Romano 奶酪，以及带有辛辣味的用 guanciale 和洋葱烹制的番茄酱。有点离题了！我的意图不是让你放下书然后跑进厨房。相反，我想说的是可以使用有向无环图对 bucatini all'Amatriciana 制作过程进行建模。首先，让我们快速了解一下菜谱，如图 1.2 所示。

菜谱包括烹饪过程遵循的一系列的连续步骤，其中原材料经过了几个中间状态，最终所有食材组合成一道完整的菜肴。例如，当你将洋葱切成小块的过程中，会先将整洋葱切成片，然后切成小块。在软件工程中，我们将切洋葱的过程描述为一个函数。

切洋葱虽然很重要，但只占整个食谱的很小一部分。要完成整个配方，我们必须定义更多步骤(或函数)，每个函数在图中称为一个节点。由于配方中的大多数步骤遵循逻辑顺序(例如，你不会在煮面之前将面条放入盘子)，因此每个节点都有依赖关系，这意味着在开始下一个节点之前必须完成先前步骤(或多个步骤)节点的操作。配方的另一步是用橄榄油炒洋葱，这是另一个节点所表示的。当然，如果你还没有切洋葱，就不可能炒洋葱！因为炒洋葱直接依赖于切洋葱并与之相关，所以这两个节点通过线连接。

我最喜爱的bucatini all'Amatriciana菜谱

食材(4人份)
  2汤匙橄榄油
  3/4杯洋葱丁
  2瓣大蒜捣碎
  4盎司 guanciale，切成小块；128盎司圣马萨诺西红柿，搅碎粗盐
  1/2茶匙红辣椒片
  1/2茶匙现磨黑胡椒
  1磅bucatini
  1盎司 Pecorino Romano奶酪，磨碎

步骤
(1) 在大煎锅放入油，中火加热。加入 guanciale，炸至酥脆 (约4分钟)。加入辣椒片、胡椒粉、洋葱和大蒜。炒至洋葱变软(约8分钟)。需要经常搅拌以免糊锅。加入西红柿，小火煮至酱汁变稠(约15～20分钟)
(2) 煮酱汁的同时，烧开一大锅盐水。加入意大利面，煮的时间比包装上的时间少1～2分钟。完成后，留一些面汤(约1杯)，并将意大利面倒入滤器。
(3) 当酱汁变稠时，将煮熟的意大利面加到煎锅中，然后将酱汁和面条拌在一起。加入剩下的一半面水，煮至意大利面变硬(约2分钟)。加入磨碎的奶酪，搅拌即可食用。好好享用！

图 1.2 我最喜爱的 bucatini all'Amatriciana 菜谱

图 1.3 表示到目前为止描述的过程的图表。注意，"炒配料"节点有三个直接依赖关系：必须先将洋葱和大蒜切碎或捣碎，并且必须将 guanciale 炒熟，才能将这三样一起炒。相反，切洋葱、捣碎大蒜和加热橄榄油 3 个节点没有任何依赖关系。完成这些步骤的顺序无关紧要，但你必须先完成所有这些步骤才能进入最后的步骤。需要注意，连接节点的线带有箭头，表示执行顺序。这意味着只有一种可能的方法来遍历整个图。在将洋葱切成小块之前不要炒洋葱，也不尝试在没有准备好热油锅的情况下炒洋葱。这就是有向无环图的含义：从没有依赖关系的节点到单个终端节点进行逻辑上的单向遍历。

关于图 1.3 中的图表，你可能注意到没有线路将后来的节点连接回前面的节点，节点完成后，永远不会重新执行。这就是使图成为无环图的原因。如果图包含环路或某种连续过程，它将是有环图。当然，这不是烹饪过程的合理表示，因为菜谱具有有限数量的步骤，具有有限个状态(完成或未完成)，并且确定性地到达完成状态，防止发生任何厨房灾难。有环图如图 1.4 所示。

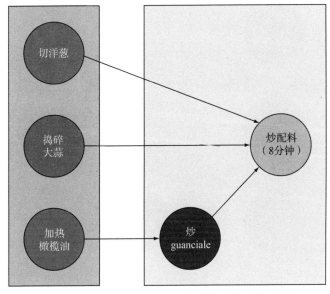

图 1.3 节点的依赖关系

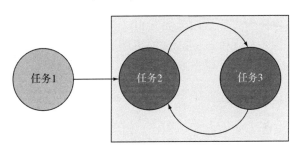

任务 2 和任务 3 互相连接,形成一个无限反馈回路。该图没有逻辑终端的节点

图 1.4 有一个无限回路的有环图的示例

从编程的角度看,这可能听起来像有向无环图不允许循环操作。但事实并非如此,通过复制要重复的节点并顺序连接它们,可从确定性循环(如 for 循环)构造有向非无环图。在图 1.3 中,炒 guanciale 有两个不同的步骤,首先单独炒,然后与洋葱一起炒。如果炒食材的次数是不确定的,则该过程不能表示为无环图。

最后要注意的是图 1.3 中有一种特殊形式,称为"传递缩减"。这意味着消除了表达传递依赖性的任何边。一个传递依赖指通过完成另一个节点间接满足的依赖性。图 1.5 用来演示传递缩减。

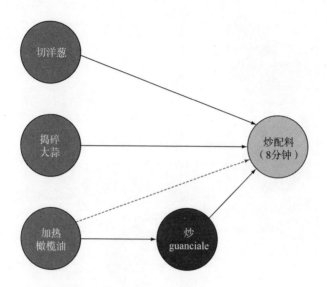

虚线表示一条传递依赖。由于"炒配料"节点直接依赖于"炒 guanciale"节点，而"炒 guanciale"节点直接依赖于"加热橄榄油"节点，所以"炒配料"节点间接依赖于"加热橄榄油"节点

图 1.5　重绘图 1.3(保留传递依赖边)

请注意，在包含操作"加热橄榄油"和"炒配料"的节点之间绘制一条线。加热橄榄油是炒洋葱、大蒜和 guanciale 的传递依赖，因为在添加洋葱和大蒜之前必须单独炒制 guanciale。为了炒出 guanciale，你必须首先用锅加热橄榄油，所以当你准备将所有三种食材一起炒时，你已经有了一个带油的热锅，已经满足了依赖性。

图 1.6 表示完整配方的有向无环图。如你所见，这个图完全代表从开始到结束的过程，可从任何红色节点(本书是黑白印刷，显示为灰色)开始，因为它们没有依赖关系，并且你最终会到达标记为"Buon appetito!(意大利语，好好享用的意思)"的结束节点。通过此图可以很容易地发现一些瓶颈，重新排序一些节点可以产生更加优化或更省时间的烹饪方式。例如，如果烧开煮面的水需要 20 分钟，也许你可以绘制一个图，其中只有一个开始节点表示将水煮沸。然后，在准备好剩余的材料后，你不必等水烧开。这些都是优化的好示例，无论是智能的任务调度器还是你自己(工作任务的设计者)提出的。现在你已经了解了有向无环图的工作原理，你应该能阅读和理解任意的 DAG 图，从烹饪意大利面到计算大数据集的描述性统计信息。接下来，我们将了解 DAG 在可扩展计算中的应用。

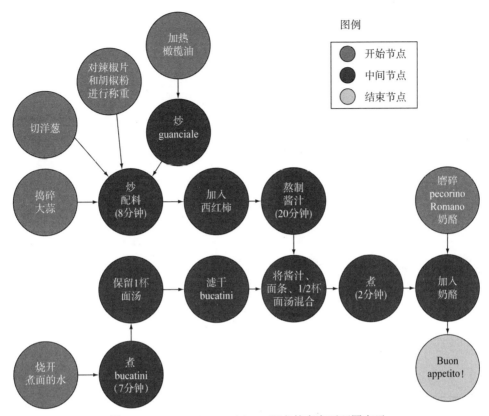

图 1.6 bucatini all'Amatriciana 配方的有向无环图表示

1.3 横向扩展、并发和恢复

到目前为止，在我们烹饪 bucatini all'Amatriciana 的示例中，都假设你是厨房里唯一的厨师。如果你只为你的家人做饭，或者和朋友一起搞个小聚会，这可能会很好，但如果你为几百个人提供晚餐，你可能很快筋疲力尽。现在是时候寻求一些帮助了！首先，你必须解决如何处理资源问题：你是否应该升级设备以提高厨房效率，或者是否应雇用更多厨师来帮助你分担工作？在计算中，这两种方法分别称为纵向扩展(scale up)和横向扩展(scale out)。就像我们假设的厨房一样，这两种方法都不像听起来那么简单。在 1.3.1 节中，将讨论纵向扩展解决方案的局限性以及横向扩展解决方案如何克服这些问题。由于 Dask 的一个关键用例是对复杂问题进行横向扩展，我们假设最佳行动方案是雇用更多工人进行横向扩展。基于这一假设，了解在不同工人之间编排复杂任务所面临的一些挑战将非常重要。1.3.2 节将讨论如何共享资源，1.3.3 节将讨论如何处理故障。

1.3.1 纵向扩展和横向扩展

回到我们假设的厨房，为了在晚餐高峰期为一大群顾客提供食物，你面临着现在该做什么的问题。你可能会注意到的第一件事是，随着食物数量的增加，每个步骤所费的时间也会增加。例如，按照原始配方制作四份，并要 3/4 杯洋葱丁。这个数量大致相当于一个中等大小的黄洋葱。如果你要制作 400 份菜，你需要切 100 个洋葱。假设你可以在大约两分钟内将洋葱切成小块，然后花 30 秒钟清理砧板并再拿一个洋葱，那么切洋葱大约会花费五个小时！不包括准备其他食材所需的时间。当你在完成切洋葱的时候，你愤怒的顾客已经把他们的生意带到其他地方。再加上切洋葱会使眼睛流泪，切五个小时的洋葱就会让你的眼睛干涩难忍！这个问题的两个潜在解决方案是用更快、更高效的设备替换现有的厨房设备(纵向扩展)，或雇用更多的工人并行工作(横向扩展)。图 1.7 表示这两种方案。

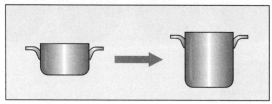

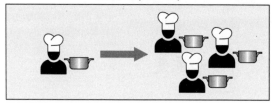

图 1.7 纵向扩展用更大、更快、更有效的设备来替换当前设备，
横向扩展将工作任务分配给多个工人并行工作

纵向扩展或横向扩展的决策并不容易，因为两者都有优势和劣势。当你考虑纵向扩展时，你仍然需要从头到尾监督整个过程。你不必处理他人潜在的不可靠性或技能差异，也不必担心碰到厨房里的其他人。也许你可将你信赖的刀和砧板换成一个食物加工机，这个食物加工机可以用手工切洋葱十分之一的时间完成切洋葱的工作。这将满足你的需求，直到你再次开始纵向扩展。随着业务的扩大，你每天开始提供 800、1600 和 3200 份意大利面，你将开始遇到与之前相同的问题，最终会超过食物加工机的能力。你需要买一台新的更快的机器。这个示例的极端情况下，你最终会达到当前厨房技术的极限，并且不得不付出很大的代价来开发和建造更好、更快的食物加工机。最终，你的简单食品加工机将变得非常专业，

可以切碎极大量的洋葱，并且需要不可思议的工程技术来建造和维护。即便如此，当进一步的技术创新根本不可行时，将达到一个极限(在某些时候，刀片旋转得过快，以至于洋葱被切成糊状！)。但等一下，让我们不要忘记。对于大多数厨师而言，是计划在城中开一家小餐馆，而并不是计划成为全球面食大亨和食品加工商巨头，这意味着只需要选择购置食品加工机(扩大规模)可能是最好的选项。同样，大多数时候，将廉价的低端工作站升级到高端服务器比购买大量硬件和建设集群更容易，也更便宜。如果你所面临的数据规模位于中等规模数据集的上限或大规模数据集的下限，则可以这样。如果你在云上工作，这也是一个更容易的选择，因为将处理器从一种实例类型扩展到另一种实例类型更容易，而不是为了获得可能无法满足需求的硬件而付费。也就是说，如果你可以利用大量并行的机器或需要处理大型数据集，那么横向扩展可能是更好的选择。让我们看看在厨房里横向扩展会带来什么。

你不需要尝试提高自己的技能和能力，而是再雇用9名厨师来帮助分担工作量。如果你们所有10个人都将100%的时间和注意力集中在切洋葱的过程中，那么现在只需要30分钟就能完成原来5小时的工作，假设你们的技能水平相同。当然，你需要购买额外的刀具、砧板和其他工具，你需要提供足够的设施并支付额外的厨师费用，但从长远看，相比投入资金开发专用设备，这将是一个更具成本效益的解决方案。额外的厨师可以帮助你减少准备洋葱所需的时间，但是因为他们是非专业工人，他们需要接受培训以完成其他所有必要的任务。另一方面，无论你多么努力，食物加工机都无法训练煮意大利面！缺点是你的其他厨师可能生病，可能误工，或者做出意想不到的事情并影响整个进程。让你的厨师团队朝着一个目标一起工作并不是免费的。起初，如果厨房里只有三、四个厨师，你可能会监督，随着厨房越来越大，最终你可能需要雇用一个厨师长。同样，实际成本与维护集群相关，在考虑是纵向扩展还是横向扩展时，应该认真评估这些成本。

面对你的新厨师团队，你现在必须弄清楚如何向每个厨师传达指令并确保按照预期食谱进行操作。有向无环图是一个很好的工具，用于规划和编排跨工作池的复杂任务。最重要的是，节点之间的依赖关系有助于确保工作遵循特定顺序(请记住，节点在完成所有依赖关系之前无法开始工作)，但对单个节点的完成方式没有限制，无论是单个实体单独工作还是多个实体并行工作。节点是一个独立的工作单元，因此可以细分工作并分配给多个worker。这意味着你可以分配4个厨师来切洋葱，而另外4个厨师则炒guanciale，剩下的两个厨师捣碎大蒜。厨师长负责分配和监督厨房工作，即代表Dask的任务调度器。当每个厨师完成任务时，主厨可以为他们分配下一个任务。为了保持食材以有效的方式在厨房中流转，主厨应该不断评估需要完成的工作，并尽快开始最接近结束节点的任务。例如，不是等待所有100个洋葱被切完，如果准备好足够的洋葱、大蒜和guanciale，就可以开始制作一整批酱汁，那么主厨应该告诉下一位可用的厨师开始准备一批酱汁。这种策略可以让一些客户更快地得到服务，而不是让所有客户等待，直到每个人同时获得服务。避免让所有洋葱同时处于被切的状态也更有效，因为它会占用大量的砧板资源。同样，Dask 的任务调度器旨在多个任务之间调度资源，以减少内存负载并快速处理已经完成的结果。它高效地将任务分配给机器，旨在最小化机器的空闲时间。组织协调不同 worker 之间的工作并为每个任务分配适当数量的 worker，对于最小化遍历图所花费的时间至关重要。图 1.8 描述了原始图中将任务分发给多个 worker 的可能方式。

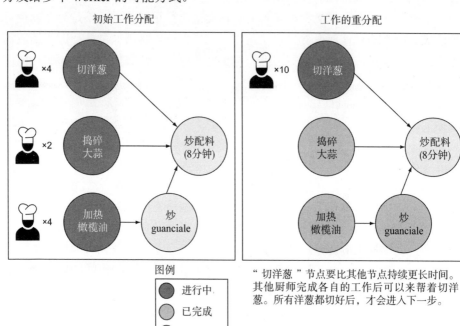

图 1.8　以不同方式分配任务

1.3.2　并发和资源管理

通常情况下，除了可用 worker 的数量，你必须考虑更多约束条件。在可扩展计算中，这些称为并发问题。例如，你雇用更多厨师来切洋葱，但厨房里只有五把刀，只能有五个人同时切洋葱。其他一些任务可能需要共享资源。因此，如果切洋葱占用了所有的五把刀，在没刀空闲之前将不能切其他食材。即使剩下的五位厨师已完成所有其他可能的节点，由于资源匮乏，切其他食材的步骤也会被推迟。图 1.9 展示了一个资源匮乏的示例。

其他厨师被迫保持闲置，直到洋葱切块步骤完成。当共享资源正在使用时，会在其上放置资源锁，这意味着其他 worker 无法"窃取"资源，直到锁定资源的

worker 完成使用它。对于一个厨师来说,从另一个厨师手中夺刀会很粗鲁(也很危险)。如果你的厨师一直在争论谁接下来使用这把刀,那些分歧花费的时间会影响整体的工作进度。主厨负责通过制定关于谁可以使用某些资源以及资源可用时谁来使用的基本规则来化解这些矛盾。类似地,可扩展计算框架中的任务调度器必须决定如何处理资源的争用和锁定。如果处理不当,资源争用将影响性能。但幸运的是,大多数框架(包括 Dask)都非常擅长高效的任务调度,通常不需要手动调整。

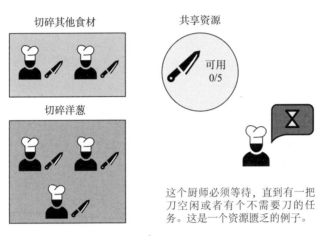

图 1.9 资源匮乏的示例

1.3.3 从失败中恢复

最后,如果不提及恢复策略,就不可能完成可扩展计算的讨论。就像一位厨师长很难同时密切监督所有厨师一样,随着集群中机器数量的增加,协调处理任务的分配变得越来越难。由于最终结果由所有单个操作的聚合而成,所以必须确保所有部分精确地完成。但是,机器像人一样也会出现问题,必须考虑两种类型的故障:worker 故障和数据丢失。例如,如果你指定了一个厨师切洋葱,3 个小时后,他忍受不了这单调的工作,他可能放下菜刀,脱掉外套,直接走了。你现在少了一名工人!其他厨师必须顶替他完成切洋葱的工作,但幸运的是,你仍然可以使用他之前已经切好的洋葱,这是 worker 故障,没有数据丢失。已经宕机的 worker 完成的工作不需要重新进行,因此对性能的影响并不那么严重。

当发生数据丢失时,有可能对性能产生重大影响。例如,你的员工已完成所有前期准备步骤,正在制作酱汁。不幸的是,锅被意外撞倒,酱汁洒在了地板上。从地板上刮起酱汁并继续使用,会违反卫生规定,所以你不得不重新制作酱汁。这意味着要切更多的洋葱,炒更多的 guanciale,等等。不再满足煮酱汁节点的依赖关系,这意味着你必须一直回到第一个无依赖关系节点并从那里开始工作。虽然这是一个相当灾难性的示例，但要记住的重要一点是，在图中的任何一点，在发生故障时，可以"重放"到给定节点的完整操作过程中。任务调度器最终负责停止工作并重新分发要重放的工作。并且因为任务调度器可以动态地为失败的 worker 重新分配任务，所以之前完成任务的特定 worker 不需要重做任务。例如，如果决定先退出的厨师带走了一些切成丁的洋葱，你就不需要停止整个厨房工作并从头开始重做所有东西。你只需要确定切多少洋葱，并指定一名新厨师来完成这项工作。

在极少数情况下，任务调度器可能遇到问题并失败。这类似于你的主厨决定辞职不干了。这种故障可以从中恢复，但由于只有任务调度器知道完整的 DAG 以及完成了多少，唯一的选择是从第 1 步开始，使用全新的任务图。诚然，厨房类比在这里有些脱节。实际上，你的厨师会很好地了解菜谱，不需要主厨进行微观管理即可完成任务，但 Dask 并非如此。worker 只是做安排给它们的活，如果没有任务调度器分配任务告诉它们该做什么，它们就不能自己做决定。

希望你现在能够很好地理解 DAG 的强大功能以及它与可扩展计算框架的关系。这些概念肯定会在本书中再次出现，因为 Dask 的所有任务调度都基于此处提供的 DAG 概念。在结束本章之前，我们将简要介绍一下将在本书中使用的数据集，以便学习 Dask 的操作和功能。

1.4 本书使用的数据集

由于本书的目的是为了引导你使用 Dask 进行数据分析，接下来你可以使用我们提供的数据集来学习后续章节。我们将使用 Dask 对真实的原始数据集进行操作，而不是使用一些专门构建的示例数据集。使用适当大的数据集获得经验对你来说也很重要，因为你可以更好地将知识应用于实际环境的中等规模和大规模数据集。因此，在接下来的几个章节中，我们将使用由 NYC OpenData (https://opendata.cityofnewyork.us)提供的优秀公开数据集来学习如何使用 Dask。

每个月的第三个星期，纽约市财政部记录并公布到当时为止产生的所有停车罚单的数据集。这些数据集非常丰富，甚至包括一些有趣的地理特征。为使数据更易于访问，由 Aleksey Bilogur 和 Jacob Boysen 收集了包含来自 NYC OpenData 的四年数据的存档，并发布在广受欢迎的机器学习网站 Kaggle 上。数据集包含 2013 年至 2017 年的数据，未压缩时超过 8GB。虽然如果你有一个非常强大的计算机，这个数据集可能会满足小规模数据的定义，但对于大多数读者来说，它应该是一个大小适中的数据集。虽然较大的数据集也有，但我不希望你在继续下一章的学习之前需要下载 2TB 的数据。这个数据集的下载网址为 www.kaggle.com/new-york-city/nyc-parking-tickets。下载完数据后，就可以进行下一章的学习了。

1.5 本章小结

- Dask 可用于扩展流行的数据分析库，如 Pandas 和 NumPy，使你可轻松地分析中型和大型数据集。
- Dask 使用 DAG 来协调多个 CPU 核心和机器间的并行化代码的执行。
- 有向无环图由一系列节点组成，具有明确定义的起点和终点，使用单个遍历路径，没有环路。
- 必须先完成上游节点，然后才能在任何相关下游节点上开始工作。
- 横向扩展通常可提高复杂工作任务的性能，但会产生额外开销，从而大幅降低这些性能增益。
- 在发生故障的情况下，可从头开始重复执行到达故障节点的步骤，而不会干扰过程的其余部分。

第 2 章

Dask入门

本章主要内容：
- 列举使用 Dask DataFrame 进行数据清理的简短示例
- 使用 graphviz 对 Dask 工作负载生成的 DAG 进行可视化呈现
- Dask 任务调度器如何使用 DAG 理念来协调代码的执行

既然你已对 DAG 的工作原理有了基本了解，那么让我们来看看 Dask 如何使用 DAG 来创建健壮、可扩展的工作任务。为此，我们将使用你在第 1 章下载的"纽约市停车罚单(NYC Parking Ticket)"数据集，我们首先尝试使用 Dask 的 DataFrame API 来分析结构化数据集，在接下来的几章，你将发现数据集中的一些奇怪特征。我们还将介绍一些有用的诊断工具，并使用底层的延迟 API 创建一个简单的自定义任务图。

在使用 Dask 写代码之前，请先查看附录，了解有关如何安装 Dask 和配置运行环境，安装本书代码示例所需的依赖库。还可在 www.manning.com/books/data-science-with-python-and-dask 以及 http://bit.ly/daskbook 在线查找完整的代码 Notebook。对于本书中的所有示例(除非另有说明)，推荐使用 Jupyter Notebook 来打开和学习。Jupyter Notebook 将保持代码的有序性，并在必要时轻松生成可视化图表。示例中的代码已经在 Python 2.7 和 Python 3.6 环境中进行了测试，可以直接运行。Dask 适用于 Python 的两个主要版本，但我强烈建议你使用 Python 3 来创建新的 Python 项目，因为 Python 2 将于 2020 年后不再提供官方支持。

最后，在我们开始之前，将花一点时间介绍一下 Dask 的路线图。如前文所述，本书旨在以编程方式向读者介绍 Dask 的基础知识，重点介绍如何将其用于常见的数据分析任务。图 2.1 是数据处理的标准流程，我们将以该流程作为背景来讲解如何将 Dask 应用于数据处理的各个环节。

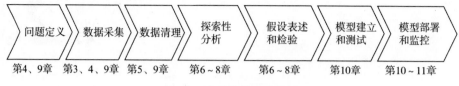

图 2.1 本书的学习路线图

在本章中，我们将介绍一些属于数据采集、数据清理和探索性分析方面的 Dask 代码片段。但第 4～6 章将更深入地讨论这些主题。这里的重点是让你简要了解 Dask 的语法。我们还将关注与底层调度器生成 DAG 相关的 Dask 高级命令。那么，让我们开始吧！

2.1　DataFrame API 初探

数据分析的关键步骤是对数据集进行探索性分析。在探索性分析期间，需要检查数据是否存在缺失值、异常值和任何其他数据质量方面的问题。数据清理可确保你执行的分析以及你做出的任何结论不会受到错误或异常数据的影响。在我们第一次使用 Dask DataFrame 时，将逐步读取数据文件，扫描数据以查找缺失值，并删除缺少太多数据或无法用于分析的列。

2.1.1　Dask 对象的元数据

在本例中，将使用样例数据集中 2017 年的数据。首先，需要导入 Dask 模块并读入数据。

如果使用过 Pandas，代码清单 2.1 的代码对你而言将非常熟悉，实际上，Dask DataFrame 和 Pandas 在语法上是一致的！为简单起见，我将数据解压到与运行 Python Notebook 相同的目录下。如果将数据放在其他位置，则需要使用到正确的路径，或使用 os.chdir 将工作目录切换到包含你的数据的目录下。我们刚才创建的 DataFrame 如图 2.2 所示。

代码清单 2.1　导入相关的库和数据

```
import dask.dataframe as dd
from dask.diagnostics import ProgressBar
from matplotlib import pyplot as plt
df = dd.read_csv('nyc-parking-tickets/*2017.csv')
df
```

与 Dask 一样，导入 matplotlib 用于生成图形

将 2017.csv 文件读入一个 Dask DataFrame 中

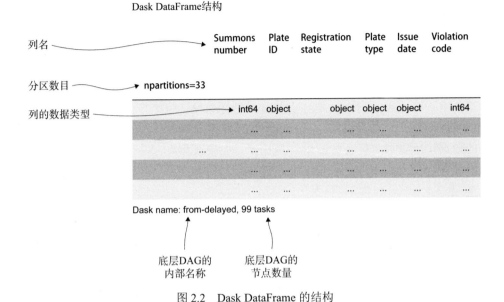

图 2.2　Dask DataFrame 的结构

代码清单 2.1 的输出可能与你的预期不同。Pandas 会显示数据样本，但输出 Dask DataFrame 时，我们只会看到 DataFrame 的元数据。列名位于顶部，下方是每列的相应数据类型。与 Pandas 一样，Dask 自动从数据推断出数据类型，但它和 Pandas 有一定差别。Dask 用于处理无法一次装入内存的中型和大型数据集，由于 Pandas 可以完全在内存中执行操作，因此它可以快速扫描整个 DataFrame，以便为每列找到最匹配的数据类型。而 Dask 必须能与分布式文件系统协同工作，因此，Dask DataFrame 采用随机抽样方法从少量数据样本中分析和推断整体数据集的数据类型。对于数据异常(例如在数字列中出现的字母)的情况，此方法依然可以正常工作。但是，如果在数百万或数十亿行中存在单个异常行，那么在随机样本中找到这个异常行是几乎不可能的。导致 Dask 推断出不兼容的数据类型，在以后执行计算时导致错误。因此，避免这种情况的最佳做法是显式指定数据类型，而不是依赖于 Dask 的自动识别过程。最好使用可以显式指定数据类型的二进制文件格式来存储数据，如 Parquet，来完全避免这个问题，并能带来一些额外的性能提升。

从 DataFrame 的元数据还可以看出 Dask 的任务调度器如何拆分处理文件的工作。npartitions 值是 DataFrame 切分的数据块个数。由于 2017 年的数据文件略大于 2GB，因此在 33 个分区中，每个分区的大小约为 64MB。这意味着并不是一次性将整个文件加载到内存中，而是每个 Dask 工作线程一次只处理一个 64MB 大小的文件块。

图 2.3 演示了这个过程。Dask 不是立即将整个 DataFrame 加载到内存中，而

将文件切分成更小的块,并行单独处理这些文件块,我们将这些文件块称为分区。在 Dask DataFrame 中,每个分区都是一个较小的 Pandas DataFrame。在图 2.3 的示例中,一个 DataFrame 分成两部分,即单个 Dask DataFrame 由两个较小的 Pandas DataFrame 组成。每个分区都可单独加载到内存中,可以一次一个或并行处理。这种情况下,工作节点首先获取分区 1 并对其进行处理,并将结果保存在临时存储空间中。接下来,它选择分区 2 并对其进行处理,将结果也保存到临时存储空间。最后,整合结果并将其在客户端上显示出来。因为工作节点可以一次处理较小的数据,所以可将任务分配给许多机器。如果在集群上,可对非常大的数据集进行处理,而不会因为内存不足发生错误。

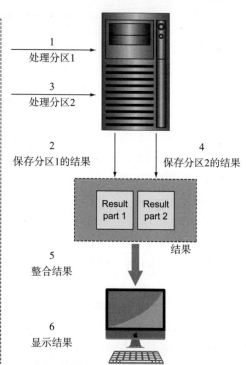

图 2.3 Dask 将一个文件拆分成多个分区,并行处理这些分区

我们从 DataFrame 的元数据可以看出它包含 99 个任务。这告诉我们 Dask 创建了一个包含 99 个节点的 DAG 来处理数据。该图由 99 个节点组成,因为每个分区需要创建三个操作:读取原始数据,将数据拆分为适当大小的块,以及初始化底层的 DataFrame 对象。共有 33 个分区,每个分区有 3 个任务,总共 99 个任务。如果有 33 个工作节点,则可同时处理整个文件。只有一个节点的话,Dask 将逐个循环访问每个分区。现在,让我们尝试筛选出整个文件中每列中的缺失值。

代码清单2.2 统计DataFrame中的缺失值

```
Missing_values = df.isnull().sum()
missing_values

Dask Series Structure:
npartitions=1
Date First Observed    int64
Violation Time           ...
dtype: int64
Dask Name: DataFrame-sum-agg, 166 tasks
```

计算空值的语法看起来很像 Pandas。但和以前一样，生成的 Series 对象并没有如我们期望的那样输出。Dask 不会显示获取的空值数目，而返回有关预期结果的一些元数据信息。可以看出 missing_values 是一系列 int64 类型的值，但实际结果在哪里？Dask 实际上还没有进行任何处理，因为它采用了延迟计算。实际上，Dask 在底层构造一个 DAG，将其存储在 missing_values 变量中。在任务图被完全执行完毕前，将不会得到最终结果。这样可快速构建复杂的任务图，而不必等待每个中间步骤完成。你可能会注意到任务总数已增加到 166。这是因为 DAG 中的前 99 个任务用于读取数据文件并创建名为 df 的 DataFrame，后又添加 66 个新任务(每个分区两个)用于检查空值和计数，最后添加一个任务将结果组合成一个 Series 对象并返回。

代码清单2.3 计算DataFrame中缺失值的百分比

```
missing_count = ((missing_values / df.index.size) * 100)
missing_count

Dask Series Structure:
npartitions=1
Date First Observed    float64
Violation Time            ...
dtype: float64
Dask Name: mul, 235 tasks
```

在我们运行计算任务之前，我们将这些空值的个数转换为百分比，将缺失值计数(missing_values)除以 DataFrame 中的总行数(df.index.size)，然后将所有内容乘以 100，请注意，任务数量再次增加，结果 Series 的数据类型从 int64 变成 float64！这是因为除法运算的结果不再是整数，Dask 自动将结果转换为浮点数。就像 Dask 尝试从文件中推断数据类型一样，它也会尝试推断输出结果的数据类型。由于我们在 DAG 中添加了计算两个数的商的任务，Dask 推断可能生成浮点数，并相应地更改结果的元数据。

2.1.2 使用compute方法运行计算任务

现在我们准备运行计算任务并输出结果。

代码清单 2.4　计算 DAG

```
with ProgressBar():
    missing_count_pct = missing_count.compute()
missing_count_pct
```

```
Summons Number                         0.000000
Plate ID                               0.006739
Registration State                     0.000000
Plate Type                             0.000000
Issue Date                             0.000000
Violation Code                         0.000000
Vehicle Body Type                      0.395361
Vehicle Make                           0.676199
Issuing Agency                         0.000000
Street Code1                           0.000000
Street Code2                           0.000000
Street Code3                           0.000000
Vehicle Expiration Date                0.000000
Violation Location                    19.183510
Violation Precinct                     0.000000
Issuer Precinct                        0.000000
Issuer Code                            0.000000
Issuer Command                        19.093212
Issuer Squad                          19.101506
Violation Time                         0.000583
Time First Observed                   92.217488
Violation County                       0.366073
Violation In Front Of Or Opposite     20.005826
House Number                          21.184968
Street Name                            0.037110
Intersecting Street                   68.827675
Date First Observed                    0.000000
Law Section                            0.000000
Sub Division                           0.007155
Violation Legal Code                  80.906214
Days Parking In Effect                25.107923
From Hours In Effect                  50.457575
To Hours In Effect                    50.457548
Vehicle Color                          1.410179
Unregistered Vehicle?                 89.562223
Vehicle Year                           0.000000
Meter Number                          83.472476
Feet From Curb                         0.000000
Violation Post Code                   29.530489
Violation Description                 10.436611
No Standing or Stopping Violation    100.000000
Hydrant Violation                    100.000000
Double Parking Violation             100.000000
dtype: float64
```

当需要 Dask 执行计算时，需要调用 DataFrame 的 compute()方法，compute()方法会告诉 Dask 运行计算任务并输出结果。Dask 为运行计算而创建的 DAG 是计算结果的逻辑表示，但实际上并不会计算(即具体化)，直到显式调用 compute 方法为止。我们在 ProgressBar 上下文中包含了对 compute 的调用,这是 Dask 提供的一个诊断上下文的工具,用于跟踪正在运行的任务,在使用本地任务调度器时尤其如此。ProgressBar 上下文将简单地打印出文本模式的进度条,以百分比显示预估已经完成的进度和该计算任务的运行时间。

通过观察 missing_values 的输出结果,我们发现 No Standing or Stopping Violation、Hydrant Violation 和 Double Parking Violation 这三列是完全空的。我们将删除任何空值占比超过 60%的列(注意,60%只是为了示例而选的任意值,这个阈值通常取决于你要解决的问题,需要你自行决定)。

在代码清单 2.5 中,missing_count_pct 是一个 Pandas Series 对象,我们可以在 Dask DataFrame 上使用 drop 方法,删除掉空值占比超过 60%的列。我们首先得到需要过滤的列的索引,这是一个列表,然后删除 Dask DataFrame 中的这些列。你通常会混淆 Pandas 对象和 Dask 对象,因为 Dask DataFrame 的每个分区都是一个 Pandas DataFrame。在单机情况下,Pandas Series 对象可供所有线程使用。在集群上运行的情况下,Pandas Series 对象将被序列化并广播给所有工作节点。

代码清单 2.5 过滤稀疏列

```
columns_to_drop = missing_count_pct[missing_count_pct > 60].index
with ProgressBar():
    df_dropped = df.drop(columns_to_drop, axis=1).persist()
```

2.1.3 使用 persist 简化复杂计算

因为我们不再关心刚删除的那些列,所以没必要在每次计算时再将这些列读入内存。我们只需要分析删除空值后的数据集。Dask 任务图中的节点计算出结果,就会丢弃其中间结果,以便最大限度地减少内存使用。这意味着如果想要对过滤后的数据做一些额外工作(如查看 DataFrame 的前五行),我们将不得不再次重新运行整个转换过程。为了避免多次重复相同的计算,Dask 允许我们存储计算过程需要重复使用的中间结果。使用 Dask DataFrame 的 persist()方法告诉 Dask 尝试尽可能多地将中间结果保留在内存中。如果 Dask 的持久化 DataFrame 需要额外的内存,它将从内存中选择几个分区删除。这些丢弃的分区将在需要时重新计算,虽然重新计算丢失的分区可能需要一些时间,但它仍然比重新计算整个 DataFrame 要快得多。如果有一个非常大且复杂的 DAG 需要多次重用,那么适当地使用 persist 方法对于加速计算非常有用。

我们对 Dask DataFrame 的用法进行总结,你只用了几行代码,就可以读取数据集,并开始准备进行探索性分析。这段代码的优点在于,无论你是在一台计算机上运行 Dask 还是在数千台计算机上运行 Dask,无论你是分析几 GB 字节的数据(如本示例)还是 PB 级的数据,它都可以正常运行。此外,由于与 Pandas 的语法的相似性，你只需要稍微进行代码重构(主要是导入 Dask 库和调用 compute 方法)就可以轻松地将工作从 Pandas 迁移到 Dask 上。接下来将进一步分析数据，但是现在我们将基于刚才的示例，深入探讨一下 Dask 如何使用 DAG 来管理和分配任务。

2.2 DAG 的可视化

到目前为止，你已经了解了 DAG 的工作原理，已对 Dask 使用 DAG 来管理 DataFrame 的分布式计算任务有了一定了解。但我们并不知道底层调度器创建的实际 DAG 是什么样子。Dask 使用 graphviz 库对由任务调度器创建的 DAG 进行可视化。如果已按附录中的步骤安装 graphviz，你将能查看任何 Dask 延迟对象的 DAG。可以通过调用对象上的 visualize()方法来查看 DataFrame、Series、Bag 和 Arrays 的 DAG。

2.2.1 使用 Dask 延迟对象查看 DAG

前面的示例中我们看到了 Dask DataFrame 对象，下面我们来看一下抽象级别的 Dask 延迟对象。我们使用延迟对象的原因是即使是简单的 DataFrame 操作，Dask 创建的 DAG 也会变得非常大并且难以可视化。因此，为方便起见，我们将在此示例中使用 Dask 延迟对象，以便更好地控制 DAG 的组成和大小。

代码清单 2.6　定义简单的函数

```
import dask.delayed as delayed
from dask.diagnostics import ProgressBar

def inc(i):
   return i + 1

def add(x, y):
   return x + y

x = delayed(inc)(1)
y = delayed(inc)(2)
z = delayed(add)(x, y)

z.visualize()
```

代码清单 2.6 首先导入了延迟对象和 ProgressBar 对象所要用到的包。接下来，定义了几个简单的 Python 函数。第一个函数对给定的输入加 1，第二个计算两个给定输入的和。接下来的三行延迟对象构造函数。使用 delayed 关键字对函数进行封装，表示一个函数的 Dask 延迟对象。延迟对象等同于 DAG 中的节点。原始函数的参数在第二个括号中。例如，对象 x 表示 inc 函数的延迟计算结果，传入 1 作为 i 的值。延迟对象也可引用其他延迟对象，这可在对象 z 的定义中看出。最终将这些延迟对象链接在一起组成一张图。要计算对象 z，必须首先计算对象 x 和 y。如果计算 x 或 y 过程中需要满足的其他延迟依赖项，需要首先计算这些依赖项，以此类推。这听起来很像 DAG：对象 z 有一个依赖链，必须以确定的顺序进行计算，并且有一个明确定义的起点和终点。实际上，这段代码构建了一个非常简单的 DAG。我们可通过使用 visualize 方法来查看它的样子。

对象 z 的 DAG 表示如图 2.4 所示。在图的底部，我们可以看到对 inc 函数的两次调用。该函数没有任何 delayed 依赖项，因此没有带箭头的边指向 inc 节点。但是，add 节点有两条带箭头的边指向它，这表示在对两个值求和之前必须首先计算 x 和 y。由于每个 inc 节点都没有依赖关系，因此一个 worker 可以独立地处理每个任务。如果 inc 函数比较耗时的话，那么采用并行化处理可节省大量时间。

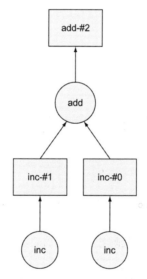

图 2.4　代码清单 2.6 的输出结果

2.2.2　带有循环和集合的复杂 DAG 的可视化

下面看一个稍微复杂的示例。

代码清单 2.7　执行 add_two 操作

```
def add_two(x):
    return x + 2

def sum_two_numbers(x,y):
    return x + y

def multiply_four(x):
```

```
        return x * 4
data = [1, 5, 8, 10]

step1 = [delayed(add_two)(i) for i in data]
total = delayed(sum)(step1)
total.visualize()
```

现在事情变得有趣了。开头定义几个简单的函数，还定义了一个整数列表。但这一次不是从单个函数调用创建一个延迟对象，而是将 delayed 构造函数放在一个列表生成器表达式中，step1 成为一个延迟对象的列表而不是整数列表。

下一行代码使用内置求和函数来累加列表中的所有值。sum 函数通常采用迭代对象作为参数，但由于它已被包装在 delayed 构造函数中，因此可传递延迟对象列表。和以前一样，这段代码最终表示了一个图，如图 2.5 所示。

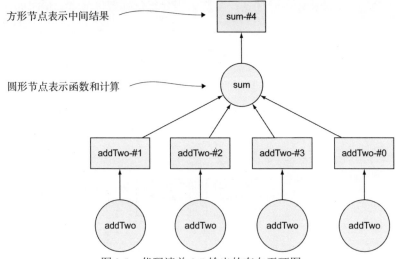

图 2.5　代码清单 2.7 输出的有向无环图

现在，变量 total 是一个延迟对象，这意味着我们可以使用 visualize 方法可视化 DAG，如果使用 Dask 计算结果的话，它将使用这个 DAG 进行计算。图 2.5 显示了 visualize 方法的输出。需要注意，Dask 从下往上绘制 DAG。data 列表中有 4 个值，这对应于 DAG 底部的 4 个节点。Dask DAG 上的圆圈表示函数调用，data 列表中有 4 个值，add_two 函数需要调用 4 次，生成 4 个 add_Two 节点。类似地，我们只调用 sum 函数一次，因为我们传入一个列表。DAG 上的方块代表中间结果。例如，将 add_two 函数应用于 data 中的 4 个值，对每个值进行加 2，得到了 4 个值。就像上一节中的 DataFrame 一样，在你调用 total 对象的 compute 方法之前，Dask 实际上并不计算结果。

在图 2.6 中，我们从 data 列表中取出了 4 个值并将它们叠加在 DAG 上，这样就可以看到每个函数调用的结果。通过对初始的 4 个数应用 addTwo 变换，然后对结果求和，得到结果 32。

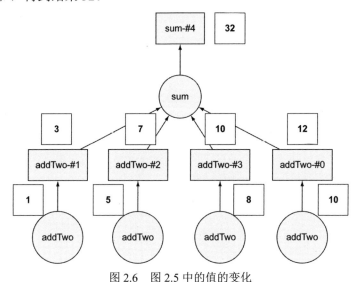

图 2.6　图 2.5 中的值的变化

在 sum 操作之前，为每个数乘以 4 来增加 DAG 的复杂程度。

代码清单 2.8　将每个值乘以 4

```
def add_two(x):
    return x + 2

def sum_two_numbers(x,y):
    return x + y

def multiply_four(x):
    return x * 4

data = [1, 5, 8, 10]

step1 = [delayed(add_two)(i) for i in data]
step2 = [delayed(multiply_four)(j) for j in step1]
total = delayed(sum)(step2)
total.visualize()
```

这看起来很像前面的代码，只有一处关键区别。在第一行代码中，我们将 multiply_four 函数应用于 step1。就像你在 DataFrame 示例中看到的那样，可将计算链接在一起而不必立即计算中间结果。

图 2.7 显示了代码清单 2.8 中的计算输出。仔细观察 DAG，就会发现 addTwo 节点和 sum 节点之间增加了一层。现在的流程是 Dask 对列表中的每个值加 2，然后乘以 4，最后对结果求和。

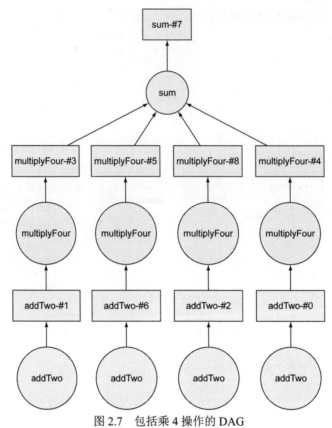

图 2.7　包括乘 4 操作的 DAG

2.2.3　使用 persist 简化 DAG

现在让我们更进一步：想要把这个总和再加到每个原始值上，然后对这些结果求和。

代码清单 2.9　给 DAG 添加一层

```
data2 = [delayed(sum_two_numbers)(k, total) for k in data]
total2 = delayed(sum)(data2)
total2.visualize()
```

在这个示例中，我们使用了上一个示例中创建的 DAG，它存储在 total 变量中，并用它创建一个新的延迟对象列表。

图 2.8 中的 DAG 看起来像复制了代码清单 2.9 中的 DAG，再将另一个 DAG 叠加在它上面。这正是我们想要的！首先，Dask 将计算出第一组变换的和，然后将其加到每个初始值上，最终计算总和。可以想象，如果重复这个循环几次，DAG 将开始变得太大而无法可视化。同样，如果原始列表中有 100 个值而不是 4 个，那么 DAG 图将变得非常大(尝试用 range(100)替换 data 并重新运行代码！)。对于

如何解决大型 DAG 的规模爆炸问题，我们在上一节中已经提到了一个可行的解决方案，即持久化(persistence)。

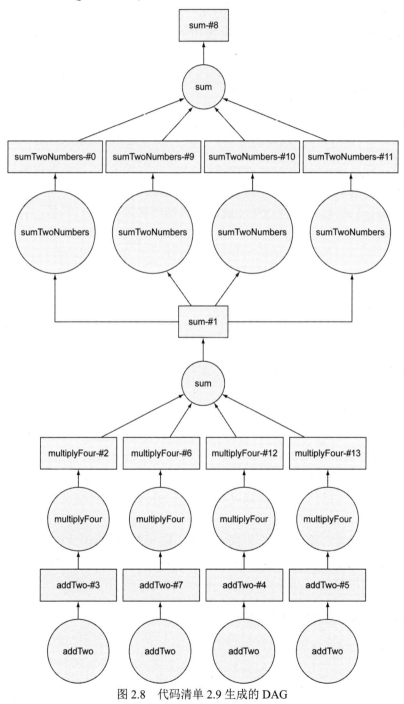

图 2.8　代码清单 2.9 生成的 DAG

如前所述，每次在延迟对象上调用 compute 方法时，Dask 都会逐步完成整个 DAG 以得到最终结果。这对于简单的计算是可行的，但如果正在处理一个非常大的分布式数据集，那么一遍又一遍地重复计算会变得非常低效。解决这个问题的一种方法是保留你想要重用的中间结果。但这对 DAG 有什么影响呢？

代码清单 2.10　持久化计算

```
total_persisted = total.persist()
total_persisted.visualize()
```

在这个示例中，我们采用了代码清单 2.9 中创建的 DAG 并将其保留。我们得到的不是完整的 DAG 而是单个结果，如图 2.9 所示(记住矩形表示结果)。此结果表示 Dask 在对 total 对象调用 compute 方法时得到的值。但是，每次需要访问它的值时，Dask 不会重新计算它，而是仅计算它一次并将结果保存在内存中。我们现在可以在此持久化结果的基础上链接另一个延迟计算，并得到一些有趣的结果。

图 2.9　代码清单 2.10 生成的 DAG

代码清单 2.11　从一个持久化的 DAG 生成一个 DAG

```
data2 = [delayed(sum_two_numbers)(l, total_persisted) for l in data]
total2 = delayed(sum)(data2)
total2.visualize()
```

图 2.10 中得到的 DAG 要小得多。实际上，它看起来只列出图 2.9 的 DAG 的上半部分。这是因为 sum-1 结果是预先计算并保持的。因此，Dask 不是计算代码清单 2.11 中的整个 DAG，而是使用了持久化数据，从而减少了所需的计算次数。

在进入下一节之前，请试一下代码清单 2.12 的代码！Dask 可以生成非常大的 DAG，但这个图本页放不下。希望你通过这个示例可以认识到，Dask 可很好地处理非常复杂的问题。

代码清单 2.12　对 DAG 进行可视化

```
missing_count.visualize()
```

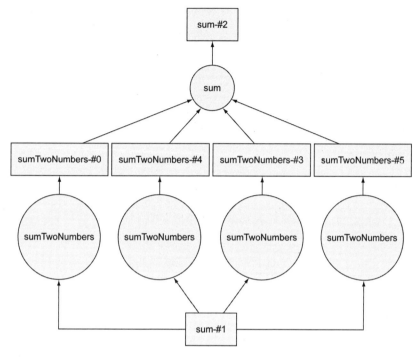

图 2.10　代码清单 2.11 生成的 DAG

2.3　任务调度

Dask 在 API 中使用了延迟计算的理念。我们已经看到了它的作用，每当我们对 Dask 对象执行某种操作时，必须调用 compute 方法才能真正地执行计算任务。当你在处理数 PB 级的数据时，这将节省大量时间。实际上，由于在请求结果之前并没有开始计算，因此可以定义 Dask 的处理过程，不必等待上一个计算任务完成再定义下一个，在最终的结果计算过程中也可以做其他事情！

2.3.1　延迟计算

延迟计算允许 Dask 将大的任务在逻辑上拆分成更小的部分，避免将其运行的整个数据结构一次性加载到内存中。正如你在 2.1 节中看到的 DataFrame 一样，Dask 将 2GB 文件分成 33 个大小为 64MB 的块，并且一次处理 8 个块。这意味着整个操作的最大内存消耗不超过 512MB，但我们依然可以处理整个 2GB 的文件。当需要处理的数据集的规模达到 TB 和 PB 级别时，这就显得尤为重要。

但是当你向 Dask 请求结果时会发生什么？你定义的计算由 DAG 表示，包含了计算最终结果的第一个步骤。但是，这些步骤没有定义应该使用哪些物理资源来执行计算。我们必须考虑两个重要的事情：在何处计算，以及每次计算的结果应该送到哪里。与关系数据库系统不同，Dask 在工作开始之前不会预先确定每个任务的精确运行时位置。相反，任务调度器会动态地实时地检查已完成的任务、剩下的任务以及空闲的资源。这使得 Dask 能够很好地处理分布式计算中出现的大量问题，包括从 worker 的故障恢复、网络的不可靠以及不同 worker 计算速度的不一致问题。此外，任务调度器可以跟踪中间结果的存储位置，允许将计算任务放在数据节点上运行，避免了在网络上传输这些中间结果。在集群上运行 Dask 时，这会提高效率。

2.3.2 数据本地化

由于 Dask 可以轻松地将代码从笔记本电脑扩展到数百或数千台物理服务器，因此任务调度器必须为特定的计算任务指定特定的物理机器。Dask 使用集中式任务调度器来完成这些工作。为此，每个 Dask 工作节点都会向任务调度器报告它上面可用的数据以及当前负载情况。任务调度器不断检查集群的状态，以便为用户提交的计算提供公平、有效的执行计划。例如，如果在两台计算机(服务器 A 和服务器 B)之间拆分纽约市停车罚单数据集，则任务调度器可以安排由服务器 A 执行分区 26 上的操作，服务器 B 执行分区 8 上的操作。大多数情况下，如果任务调度器在集群中的计算机之间尽可能平均地划分工作，则计算将尽可能快速有效地完成。

但这一经验法则在以下情况并不适用：一台服务器的负载比其他服务器重，硬件配置又比其他服务器差，或者无法快速访问数据。如果出现这些情况，那么较忙或较弱的服务器将落后于其他服务器，因此应该按比例减少这些服务器上的任务以免它们成为性能瓶颈。如果无法避免这些情况，任务调度器会自动处理这些情况。

为获得最佳性能，Dask 集群应使用分布式文件系统(如 S3 或 HDFS)来存储数据。为说明这一点的重要性，看一下下面这个反例，其中文件仅存储在一台机器上，假设存储在服务器 A 上。当服务器 A 被指定处理分区 26，它可以直接从其硬盘读取该分区。但是，这给服务器 B 带来了问题，在服务器 B 处理分区 8 之前，服务器 A 需要将分区 8 发送给服务器 B。服务器 B 要处理的任何其他分区也需要在工作开始之前发送到服务器 B。这将导致计算速度大幅下降，因为网络传输文件(就算是使用 10Gbps 的光纤)也比直接读取本地磁盘上的数据要慢得多。

图 2.11 演示了这个问题。节点 1 想在分区 1 上工作，如果分区 1 存储在它的本地磁盘上，它将能够很快地完成；否则，它将从节点 2 通过网络读取数据，会消耗大量时间。

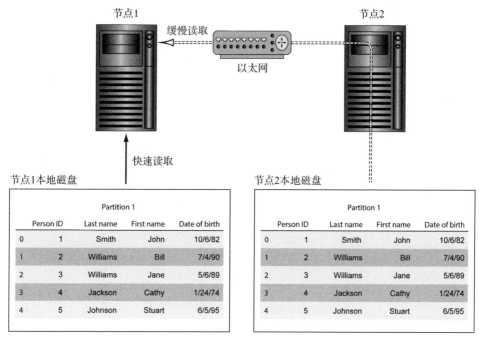

图 2.11　从本地磁盘读取数据要远快于远程文件

解决此问题的方法是提前拆分文件，在服务器 A 上存储一些分区，并在服务器 B 上存储一些分区。这正是分布式文件系统的原理。逻辑文件存储在不同的物理机上。除了其他明显的好处(例如在其中一个服务器的硬盘发生故障时，可以通过其他服务器上的冗余数据来恢复这部分数据)，在多台物理机器上分配数据可以使工作负载更均匀地分散。在数据节点上计算比读取数据再进行统一计算要快得多！

Dask 的任务调度器采用数据本地化策略，在执行计算时，会考虑数据的物理位置。尽管 Dask 有时不可能完全避免将数据从一个 worker 移动到另一个 worker，例如有的实例必须将某些数据广播到集群中的所有节点，调度器会最大限度地减少在物理服务器之间传输的数据量。当数据量很小时，可能没多大影响，但是当数据集非常大时，在机器间传输数据将严重降低处理性能。因此，减少数据的传输量可提高数据的处理性能。

希望你现在能够较好地理解 DAG 在 Dask 分解大量任务方面所发挥的重要作用。我们将在后续章节中学习延迟 API，但请记住，在本书中涉及的每一个 Dask 任务都基于延迟对象，可随时对这些底层延迟对象的 DAG 进行可视化。实际上，你可能不需要经常对计算任务进行故障排除(涉及一些底层细节)，但了解 Dask 的底层运行机制将有助于你更好地诊断计算任务中的潜在问题和瓶颈。在第 3 章中，将深入探讨 DataFrame API。

2.4　本章小结

- 任务调度器使用 DAG 构建 Dask DataFrame 上的计算任务。
- 计算任务是延迟构造的，只有调用 compute 方法才会执行。
- 可在任何 Dask 延迟对象上调用 visualize 方法来查看底层 DAG。
- 通过使用 persist 方法来存储和复用计算过程中的中间结果，以简化计算。
- Dask 尽可能在数据节点上执行计算，以最小化网络开销和 I/O 延迟。

第II部分

使用Dask DataFrame处理结构化数据

既然你已经对 Dask 如何处理大型数据集和它的并行化优势有了基本的了解，接下来我们将动手处理一个实际数据集，学习如何利用 Dask 来解决常见的数据科学问题。第 II 部分重点介绍 Dask DataFrame(这是 Pandas DataFrame 的并行实现)，以及如何使用它来清理、分析和可视化大型的结构化数据集。

第 3 章介绍 Dask 如何并行化 Pandas DataFrame，并解释为什么某些 Dask DataFrame API 与其对应的 Pandas API 不同。

第 4 章介绍如何从各种数据源将数据读入 DataFrame，这是数据处理流程的第一步。

第 5 章介绍常见的数据操作和清理任务(如排序、过滤、重编码和填充缺失数据)，继续数据处理流程。

第 6 章演示如何使用一些内置函数来生成描述性统计信息，以及如何创建自定义聚合和窗口函数。

第 7 章和第 8 章介绍数据可视化，包括基础可视化和高级的交互式可视化，以及基于地理位置的数据可视化，至此结束第 II 部分的讲解。

在完成第 II 部分后，你将精通如何处理数据科学项目中常见的许多数据准备和分析任务，并可很好地进入后面的高级主题！

第3章

介绍Dask DataFrame

本章主要内容：
- 定义结构化数据并确定何时使用 Dask DataFrame
- 探寻 Dask DataFrame 的组织方式
- 介绍 DataFrame 的切片方式
- 处理 DataFrame 的一些限制

在第 2 章中，我们探讨了 Dask 如何使用 DAG 跨多台机器协调和管理复杂任务。但我们只看到了一些使用延迟 API 的简单示例，来帮助说明 Dask 代码与 DAG 的元素是如何相关的。在本章中，我们将更详细地介绍 DataFrame 接口 API。还将按照一个相当典型的数据科学工作流程，来研究纽约市停车罚单数据集。该工作流程及对应章节如图 3.1 所示(为便于参阅，本书每章开头都会列出该图)。

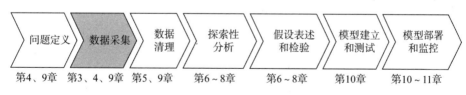

图 3.1 本书学习路线图

Dask DataFrame 可以将 Pandas DataFrame 封装成延迟对象，以允许对更复杂的数据结构进行操作。与自己编写的复杂网络函数不同，DataFrame API 包含了一整套复杂的转换方法，如笛卡儿积、连接、分组操作等，这些方法对常见的数据操作任务非常有用。在深入介绍这些操作(将在第 5 章中介绍)之前，我们先介绍数据采集所需的一些背景知识来开始对 Dask 的探索。更具体而言，将介绍 Dask

DataFrame 如何轻松地操作结构化数据(也就是由行和列组成的数据)；还将介绍 Dask 如何支持并行处理，并通过将数据切分变成较小部分(分区)来处理大型数据集。另外，本章还将介绍性能优化的一些最佳实践。

3.1 为什么使用 DataFrame

在自然情况下数据的形式可以被描述为两类：结构化和非结构化。结构化数据由行和列组成，结构化数据从简单的电子表格到复杂的关系数据库，是存储信息的最直观方式。图 3.2 展示了一个带有行和列的结构化数据集的示例。

Person ID	Last name	First name	Date of birth
1	Smith	John	10/6/82
2	Williams	Bill	7/4/90
3	Williams	Jane	5/6/89

图 3.2 一个结构化数据的示例

在探讨数据时，自然会倾向于结构化数据格式，这种结构有助于将相关的信息位保持在同一个可视空间内。一行代表一个逻辑实体，例如在电子表格中，每行代表一个人。行由一列或多列贯穿组成，这些列表示需要了解的每个实体的内容。在电子表格中，我们获取了每个人的姓氏、名字、出生日期和 ID。许多类型的数据适合这种类型，例如来自销售点系统的交易数据、来自市场调查的结果、流数据甚至是经过特殊编码的图像数据。

由于结构化数据的组织和存储方式，很容易想到有许多不同的方法用于操作数据。例如，可在数据集中找到最早的出生日期，筛选出不符合特定条件的人，按姓氏将人员分组，或按名字对人员进行排序。还可将数据存储在多个列表对象中进行比较。

代码清单 3.1 创建具有特定数量分区的 DataFrame

```
person_IDs = [1,2,3]
person_last_names = ['Smith', 'Williams', 'Williams']
person_first_names = ['John', 'Bill', 'Jane']
person_DOBs = ['1982-10-06', '1990-07-04', '1989-05-06']
```

在代码清单 3.1 中，列名作为单独的列表存储。尽管仍然可以进行前面建议的所有转换，但这 4 个相互关联列表之间形成完整的数据集并不是显而易见的。此外，对这些数据进行分组和排序等操作所需的代码非常复杂，需要对数据结构和算法有深入了解，才能编写出可以高效执行的代码。Python 提供了许多不同的数据结构，可以使用它们来表示这些数据，但是没有一种结构数据的存储方式像 DataFrame 这样直观。

就像电子表格或数据库的表一样，DataFrame 被处理成行和列。在处理 DataFrame 时，还需要注意其他一些额外的名词术语：索引和轴。图 3.3 显示了 DataFrame 的剖析结构。

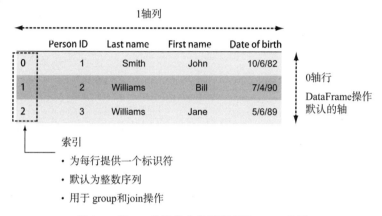

图 3.3 图 3.2 的结构化数据示例的 Dask 表示

图 3.3 中的示例展示了图 3.2 中结构化数据的 DataFrame 表示形式。注意图表上的附加标签：行被称为"0 轴"，列被称为"1 轴"，在对 DataFrame 操作进行重塑数据时，这一点很重要。DataFrame 操作默认为沿 0 轴工作，因此除非明确地指定，否则 Dask 将按行"0 轴"来执行操作。

图 3.3 中突出强调的区域是索引。索引为每一行提供一个标识符。理想情况下，这些标识符应该是唯一的，特别是当使用索引作为键值来连接另一个 DataFrame 的时候。但 Dask 不强制要求满足唯一性，因此如有必要，可以有重复的索引。在默认情况下，DataFrame 是用一个有序整数索引创建的，如图 3.3 所示。如果要使用指定的索引，可将 DataFrame 中的一列设置为索引，也可以派生自己的索引对象并将其指定为 DataFrame 的索引。我们将在第 5 章深入介绍常见的索引函数，但 Dask 中索引的重要性不容小觑，它们是跨机器集群分发 DataFrame 工作负载的关键。考虑到这一点，我们现在来看看如何使用索引来形成分区。

3.2 Dask 和 Pandas

如前所述，Pandas 是一种非常流行且功能强大的分析结构化数据的框架，但其最大的局限性在于它的设计并未考虑可扩展性。Pandas 非常适合处理小型结构化数据集，并且经过高度优化后可对存储在内存中的数据执行快速有效的操作。

然而，正如我们在第 1 章假设的厨房场景中看到的那样，随着工作量的大幅增加，可更好地选择雇用额外的工人，将任务分散到许多工人身上。所以这就是 Dask 的 DataFrame API 的用武之地：通过提供一个封装 Pandas 的包装器，可智能地将大 DataFrame 切分成更小的片段，并将它们分散到一组 worker 中，以更快速、稳健地完成对大型数据集的操作。

Dask DataFrame 的不同部分称为分区(partition)。每个分区都是一个较小的 DataFrame，可分发给任何机器并保持其完整的"血统"，以防需要再次重组。图 3.4 演示了 Dask 如何使用分区进行并行处理。

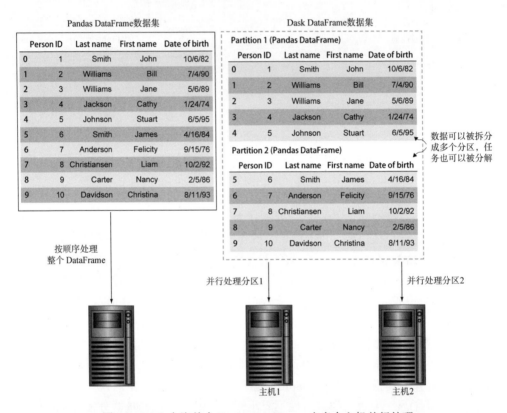

图 3.4　Dask 允许单个 Pandas DataFrame 由多个主机并行处理

在图 3.4 中，可看到 Pandas 和 Dask 在处理数据集上的差异。使用 Pandas，数据集将被加载到内存中，并按顺序逐行处理。使用 Dask，可将数据拆分为多个分区，从而进行并行化处理。这意味着，如果有一个长期运行的函数应用于 DataFrame，Dask 可将工作分配给多台机器而更有效地完成工作。但应该注意，图 3.4 中的 DataFrame 仅用于示例。如前所述，任务调度器确实会在流程中引入一些开销，因此使用 Dask 处理只有 10 行的 DataFrame 可能不是最快的解决方案。图 3.5 更详细地展示了两个主机如何处理切分后的数据集。

第 3 章 介绍 Dask DataFrame 45

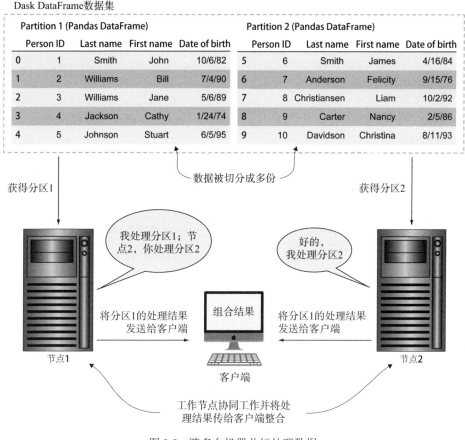

图 3.5 跨多台机器并行处理数据

当节点 1 正在驱动计算并告知节点 2 在做什么的时候，那么它当前正在承担任务调度器的角色。节点 1 告诉节点 2 要在分区 2 上工作，而节点 1 在分区 1 上工作。每个节点完成其处理的任务，并将其部分结果发送回客户端。然后客户端组装这些结果的片段并把输出显示出来。

3.2.1 管理 DataFrame 分区

由于分区会对性能产生很大影响，因此你可能担心管理分区将是构建 Dask 工作负载(workload)过程中一个困难而又乏味的部分。但不要担心：因为 Dask 尝试通过一些合理的默认值和用于创建和管理分区的启发式方法，来帮助你在不进行手动调整的情况下获得尽可能多的性能。例如，使用 Dask DataFrame 的 read_csv 方法读取数据时，默认分区大小为 64MB(这也称为默认块大小)。虽然 64MB 可能看起来很小，现代服务器往往拥有数十 GB 的内存，这个数据量可在必要时通过网络快速传输，也可尽可能避免机器在等待下一个分区到达前耗尽资源。使用默认的或者用户指定的块大小，数据将根据需要被拆分成多个分区，使得每个分区的大小不大于块大小的值。如果希望创建具有特定数量分区的 DataFrame，则可在创建 DataFrame 时传入 npartitions 参数来指定。

代码清单 3.2　创建具有特定数量分区的 DataFrame

```
import pandas
import dask.dataframe as daskDataFrame

person_IDs = [1,2,3,4,5,6,7,8,9,10]
person_last_names = ['Smith', 'Williams', 'Williams','Jackson','Johnson',
        'Smith','Anderson','Christiansen','Carter','Davidson']
person_first_names = ['John', 'Bill', 'Jane','Cathy','Stuart','James',
        'Felicity','Liam','Nancy','Christina']
person_DOBs = ['1982-10-06', '1990-07-04', '1989-05-06', '1974-01-24',
        '1995-06-05', '1984-04-16', '1976-09-15', '1992-10-02',
        '1986-02-05', '1993-08-11']      ← 将所有数据创建为列表

peoplePandasDataFrame = pandas.DataFrame({'Person ID':personIDs,
        'Last Name': personLastNames,
        'First Name': personFirstName,          将数据存储在 Pandas DataFrame 中
        'Date of Birth': personDOBs},
        columns=['Person ID', 'Last Name', 'First Name', 'Date of Birth'])

peopleDaskDataFrame = daskDataFrame.from_pandas(peoplePandasDataFrame,
        npartitions=2)
                               将 Pandas DataFrame 转换为 Dask DataFrame
```

在代码清单 3.2 中，创建了一个 Dask DataFrame，并使用 npartitions 参数将其显式地拆分为两个分区。通常，Dask 会将这类数据集放到一个分区中，因为它很小。

代码清单 3.3　检查 Dask DataFrame 的分区

```
                   显示分区的边界；生成输出：(0,5,9)
print(people_dask_df.divisions)    ←
print(people_dask_df.npartitions)  ← 显示 DataFrame 中存在多少个分区，输出 2。
                                     分区 1 保存行 0~4，分区 2 保存行 5~9
```

代码清单 3.3 显示了 Dask DataFrame 的一些有用属性，可用于检查 DataFrame 的分区方式。第一个属性 divisions(0,5,9)显示分区方案的边界(分区是在索引上创建的)。可能看起来很奇怪，因为有两个分区但有三个边界。每个分区的边界由 divisions 列表中的数字对组成。第一个分区的边界是"从 0 到 5(但不包括 5)"，包含行 0、1、2、3 和 4。第二个分区的边界是"从 5(包括 5)到 9"，包含行 5、6、7、8 和 9。最后一个分区总是包含上边界，而其他分区则包含下边界，但不包含上边界。

第二个属性 npartitions 只返回 DataFrame 中存在的分区数。

代码清单 3.4 检查 DataFrame 中的行

```
people_dask_df.map_partitions(len).compute()

''' Produces the output:
0    5
1    5
dtype: int64 '''
```

将 Pandas DataFrame 转换为 Dask

代码清单 3.4 展示了如何使用 map_partitions 方法计算每个分区中的行数。map_partitions 通常将给定函数应用于每个分区。map_partitions 调用的结果将返回一个与 DataFrame 当前具有的分区数相等的 Series。因为我们在这个 DataFrame 中有两个分区,所以在调用结果中得到两个项。从输出显示的每个分区包含五行,意味着 Dask 将 DataFrame 分成两个相等的部分。

有时可能需要更改 Dask DataFrame 中的分区数。特别是当计算包含大量过滤操作时,每个分区的大小可能变得不一致,这可能降低后续计算的性能。因为如果一个分区包含大部分数据,那么并行性的所有优势都会丢失。让我们看一个示例,首先对原始 DataFrame 使用过滤器来派生一个新的 DataFrame,该过滤器将删除所有姓氏为 Williams 的人员。然后使用相同的 map_partitions 调用来检查新 DataFrame 的构成,以计算每个分区的行数。

代码清单 3.5 对 DataFrame 重新分区

过滤掉姓氏为 Williams 的人员并重新计算行数

```
people_filtered = people_dask_df[people_dask_df['Last Name'] != 'Williams']
print(people_filtered.map_partitions(len).compute())

people_filtered_reduced = people_filtered.repartition(npartitions=1)
print(people_filtered_reduced.map_partitions(len).compute())
```

将两个分区折叠成一个

注意发生了什么:第一个分区现在只包含三行,第二个分区有原始五个。而姓 Williams 的人碰巧在第一个分区,所以我们新的 DataFrame 变得相当不平衡。

代码清单中的第二行代码目的是在过滤后的 DataFrame 上使用 repartition 方法来修复不平衡。npartitions 参数的设置方式与之前在创建初始 DataFrame 时使用的 npartitions 参数相同。只需要指定所需的分区数量,Dask 就会知道接下来需要做什么。如果指定的分区数小于当前分区数,Dask 将通过串联来合并现有分区。如果指定的分区数大于当前分区数,Dask 会将现有分区拆分为较小分区。可以在程序中随时调用 repartition 来启动此过程。但是,像其他所有的 Dask 操作一样,这是一个"懒惰"的计算方式。在进行 compute、head 等调用之前,实际上不会移动任何数据。但在新的 DataFrame 上再次调用 map_partitions 函数,可以看到分区数会减少为 1,并且它包含了所有 8 个行。需要注意,如果重新分区,会增加一个或多个分区，旧的分区(0、5、9)将保留。如果要均匀地拆分分区，则需要手动更新分区以匹配数据。

3.2.2 "混洗"介绍

现在我们已经了解了分区的重要性，探讨了 Dask 如何处理分区，并了解了可以做什么来影响分区，我们将通过学习分布式计算中经常出现的挑战来完善这一讨论：处理"混洗(shuffle)"。我说的不是舞步的移动，坦率而言，我不能对跳舞提出很好的建议。在分布式计算中，混洗是将所有分区广播给所有 worker 的过程。在执行排序、分组和索引操作时，必须对数据进行混洗，因为每行需要与整个 DataFrame 中的每个其他的行进行比较，以确定其正确的相对位置。这是一项耗时的操作，因为需要网络传输大量数据。下面让我们看看具体是指什么。

在图 3.6 中，可以看到如果按姓氏对数据进行分组，那么 DataFrame 会发生什么。例如，我们可能想通过姓氏查找到最年长的人。对于大多数数据，这都没有问题。因为这个数据集当中的大多数姓氏都是唯一的。正如你在图 3.6 中的数据中所见，只有两个姓氏具有相同的情况，分别是 Williams 和 Smith。对于两个姓 Williams 的人来说，他们在同一个分区，所以服务器 1(可以改成分区)拥有本地需要的所有信息，可以确定年龄最大的 Williams 出生于 1989 年。但是，对于姓氏为 Smith 的人来说，分区 1 中有一个 Smith，分区 2 中有一个 Smith。服务器 1 需要将 Smith 发送到服务器 2 进行比较，或服务器 2 需要将它的 Smith 发送到服务器 1 进行比较。这两种情况下，为让 Dask 能比较每个 Smith 的出生日期，其中一个必须进行网络传送。

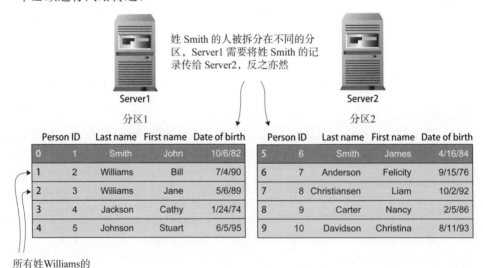

图 3.6 需要混洗的 groupby 操作

如果根据需要对数据执行操作，想要完全避免混洗操作可能是不可行的。但可执行一些操作以最大限度地减少对数据进行混洗的需要。首先，确保数据以预先排列的顺序存储将消除使用 Dask 对数据进行排序的需要。如有可能，对源系统(如关系数据库)中的数据进行排序比分布式系统中的数据排序更有效。然后，使用已排序的列作为 DataFrame 的索引可提高连接效率。当数据被预先排序后，查找操作会非常快，因为使用在 DataFrame 上定义的分区可以很容易地确定保留在某一行的分区。最后，如果必须使用触发混洗的操作，请在有资源的情况下保存结果。这将防止在需要重新计算 DataFrame 时重复对数据执行混洗操作。

3.3 Dask DataFrame 的局限性

现在，你已经对 DataFrame API 的用途有了很好的了解，本节将介绍 DataFrame API 的一些局限性。

首先，Dask DataFrame 不会移植所有 Pandas API。尽管 Dask DataFrame 由较小的 Pandas DataFrame 组成，但 Pandas 做得很好的一些功能根本不利于分布式环境。例如，insert 和 pop 操作不支持更改 DataFrame 结构的函数，因为 Dask DataFrame 是不可变的。也不支持一些更复杂的窗口操作(如扩展和 EWM 方法)，不支持复杂的转置方法(如 stack/unstack 和 melt)，因为它们倾向于导致大量数据的混乱。通常，这些开销很大的操作不需要在完整的原始数据集上执行。这些情况下，可使用 Dask 执行所有正常的数据准备、过滤和转换操作，将最终的数据集转移存储到 Pandas 中。然后就能对简化的数据集执行开销较大的操作。Dask 的 DataFrame API 使 Pandas DataFrame 的互操作变得非常容易，因此在使用 Dask DataFrame 分析数据时，这种模式非常有用。Dask DataFrame API 使它很容易与 Pandas DataFrame 进行互操作，因此在使用 Dask DataFrame 分析数据时，此模式非常有用。

第二个限制是关系类型操作，如 join、merge、groupby 和 rolling。虽然支持这些操作，但它们可能涉及大量混洗操作，从而成为性能瓶颈。可使用 Dask 以准备一个可转储到 Pandas 的较小数据集，或通过限制这些操作仅使用索引来最小化这一点。例如，如果想将人员的 DataFrame 与交易的 DataFrame 联系起来，而两个数据集都按人员 ID 排序和索引，则计算速度会明显加快。这样可以最大限度地降低每个人记录在许多分区上的可能性，从而使混洗更有效。

第三，由于 Dask 的分布式特性，创建索引会面临一些挑战。如果希望使用 DataFrame 的列作为索引而不是默认的数字索引，则需要对列索引进行排序。如果数据是预先排序存储的，就完全没有问题。如果数据没有预先排序，那么对整个 DataFrame 进行排序可能会非常慢，因为它需要大量的混洗过程。实际上，首先需要对每个分区进行排序，然后与其他每个分区进行合并和排序。有时可能需要执行合并和排序操作，但如果可以主动地存储为计算预先排序的数据，则可节省大量时间。

对于索引，你可能会注意到与 Pandas 的另一个显著差异是关于 Dask 如何处理 reset_index 方法。与 Pandas 不同的是，Dask 将在整个 DataFrame 中重新计算出一个新的顺序的索引，Dask DataFrame 中的方法类似于 map_partitions 调用。在图 3.7 中，可以看到这种效果。

	Person ID	Last name	First name	Date of birth
0	1	Smith	John	10/6/82
1	2	Williams	Bill	7/4/90
2	3	Williams	Jane	5/6/89
3	4	Jackson	Cathy	1/24/74
4	5	Johnson	Stuart	6/5/95
0	6	Smith	James	4/16/84
1	7	Anderson	Felicity	9/15/76
2	8	Christiansen	Liam	10/2/92
3	9	Carter	Nancy	2/5/86
4	10	Davidson	Christina	8/11/93

到达分区边界时，索引值重新从0开始

图 3.7　Dask DataFrame 调用 reset_index 的结果

每个分区包含五行，所以一旦我们调用 reset_index，前五行的索引保持不变，但下一个分区包含的下五行要从 0 开始。遗憾的是，没有一种简单方法可用分区感知的方式重置索引。因此，只有当你不打算使用生成的顺序索引进行连接、分组或排序 DataFrame 时，才可以谨慎地使用 reset_index 方法。

最后想说的是，由于 Dask DataFrame 由许多 Pandas DataFrame 组成，因此在 Pandas 中效率低下的操作在 Dask 中也会效率低下。例如，在 Pandas 中使用 apply 和 iterrows 方法去迭代行是非常低效的。因此，在使用 Dask DataFrame 时，遵循 Pandas 的最佳实践经验将为你提供最佳性能。如果还没有完全掌握 Pandas 的方法，则需要继续提高技术，这样不仅会让你更熟悉 Dask 和分布式工作负载(workload)，而且会帮助你成为数据科学家！

3.4　本章小结

- Dask DataFrame 由行(0 轴)、列(1 轴)和索引组成。
- 默认情况下，DataFrame 方法按行进行操作。

- 可通过访问 DataFrame 的 divisions 属性来检查 DataFrame 的分区方式。
- 过滤 DataFrame 会导致每个分区的大小不平衡。为了获得最佳性能，分区的大小应该大致相等。在过滤大量数据后，使用 repartition 方法重新分区 DataFrame 是一个很好的实践。
- 为获得最佳性能，DataFrame 应该由逻辑列进行索引，并按索引进行分区，索引应该预先排序。

第 4 章

将数据读入 DataFrame

> **本章主要内容：**
> - 读取含有分隔符的文本文件，创建 DataFrame 并定义数据模式
> - 使用 Dask 读取和处理 SQL 关系数据库中的数据
> - 从分布式文件系统(S3 和 HDFS)读取数据
> - 使用 Parquet 格式的数据

前三章中讲解了很多概念，这些理论知识将有助于你成为 Dask 专家。接下来，我们准备开始进行数据处理。图 4.1 显示了使用 Dask 处理数据的标准流程以及我们目前所处的环节。

图 4.1 《Python 和 Dask 数据科学》学习路线图

在本章中，将继续数据处理工作的第一步：问题定义和数据采集。在接下来的几章中，将使用纽约市停车罚单数据集来回答以下问题：违章停车罚单的多少与哪些因素有关？

也许我们可能会发现旧车更有可能获得罚单，或者某种特殊颜色比其他颜色更容易吸引监管方的注意力。针对这个问题，将使用 Dask DataFrame 来采集、清理和分析相关数据。考虑到这一点，我们将首先学习如何将数据读入 Dask DataFrame。

数据科学家倾向于研究静态数据，或者不是专门为预测建模和分析而采集的数据。这与传统的学术研究完全不同，在传统的学术研究中，数据经过了仔细和周密的采集。在整个数据科学领域，你可能遇到各种各样的存储介质和数据格式。我们将在本章中介绍从一些最常用的数据格式和存储系统中读取数据，但本章不可能涵盖 Dask 的全部功能。Dask 在很多方面都非常灵活，如 DataFrame API 提供了与大量数据集和存储系统交互的接口。

在将数据读入 DataFrame 的过程中，请先回顾一下前面章节中关于 Dask 组件的知识：Dask DataFrame 由许多小的 Pandas DataFrame 组成，这些 DataFrame 在逻辑上被划分为多个分区。在 Dask DataFrame 上执行的所有操作都会生成相应延迟对象的 DAG(有向无环图)，这些对象被分发到不同的进程或物理机上。任务调度器控制任务分发和执行任务图。现在来看看如何读取数据。

4.1 从文本文件读取数据

我们将从带分隔符的文本文件开始，这是最简单和最常见的文件格式。含有分隔符的文本文件有很多种，但都使用称为分隔符的特殊字符来拆分行和列。

分隔符分为两种：行分隔符和列分隔符。行分隔符是一个特殊字符，表示你已到达行的末尾，并且右侧的任何其他数据会被视为下一行的一部分。最常见的行分隔符是换行符(\n)或回车符后跟换行符(\r\n)。带分隔符的文本文件通常对数据进行逐行划分，可以将原始数据解析成类电子表格的布局。

同样，列分隔符表示列的结尾，其右侧的任何数据都应视为下一列的一部分。在所有主要的列分隔符中，逗号(,)是最常用的。实际上，使用逗号列分隔符的文本文件格式通常称为：逗号分隔值或简称 CSV。其他常见的列分隔符有管道符(|)、制表符、空格和分号。

在图 4.2 中，可以看到带分隔符的文本文件的一般结构。这个是 CSV 文件，因为我们使用逗号作为列分隔符。此外，由于使用换行符作为行分隔符，因此可以看到每行数据都在各自的行上。

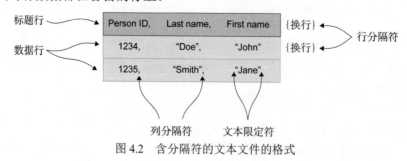

图 4.2 含分隔符的文本文件的格式

我们尚未讨论的带分隔符的文本文件的两个附加属性包括可选的标题行和文本限定符(text qualifier)。标题行用来指定列名,取文件的第一行。如这里的 Person ID、Last name 和 First name 不是用来描述某个人,而是描述 DataFrame 数据结构的元数据。虽然不是必需的,但标题行可让你知道数据结构中应保留的内容。

文本限定符是另一种特殊字符,用于表示列的内容是文本字符串。它们在实际数据包含行或列分隔符的情况下非常有用。使用包含文本数据的 CSV 文件时,这是一个相当常见的问题,因为逗号通常以文本显示。使用文本限定符包围这些列表示应忽略文本限定符内的列或行分隔符。

现在你已经了解到带分隔符的文本文件的结构,下面介绍如何将带分隔符的文本文件导入 Dask。我们在第 2 章中简要介绍的纽约市停车罚单数据集是一组 CSV 文件,因此将其用于此示例再完美不过了。如果尚未下载该数据集,可以访问网址 www.kaggle.com/new-york-city/nyc-parking-tickets。如前所述,为方便起见,我将数据解压缩到与 Jupyter Notebook 相同的目录下。如果已将数据放在其他位置,则需要将文件路径设置为数据的实际存储位置。

代码清单 4.1　用默认设置读取 CSV 文件

```
import dask.dataframe as dd
from dask.diagnostics import ProgressBar
fy14 = dd.read_csv('nyc-parking-tickets/Parking_Violations_Issued_-_Fiscal_Year_2014__August_2013___June_2014_.csv')
fy15 = dd.read_csv('nyc-parking-tickets/Parking_Violations_Issued_-_Fiscal_Year_2015.csv')
fy16 = dd.read_csv('nyc-parking-tickets/Parking_Violations_Issued_-_Fiscal_Year_2016.csv')
fy17 = dd.read_csv('nyc-parking-tickets/Parking_Violations_Issued_-_Fiscal_Year_2017.csv')
fy17
```

在代码清单 4.1 中,前三行应该看起来很熟悉:导入了 DataFrame 库和 ProgressBar 上下文。在接下来的四行代码中,将要从纽约市停车罚单数据集中读取 4 个 CSV 文件。现在,将每个文件读入一个 DataFrame 中。下面看一下 fy17 DataFrame 的元数据。

在图 4.3 中,我们看到了 fy17 的元数据,块大小采用了默认的 64 MB,数据被拆分为 33 个分区。可在顶部看到列名,但这些名称来自哪里?默认情况下,Dask 假定 CSV 文件具有标题行,并且我们的数据文件确实具有标题行。如果要查看所有列名,可查看 DataFrame 的 columns 属性。

```
Dask DataFrame structure:

              Summons  Plate  Registration  Plate  Issue  Violation  Vehicle   Vehicle  Issuing  Street  Street  Street  Vehicle      Violation  Violation
              number   ID     state         type   date   code       body      make     agency   code1   code2   code3   expiration   location   precinct
                                                                     type                                                 date
npartitions=33
              int64    object object        object object int64      object    object   object   int64   int64   int64   float64      float64    int64
       ...    ...      ...    ...           ...    ...    ...        ...       ...      ...      ...     ...     ...     ...          ...        ...
       ...    ...      ...    ...           ...    ...    ...        ...       ...      ...      ...     ...     ...     ...          ...        ...
                       ...    ...           ...    ...    ...        ...       ...      ...      ...     ...     ...     ...          ...        ...
Dask Name: from-delayed, 99 tasks
```

图 4.3　fy17 DataFrame 的元数据

代码清单 4.2　查看 DataFrame 的列

```
fy17.columns

'''
Produces the output:

Index([u'Summons Number', u'Plate ID', u'Registration State', u'Plate Type',
       u'Issue Date', u'Violation Code', u'Vehicle Body Type', u'Vehicle
       Make', u'Issuing Agency', u'Street Code1', u'Street Code2', u'Street
       Code3',u'Vehicle Expiration Date', u'Violation Location',
       u'Violation Precinct', u'Issuer Precinct', u'Issuer Code',
       u'Issuer Command', u'Issuer Squad', u'Violation Time',
       u'Time First Observed', u'Violation County',
       u'Violation In Front Of Or Opposite', u'House Number', u'Street Name',
       u'Intersecting Street', u'Date First Observed', u'Law Section',
       u'Sub Division', u'Violation Legal Code', u'Days Parking In Effect    ',
       u'From Hours In Effect', u'To Hours In Effect', u'Vehicle Color',
       u'Unregistered Vehicle?', u'Vehicle Year', u'Meter Number',
       u'Feet From Curb', u'Violation Post Code', u'Violation Description',
       u'No Standing or Stopping Violation', u'Hydrant Violation',
       u'Double Parking Violation'],
      dtype='object')
'''
```

　　如果想看看其他 DataFrame 的列，例如 fy14(2014 年的停车罚单)的列，你会注意到它的列与 fy17(2017 年停车罚单)不同。看起来纽约市政府改变了 2017 年采集的停车违章数据。例如，在 2017 年之前没有记录违章停车地点的纬度和经度，因此这些列对于分析逐年趋势(如停车违章"热点"在整个城市的变化情况)没有用处。如果简单地将数据集连接在一起，会得到一个含有大量缺失值的 DataFrame。在合并数据集之前，我们应该找到所有 4 个 DataFrame 共有的列。然后将 4 个 DataFrame 整合在一起，生成一个包含四年数据的新 DataFrame。

　　可手动查看每个 DataFrame 的列并判断出哪些列是共有的，但这样效率非常低。相反，我们将利用 DataFrame 的 columns 属性和 Python 的 set 操作来自动执行该过程，如代码清单 4.3 所示。

代码清单 4.3　找出 4 个 DataFrame 的共同列

```
# Import for Python 3.x
from functools import reduce

columns = [set(fy14.columns),
    set(fy15.columns),
    set(fy16.columns),
    set(fy17.columns)]
common_columns = list(reduce(lambda a, i: a.intersection(i), columns))
```

在第一行，创建了一个包含 4 个集合对象的列表，分别代表每个 DataFrame 的列。在下一行，利用 set 对象的交集方法(intersection)返回两个集合的交集。将它放在 reduce 函数中，就可以遍历每个 DataFrame 的元数据，提取所有 4 个 DataFrame 共有的列，并丢弃 4 个 DataFrame 中都找不到的列。最终剩下的列如下：

```
['House Number',
 'No Standing or Stopping Violation',
 'Sub Division',
 'Violation County',
 'Hydrant Violation',
 'Plate ID',
 'Plate Type',
 'Vehicle Year',
 'Street Name',
 'Vehicle Make',
 'Issuing Agency',
 ...
 'Issue Date']
```

现在我们有了 4 个 DataFrame 共有的列，下面看看 fy17 DataFrame 的前几行。

代码清单 4.4　查看 fy17 的开头部分

```
fy17[common_columns].head()
```

代码清单 4.4 代码使用列 DataFrame 的列过滤器和 head 方法。在 DataFrame 名称右侧的方括号中指定一列或多列，可选择或过滤 DataFrame 中指定的列。由于 common_columns 是一个列表，因此将其传递给列选择器，将获取包含列表中所有列的结果。我们还调用了 head 方法，该方法允许你查看 DataFrame 的前 n 行。如图 4.4 所示，默认情况下，它将返回 DataFrame 的前五行，但可以指定要返回的行数。例如，fy17.head(10)将返回 DataFrame 的前 10 行。请记住，当从 Dask 返回行时，它们会被加载到计算机的内存中。因此，如果尝试返回太多行，则会出现内存不足的错误。可在 fy14 DataFrame 上尝试一下 head 方法。

	Feet from curb	No standing or stopping violation	Vehicle color	Meter number	Violation description	Vehicle year	Street code1	Date first observed	To hours in effect	Summons number	...	Street name	Violation legal code	Time first observed	Issuer code	Issuer command	Street code2
0	0	NaN	GY	NaN	FAILURE TO STOP AT RED LIGHT	2001	0	0	NaN	5092469481	...	ALLERTON AVE (W/B) @	T	NaN	0	NaN	0
1	0	NaN	GY	NaN	FAILURE TO STOP AT RED LIGHT	2001	0	0	NaN	5092451658	...	ALLERTON AVE (W/B) @	T	NaN	0	NaN	0
2	0	NaN	BK	NaN	BUS LANE VIOLATION	2004	0	0	NaN	4006265037	...	SB WEBSTER AVE @ E 1	T	NaN	0	NaN	0
3	0	NaN	WH	NaN	47-Double PKG-Midtown	2007	10610	0	0700P	8478629828	...	7th Ave	NaN	NaN	359594	T102	34330
4	0	NaN	WHITE	NaN	69-Failure to Disp Muni Recpt	2007	10510	0	0700P	7868300310	...	6th Ave	NaN	NaN	364832	T102	34310

5 rows × 43 columns

图 4.4　f17 中公共列的前五行

代码清单 4.5　查看 fy14 的前 5 列

```
fy14[common_columns].head()

'''
Produces the following output:

Mismatched dtypes found in `pd.read_csv`/`pd.read_table`.

+------------------------+---------+---------+
| Column                 | Found   | Expected|
+------------------------+---------+---------+
| Issuer Squad           | object  | int64   |
| Unregistered Vehicle?  | float64 | int64   |
| Violation Description  | object  | float64 |
| Violation Legal Code   | object  | float64 |
| Violation Post Code    | object  | float64 |
+------------------------+---------+---------+

The following columns also raised exceptions on conversion:

- Issuer Squad
  ValueError('cannot convert float NaN to integer',)
- Violation Description
  ValueError('invalid literal for float(): 42-Exp. Muni-Mtr (Com. Mtr. Z)',)
- Violation Legal Code
  ValueError('could not convert string to float: T',)
- Violation Post Code
  ValueError('invalid literal for float(): 05 -',)

Usually this is due to dask's dtype inference failing, and
*may* be fixed by specifying dtypes manually
'''
```

Dask 在尝试读取 fy14 数据时遇到了错误！值得庆幸的是，Dask 开发团队在此错误消息中向我们提供了一些非常详细的信息。Issuer Squad、Unregistered Vehicle?、Violation Description、Violation Legal Code 和 Violation Post Code 无法正

确读取,因为它们的数据类型不是 Dask 所期望的。正如我们在第 2 章中所讲的,Dask 使用随机抽样来推断数据类型,以避免扫描整个 DataFrame(可能非常大)。虽然该方法通常很有效,但当某一列缺少很多值,或绝大多数值为同一种数据类型(例如整数)而有少量值是其他类型(例如一两个字符串)时,就可能会报错。发生这种情况时,Dask 一旦开始计算就会抛出异常。为了使 Dask 正确读取数据集,需要为数据手动指定数据类型。在开始这样做之前,下面看一下 Dask 所支持的数据类型,以便为数据指定正确的数据类型。

4.1.1 Dask 数据类型

与关系数据库系统类似,列的数据类型在 Dask DataFrame 中起着重要作用。它们决定了列可以执行哪种操作,如何重载运算符(如+,-等),以及如何分配内存来存储和访问列中的值。与 Python 中的大多数集合和对象不同,Dask DataFrame 使用显式类型而不是鸭子类型(鸭子类型的定义:当看到一只鸟走起来像鸭子、游起泳来像鸭子、叫起来也像鸭子,那么这只鸟就可以被称为鸭子,即根据对象的行为特征来决定其类型)。这意味着列中包含的所有值必须具有相同的数据类型。正如所见,如果发现列中的值不符合该列的数据类型,Dask 将会抛出错误。由于 Dask DataFrame 是由 Pandas DataFrame 的分区组成,而 Pandas DataFrame 又是 NumPy 数组组成的集合,因此 Dask 的数据类型基于 NumPy 的数据类型。NumPy 库是 Python 的一个强大且重要的数学库。它使用户能执行线性代数、微积分和三角函数的高级操作。该库在数据科学领域非常重要,因为它为 Python 中的许多统计分析方法和机器学习算法提供了基础数学库。图 4.5 给出了 NumPy 的数据类型。

基本类型	Numpy类型	备注
布尔型	bool	元素的大小为1个字节
整数	int8, int16, int32, int64, int128, int	int 默认与 C 语言中的 int 大小相同,与平台有关
无符号整数	uint8, uint16, uint32, uint64, uint128, uint	uint 默认与C语言中的 unsigned int 大小相同,与平台有关
浮点数	float32, float64, float, longfloat	float 为双精度浮点数(64 位);longfloat 表示高精度浮点数,它的大小与平台有关
复数	complex64, complex128, complex	complex64 的实部和虚部分别为一个单精度浮点数(32位),共64位
字符串	str, unicode	unicode为UTF32(UCS4)
对象	object	表示 Python对象
记录	void	可在 record 数组中使用任意数据类型

图 4.5 Dask 中的 NumPy 数据类型

如你所见,其中许多类型对应 Python 中的原始类型。最大的区别是 NumPy

数据类型可以使用指位宽显式指定存储大小。例如，int32 数据类型是一个 32 位整数，允许存储-2 147 483 648 和 2 147 483 647 之间的任何整数。相比之下，Python 的原始类型的最大位宽是根据计算机的操作系统和硬件配置来确定的。因此，如果使用 64 位 CPU 和 64 位操作系统，Python 将始终分配 64 位内存来存储整数。在适当的时候使用较小的数据类型可一次性在内存和 CPU 的缓存中保存更多数据，从而实现更快、更高效的计算。这意味着在为数据指定数据类型时，应该选择最小的数据类型来保存数据。但是，如果某个值超过数据类型允许的最大范围，将出现溢出错误，因此你应该仔细考虑数据的取值范围。

例如，以美国的房价为例。如果考虑通货膨胀的因素，房价通常会大于 32 767 美元，并且在相当长一段时间内不大可能超过 2 147 483 647 美元。因此，如果要将房屋价格四舍五入到最接近的整数，那么 int32 数据类型将是最合适的。虽然 int64 和 int128 类型也足以容纳这个数字范围，但使用超过 32 位的内存来存储房价数据是低效的，比较浪费。同样，使用 int8 或 int16 不足以容纳所有数据，从而导致内存溢出。

如果 NumPy 数据类型都不适用于你的数据，则可以将列存储为 object 类型，object 类型可以表示任何 Python 对象。这也是类型推断遇到含有数字和字符串混合的列时或者类型推断无合适的数据类型时默认的数据类型。但是，一般地，当某列存在大量缺失值，会将其数据类型定为 object。请看图 4.6，它再次显示了最后一条错误消息的部分输出。

Column	Found	Expected
Issuer Squad	object	int64
Unregistered Vehicle?	float64	int64
Violation Description	object	float64
Violation Legal Code	object	float64
Violation Post Code	object	float64

Dask将一个文本列推断为浮点数类型，这显然是不正确的

图 4.6 一个类型推断错误的示例

你是否真的相信名为 Violation Description 的列应该是浮点数类型？可能不是！通常，Violation Description 列应该是文本，因此 Dask 应该使用 object 数据类型。那么为什么 Dask 将其视为 float64 类型？事实证明，此 DataFrame 中的大多数记录的Violation Description 字段都为空。在原始数据中，它们只是空白。Dask 在解析文件时将空白记录视为空值，默认情况下使用名为 np.nan 的 NumPy 的 NaN(非数字)对象填充缺失值。如果使用 Python 内置的 type 函数来检查 np.nan 对象的数据类型，则发现它是浮点类型。由于 Dask 的类型推断在尝试推断 Violation

Description 列的类型时随机选择了一堆 np.nan 对象，因此它会假定该列肯定包含浮点数，从而显示上面的错误。现在可指定合适的数据类型来解决我们的问题了。

4.1.2 为 Dask DataFrame 创建数据模式

通常，在处理数据集时，需要提前了解每一列的数据类型是否可以包含缺失值以及有效取值范围，这些信息统称为数据模式。如果数据集来自关系数据库，通过表结构可能很清楚地了解数据集的模式。数据库表中的每一列都会有一个确定的数据类型。如果提前获得这些信息，就可以使用 Dask 来创建数据模式，并将其应用于 read_csv 方法。你将在本节末尾看到如何做到这一点。但是，有时你可能并不知道数据模式是什么，并且需要自己来确定。也许你通过 Web API 来获得数据但缺少明确的文档，或者你正在分析数据提取但无权访问数据源。这些方法都不理想，它们既繁杂又耗时，但有时你可能没有其他选择。可尝试以下两种方法：

- 猜测与检查
- 手动对数据进行采样

猜测与检查方法并不复杂。如果列名比较规范的话，如 Product Description、Sales Amount 等，则可以尝试使用字段名称来推断每列的数据类型。如果在运行时发现数据类型错误，需要重新指定数据类型并重新测试一下。此方法的优点是可以快速轻松地尝试不同的数据模式，但缺点是如果由于数据类型问题而多次报错，不断重新启动计算过程可能会很乏味。

手动采样方法更复杂一点，可能需要更多时间，因为它涉及扫描一些数据以分析可能的数据类型。但是，如果计划分析数据集，那么在创建模式的过程中你将对目标数据更加了解，不会"浪费"时间。我们看一下具体操作。

代码清单 4.6　创建一个通用的数据模式

```
import numpy as np
import pandas as pd

dtype_tuples = [(x, np.str) for x in common_columns]
dtypes = dict(dtype_tuples)
dtypes

'''
Displays the following output:
{'Date First Observed': str,
 'Days Parking In Effect    ': str,
 'Double Parking Violation': str,
 'Feet From Curb': str,
 'From Hours In Effect': str,
 ...
}
'''
```

首先需要构建一个将列名映射到数据类型的字典。这样做是因为我们将此对象提供给 dtype 参数，而 dtype 参数需要字典类型。为此，在代码清单 4.6 中，我们首先遍历 common_columns 列表，构造一个包含列名和 np.str 数据类型(表达字符串)的元组列表。在第二行，我们将元组列表转换为字典，显示了其中部分内容。现在我们已经构建了一个通用的数据模式，可以将它应用于 read_csv 函数，以使用模式将 fy14 数据读入 DataFrame 中。

代码清单 4.7　根据指定的数据模式创建 DataFrame

```
fy14 = dd.read_csv('nyc-parking-tickets/Parking_Violations_Issued_-_
    Fiscal_Year_2014__August_2013___June_2014_.csv', dtype=dtypes)

with ProgressBar():
    display(fy14[common_columns].head())
```

代码清单 4.7 与第一次读入 2014 数据文件的代码大致相同。但这次指定了 dtype 参数并传入了模式字典。对于 dtype 字典中的列，Dask 将禁用类型推断，并使用显式指定的类型。虽然仅包含你想要更改的列是完全合理的，但最好不要依赖 Dask 的类型推断。在此展示了如何为 DataFrame 中的所有列显式指定数据类型，我建议你在处理大型数据集时将其作为常规做法。使用这个特定的模式，我们告诉 Dask 假设所有列都是字符串。现在，如果尝试再次使用 fy14 [common_columns].head() 查看 DataFrame 的前五行，Dask 不会抛出错误消息！但我们还没有结束。现在需要查看每个列并选择更合适的数据类型(如有可能)以使得效率最大化。我们来看看 Vehicle Year 这一列。

代码清单 4.8　查看 Vehicle Year 列

```
with ProgressBar():
    print(fy14['Vehicle Year'].unique().head(10))

# Produces the following output:

0    2013
1    2012
2       0
3    2010
4    2011
5    2001
6    2005
7    1998
8    1995
9    2003
Name: Vehicle Year, dtype: object
```

在代码清单 4.8 中，我们只是查看 Vehicle Year 列中去重后的前 10 个值。看起来它们都是整数，可以使用 uint16 类型。uint16 是最合适的，因为年份不可能为负值，而 uint8 类型(最大值为 255)又太小，无法用于存储年份值。如果遇到任何字母或特殊字符，就不需要继续分析该列了，这就说明字符串类型将是唯一适合该列的数据类型。

需要注意的一件事是，10 个唯一值的样本可能不够大，可能会有一些特殊情况未包含在内。可使用.compute()而非.head()来显示所有唯一值，但如果正在查看的特定列具有高度唯一性(例如主键或高维类别)，则这可能不是一个好主意。大多数情况下，10～50 个独特样本的范围对我们很有用，但有时你仍然会遇到需要返回并调整数据类型的特殊情况。

由于我们认为整数数据类型可能适合此列，需要再检查一下：此列中是否有任何缺失值？如前所述，Dask 用 np.nan 表示缺失值，它被认为是一个浮点型对象。遗憾的是，np.nan 无法强制转换为 uint16 数据类型。在第 5 章中，我们将学习如何处理缺失值，但是现在如果遇到缺少值的列，需要确保该列将使用可以支持 np.nan 对象的数据类型。这意味着如果 Vehicle Year 列包含任何缺失值，我们将需要使用 float32 数据类型而不是我们原先认为合适的 uint16 数据类型，因为 uint16 无法存储 np.nan。

代码清单 4.9　查看 Vehicle Year 列的缺失值

```
with ProgressBar():
    print(fy14['Vehicle Year'].isnull().values.any().compute())

# Produces the following output:
True
```

在代码清单 4.9 中，我们使用了 isnull 方法，该方法检查指定列中的每个值是否为 np.nan。如果找到 np.nan，则返回 True，否则返回 False，然后将所有行的检查结果聚合为布尔 Series，后面紧跟着.values.any()。如果至少一行为 True，则结果为 True，若全为 False 则结果为 False。这意味着如果代码清单 4.9 中的代码返回 True，则 Vehicle Year 列中至少有一行是缺失的。如果它返回 False，则表示 Vehicle Year 列中没有缺失值。由于我们在 Vehicle Year 列含有缺失值，因此我们必须使用 float32 数据类型而不是 uint16。

现在，需要重复这个过程来处理其余的 42 列。为了简单起见，我们已经将本例所使用的数据模式发布到 Kaggle 网页(https://www.kaggle.com/new-york-city/nyc-parking-tickets/data)，这样可以直接使用。

代码清单 4.10　纽约市停车罚单数据集的最终数据模式

```
dtypes = {
 'Date First Observed': np.str,
```

```
'Days Parking In Effect    ': np.str,
'Double Parking Violation': np.str,
'Feet From Curb': np.float32,
'From Hours In Effect': np.str,
'House Number': np.str,
'Hydrant Violation': np.str,
'Intersecting Street': np.str,
'Issue Date': np.str,
'Issuer Code': np.float32,
'Issuer Command': np.str,
'Issuer Precinct': np.float32,
'Issuer Squad': np.str,
'Issuing Agency': np.str,
'Law Section': np.float32,
'Meter Number': np.str,
'No Standing or Stopping Violation': np.str,
'Plate ID': np.str,
'Plate Type': np.str,
'Registration State': np.str,
'Street Code1': np.uint32,
'Street Code2': np.uint32,
'Street Code3': np.uint32,
'Street Name': np.str,
'Sub Division': np.str,
'Summons Number': np.uint32,
'Time First Observed': np.str,
'To Hours In Effect': np.str,
'Unregistered Vehicle?': np.str,
'Vehicle Body Type': np.str,
'Vehicle Color': np.str,
'Vehicle Expiration Date': np.str,
'Vehicle Make': np.str,
'Vehicle Year': np.float32,
'Violation Code': np.uint16,
'Violation County': np.str,
'Violation Description': np.str,
'Violation In Front Of Or Opposite': np.str,
'Violation Legal Code': np.str,
'Violation Location': np.str,
'Violation Post Code': np.str,
'Violation Precinct': np.float32,
'Violation Time': np.str
}
```

代码清单 4.10 包含纽约市停车罚单数据集的最终数据模式。让我们用它重新加载所有 4 个 DataFrame，然后将所有四年的数据合并到一个 DataFrame 中。

代码清单 4.11　将数据模式应用到 4 个 DataFrame 上

```
data = dd.read_csv('nyc-parking-tickets/*.csv', dtype=dtypes, usecols=
        common_columns)
```

在代码清单 4.11 中，我们重新加载数据并应用我们创建的数据模式。请注意，我们现在不是将 4 个单独的文件加载到 4 个单独的 DataFrame 中，而是使用*通配符将 nyc-parking-tickets 目录下包含的所有 CSV 文件加载到单个 DataFrame 中。

Dask 这个能力便于导入大规模数据集,因为将大型数据集拆分为多个文件是很常见的,特别是在分布式文件系统上。和以前一样,我们将数据模式传递给 dtype 参数,现在我们将要返回的列传递给 usecols 参数,usecols 参数为一个列表类型,将从结果 DataFrame 中删除列表中未指定的列。由于我们只关心四年中可用的数据,因此会选择忽略四年数据中非共有的列。

usecols 是一个有趣的参数,因为如果查看 Dask API 文档,它并没有列出,原因在于该参数来自 Pandas。由于 Dask DataFrame 的每个分区都是 Pandas DataFrame,可以通过*args 和**kwargs 接口传递任何 Pandas 参数,它们将控制构成每个分区的底层 Pandas DataFrame。此接口也可以指定列分隔符、数据是否具有标题行等选项。关于 Pandas 中 read_csv 方法的详细说明可参考 Pandas 的 API 文档,地址为 https://pandas.pydata.org/pandas-docs/stable/generated/pandas.read_csv.html。

我们现在已经读入了数据,接下来已准备好清理和分析这个 DataFrame 了。如果计算行数,我们将有超过 4230 万条停车违章记录需要分析。但在深入讨论前,将研究一下 Dask 与其他存储系统如何交互(如读写数据)。我们现在看一下如何从关系数据库系统中读取数据。

4.2 从关系数据库中读取数据

Dask 读取关系数据库系统(RDBMS)中的数据非常容易。实际上,你可能发现与 RDBMS 交互过程中最繁杂的部分是安装和配置 Dask 环境。由于生产环境中使用的 RDBMS 种类繁多,我们无法在此处详述每个 RDBMS 的具体细节。针对特定 RDBMS 可以在线获得大量文档和支持。需要注意的最重要的事情是,在多节点集群中使用 Dask 时,客户端计算机并不是唯一需要访问数据库的计算机。每个工作节点都需要能访问数据库服务器,因此安装正确的软件并配置集群中的每个节点都能访问数据库很重要。

Dask 使用 SQL Alchemy 库与 RDBMS 进行交互,我建议使用 pyodbc 库来管理 ODBC 驱动程序。为了使 Dask 正常工作,需要在集群中的每台计算机上为特定的 RDBMS 安装和配置 SQL Alchemy、pyodbc 和 ODBC 驱动程序。要了解有关 SQL Alchemy 的更多信息,请访问 www.sqlalchemy.org/library.html。同样,可以通过 https://github.com/mkleehammer/pyodbc/wiki 了解有关 pyodbc 的更多信息。

代码清单 4.12 将一个 SQL 表读取到 Dask DataFrame 中

```
username = 'jesse'
password = 'DataScienceRulez'
hostname = 'localhost'
```

```
database_name = 'DSAS'
odbc_driver = 'ODBC+Driver+13+for+SQL+Server'

connection_string = 'mssql+pyodbc://{0}:{1}@{2}/ {3}?driver={4}'.
    format(username, password, hostname, database_name, odbc_driver)

data = dd.read_sql_table('violations', connection_string, index_col=
    'Summons Number')
```

在代码清单 4.12 中,我们首先通过构建连接字符串创建与数据库服务器的连接。对于这个特定的示例,我在 Mac 系统上使用了 Linux 上的 SQL Server Docker 容器。根据你运行的数据库服务器和操作系统,你的连接字符串可能有所不同。最后一行演示了如何使用 read_sql_table 函数连接到数据库读取数据并创建 DataFrame。第一个参数是要查询的数据库表的名称,第二个参数是连接字符串,第三个参数是用作 DataFrame 索引的列。这些是该函数所需的三个参数。但需要知道一些重要的假设。

首先,关于数据类型,你可能认为 Dask 直接从数据库服务器获取数据类型信息,因为数据库已经定义了数据模式。相反,Dask 对数据进行采样并推断出数据类型,就像读取含有分隔符的文本文件一样。但是,Dask 按顺序从表中读取前五行,而不是跨数据集随机对数据进行采样。因为数据库确实明确定义了每个字段的类型和长度,所以当从 RDBMS 读取数据时,Dask 的类型推断要比读取含分隔符的文本文件更加准确可靠。但是,它仍然不完美。由于数据的排序方式,可能会出现一些特殊情况,导致 Dask 推断出不正确的数据类型。例如,字符串列可能包含一些行数字字符串(如 1456、2986 等)。由于排序导致 Dask 采样的样本中全部为数字字符串,则可能误认为该列应该是整数类型而不是字符串类型。对于这些情况,你可能仍需要指定数据类型。

第二个假设是如何对数据进行分区。如果 index_col 参数(当前设置为 'Summons Number')是数字或日期/时间类型,Dask 将自动推断边界并以 256MB 的块大小对数据进行分区(大于 read_csv 函数的 64 MB 块大小)。但是,如果 index_col 不是数字或日期/时间类型,则必须指定分区数或用于分区的边界。

代码清单 4.13 以非数字或时间/日期为索引进行分区

```
data = dd.read_sql_table('violations', connection_string, index_col=
    'Vehicle Color', npartitions=200)
```

在代码清单 4.13 中,指定 Vehicle Color 列作为 DataFrame 的索引,该列是一个字符串类型。因此,必须指定应如何对数据进行分区。在此使用 npartitions 参数,我们告诉 Dask 将 DataFrame 拆分为 200 个大小相等的块。或者,可以手动指定分区的边界。

第 4 章　将数据读入 DataFrame

代码清单 4.14　以非数字或时间/日期为索引进行自定义分区

```
partition_boundaries = sorted(['Red', 'Blue', 'White', 'Black', 'Silver',
    'Yellow'])
data = dd.read_sql_table('violations', connection_string, index_col=
    'Vehicle Color', divisions=partition_boundaries)
```

代码清单 4.14 显示了如何指定分区边界。需要注意的重要事项是 Dask 将这些边界用作按字母顺序排序的半开半闭区间。这意味着不会有仅包含其边界颜色的分区。例如，因为绿色按字母顺序排列在蓝色和红色之间，绿色汽车将落入红色分区。"红色分区"实际上是按字母顺序大于蓝色并按字母顺序小于或等于红色的所有颜色。一开始这并不直观，可能需要一些时间来适应。

Dask 的第三个假设是，当你仅传递最小必需参数时，它将输出所有的列。可使用 columns 参数来指定要返回的列名，该行参数与 read_csv 中的 usecols 参数类似。虽然可以在参数中使用 SQL Alchemy 表达式，但我建议你避免这样做，因为你会失去 Dask 并行化计算带来的优势。

代码清单 4.15　选取列的一个子集

```
# Equivalent to:
# SELECT [Summons Number], [Plate ID], [Vehicle Color] FROM dbo.violations
column_filter = ['Summons Number', 'Plate ID', 'Vehicle Color']
data = dd.read_sql_table('violations', connection_string, index_col=
    'Summons Number', columns=column_filter)
```

代码清单 4.15 显示了如何为 SQL 查询添加列过滤器。这里创建了表中存在的列名列表，将它传递给 columns 参数。即使你要查询的是视图而不是表，也可以使用列过滤器。

第 4 个也是最后一个假设是模式选择。当我在这里说"模式"时，我并不是指 DataFrame 使用的数据类型；我指的是 RDBMS 用于将表分组为逻辑集群的数据库架构对象(例如数据仓库中的 dim/fact 或者事务处理型数据库中的 sales、hr 等)。如果未提供模式，则数据库驱动程序将使用针对数据库的默认值。对于 SQL Server，Dask 会默认使用 dbo 模式。如果将表放在一个不同的模式中，假设有一个名为 chapterFour 的模式，我们会收到 table not found 错误。

代码清单 4.16　指定一个数据库模式

```
# Equivalent to:
# SELECT * FROM chapterFour.violations
data = dd.read_sql_table('violations', connection_string, index_col=
    'Summons Number', schema='chapterFour')
```

代码清单 4.16 展示了如何为 Dask 中指定特定的模式。将模式名称传递给

schema 参数将导致 Dask 使用提供的数据库模式而不是默认的。

与 read_csv 一样，Dask 允许你将参数转发给底层的 Pandas read_sql 函数。我们已经介绍了该函数的所有重要功能，但如果想了解更多用法，请查看 Pandas read_sql 函数的 API 文档。Dask DataFrame 提供的接口的所有参数都可以使用* args 和**kwargs 形式来传递参数。现在我们来看看 Dask 如何与分布式文件系统交互数据。

4.3 从 HDFS 和 S3 中读取数据

虽然你在工作中遇到的许多数据集很可能会存储在关系数据库中，但分布式文件系统作为关系数据库的强大替代方案正在迅速普及。最值得注意的是，从 2006 年开始的分布式文件系统技术得到了飞速发展。比如 Apache Hadoop 和 Amazon 的 Simple Storage System(简称 S3)，同分布式计算为数据处理带来的好处一样，这些分布式文件系统提高了文件存储的吞吐量、可扩展性和稳定性。分布式计算框架和分布式文件系统技术是一对完美的组合：在最先进的分布式文件系统(如 HDFS)中，采用了数据本地化的思路，计算被发送到数据端。这节省了大量时间和网络通信资源。

将数据分块并将数据块发送到集群中的其他节点是一个重大瓶颈。这种情况下，当 Dask 读入数据时，会对 DataFrame 进行分区，但其他工作节点在收到数据分区之前无法执行任何操作。因为通过网络传输这些 64MB 块需要一定的时间，所以总计算时间将会增加数据节点和工作节点之间来回传输数据所花费的时间。如果集群的规模很大，这就很成问题。如果有几百个或更多工作节点同时需要数据块，那么数据节点上的网络栈很快就会饱和，响应会变得非常慢。通过使用分布式文件系统可缓解这两个问题。图 4.7 演示在没有分布式文件系统的情况下进行分布式计算，图 4.8 显示了如何跨工作节点分发数据，从而提高处理的效率。

分布式文件系统不是将数据存储的单个节点上，而是提前将数据切成块，分布存储在多台机器上，来避免性能瓶颈。在许多分布式文件系统中，会存储数据块/分区的冗余副本，以提高可靠性和性能。从可靠性的角度看，将每个分区存储三份副本(常见的默认配置)，意味着任何两台独立的机器出现故障之前不会导致数据丢失。两台机器在短时间内出现故障的概率远低于一台机器出现故障的概率，增加了存储的成本但极大地提升了数据的安全性。

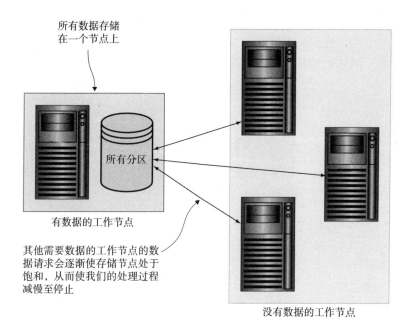

图 4.7　在没有分布式文件系统的情况下进行分布式计算

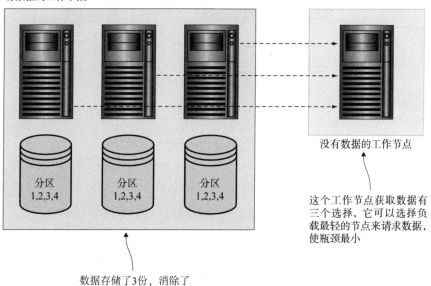

图 4.8　在分布式文件系统中运行分布式计算

从性能的角度看，拥有数据的节点可用来执行计算任务。或者，如果拥有该分区的所有工作节点都已经很忙，其中一个可将数据发送到另一个工作节点。这种情况下，将数据分散存储可避免任何单个节点因数据请求太多导致处理不过来。如果一个节点忙于提供一堆数据，它可以将其中一些请求转移到保存所请求数据的其他节点。图 4.9 说明了为什么数据本地化的分布式文件系统更有优势。

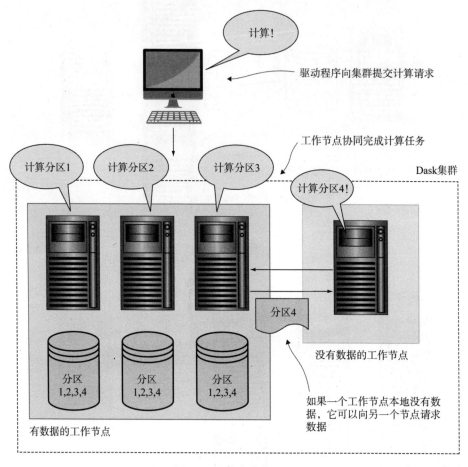

图 4.9　计算向数据移动

控制分布式计算的节点(称为驱动程序)知道它想要处理的数据的位置，因为分布式文件系统维护着系统内保存的数据的目录。它将首先询问存有这些数据的机器，不论它们是否忙碌。如果其中一个节点不忙，则驱动程序将指示该节点执行计算。如果所有节点都忙，驱动程序可以选择等待，直到其中一个工作节点空闲，或者指示另一个空闲工作节点远程获取数据并运行计算。HDFS 和 S3 是两种最流行的分布式文件系统，它们有一个关键的区别：HDFS 旨在允许在提供数据的相同节点上运行计算，而 S3 则不允许。亚马逊将 S3 设计为专门用于文件存储和检索的 Web 服务。所以不可能在 S3 服务器上执行应用程序代码。这意味着当你使用存储在 S3 中的数据时，你始终必须将分区从 S3 读取到 Dask 工作节点才能进行处理。现在让我们看一下如何使用 Dask 从这些系统中读取数据。

代码清单 4.17 从 HDFS 读取数据

```
data = dd.read_csv('hdfs://localhost/nyc-parking-tickets/*.csv', dtype=
    dtypes, usecols=common_columns)
```

在代码清单 4.17 中，使用了 read_csv 函数，现在应该看起来非常熟悉。事实上，唯一改变的是文件路径。使用 hdfs:// 前缀文件路径告诉 Dask 在 HDFS 集群而不是本地文件系统上查找文件，localhost 指示 Dask 应查询本地 HDFS NameNode 以获取有关文件的位置信息。

你之前学习的 read_csv 的所有参数仍可在此处使用。通过这种方式，Dask 可以非常轻松地使用 HDFS。唯一的附加要求是在每个 Dask 工作节点上安装 hdfs3 库。该库允许 Dask 与 HDFS 通信；因此，如果尚未安装该软件包，则不能使用该功能。你只需要使用 pip 或 conda 安装软件包即可(hdfs3 位于 conda-forge channel 上)。

代码清单 4.18 从 S3 读取数据

```
data = dd.read_csv('S3://my-bucket/nyc-parking-tickets/*.csv', dtype=
    dtypes, usecols=common_columns)
```

在代码清单 4.18 中，我们再次执行 read_csv 调用，代码清单 4.17 几乎完全相同。但是，这一次，我们使用 S3:// 为文件路径添加前缀，告诉 Dask 数据位于 S3 文件系统上，而 my-bucket 让 Dask 查找与你的 AWS 关联的 S3 存储 bucket 中的文件账户名 my-bucket。

要使用 S3 功能，必须在每个 Dask 工作节点上安装 s3fs 库。像 hdfs3 一样，这个库可以通过 pip 或 conda 安装(来自 conda-forge channel)。最后的要求是每个 Dask 工作节点需要正确配置 S3 身份验证信息。s3fs 使用 boto 库与 S3 进行通信。可从 http://boto.cloudhackers.com/en/latest/getting_started.html 了解有关 boto 配置的更多信息。最常见的 S3 身份验证信息包括 AWS Access Key 和 AWS Secret Access Key。与其将这些键值写入代码，不如使用环境变量或在配置文件设置这些值。boto 将自动检查环境变量和默认配置路径，因此不必将身份验证凭据直接传递给 Dask。与使用 HDFS 一样，对 read_csv 的调用允许你执行与在本地文件系统上相同的所有操作。Dask 真的可以轻松使用分布式文件系统！

现在你已经有了一些使用几种不同存储系统的经验，本章最后将介绍一种适合快速计算的特定文件格式的读取方式。

4.4 读取 Parquet 格式的数据

CSV 和其他分隔文本文件具有简单性和可移植性,但它们并未真正进行优化以达到最佳性能,在执行排序、合并和聚合等复杂数据操作时尤其如此。虽然各种各样的文件格式试图以多种不同方式提高效率,但结果好坏参半。最近比较流行的文件格式之一是 Apache Parquet。Parquet 是由 Twitter 和 Cloudera 联合开发的高性能 columnar 存储格式,设计用于分布式文件系统。它的设计为基于文本的格式带来了几个关键优势:更有效地使用 I/O,更好的压缩率,更严格的数据类型。图 4.10 显示了以 Parquet 格式存储数据的方式与 CSV 之类的基于行的存储方式之间的差异。

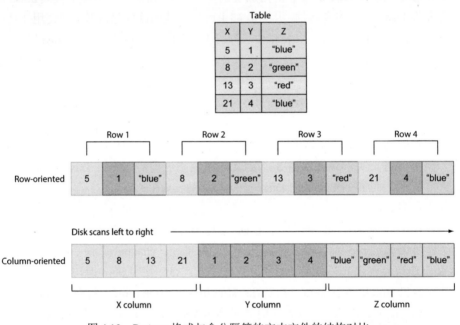

图 4.10　Parquet 格式与含分隔符的文本文件的结构对比

对于基于行的文件格式,值根据数据的行位置依次存储在磁盘和内存中。考虑一下如果想要在 X 上执行聚合函数,比如计算均值。若要读取 X 的所有值,必须扫描 10 个值才能完全得到我们想要的 4 个值。这意味着我们要花费更多时间等待 I/O 完成,还要丢弃从磁盘读取的一半以上的值。将其与基于列的文件格式进行比较:在该格式中,只需要获取 X 值的连续块即可获得我们想要的所有 4 个值。这种寻址操作更快更有效。

应用面向列的数据分块的另一个重要优点是数据可以按列进行分区和存储。这导致更快更有效的混洗操作,因为只需要传输需要处理列,而不是整行数据。

最后，高效压缩也是 Parquet 的一大优势。使用面向列的数据，可将不同的压缩方案应用于不同的列，以便达到最佳的压缩效果。Python 的 Parquet 库支持许多流行的压缩算法，如 gzip、lzo 和 snappy。Dask 要使用 Parquet，需要确保安装了 fastparquet 或 pyarrow 库，这两个库都可通过 pip 或 conda 安装(conda-forge)。我通常建议在 fastparquet 上使用 pyarrow，因为它更好地支持序列化复杂的嵌套数据结构。还可安装要使用的压缩库，如 python-snappy 或 python-lzo，它们也可以通过 pip 或 conda(conda-forge)安装。现在让我们再看一下以 Parquet 格式读取纽约市停车罚单数据集。我们将在本书中广泛使用 Parquet 数据格式，在第 5 章中，你将把一些纽约市停车罚单数据集写成 Parquet 格式。因此，你将多次看到 read_parquet 方法！这里的讨论只是为了让你初步了解如何使用该方法。现在看看如何使用 read_parquet 方法。

代码清单 4.19　读取 Parquet 格式的数据

```
data = dd.read_parquet('nyc-parking-tickets-prq')
```

代码清单 4.19 十分简单！read_parquet 方法用于从一个或多个 Parquet 文件读取数据，返回一个 Dask DataFrame，唯一必需的参数是路径。有一点需要注意的是：nyc-parking-tickets-prq 是一个目录，而不是一个文件。这是因为存储为 Parquet 的数据集通常被写入预先分区好的磁盘，从而可能导致数百或数千个单独的文件。Dask 为了方便起见提供了这种方法，因此你不必传入很长的文件名列表。如有必要，可在路径中指定单个 Parquet 文件，但更常见的是使用文件目录而不是单个文件来引用 Parquet 数据集。

代码清单 4.20　从分布式文件系统读取 Parquet 文件

```
data = dd.read_parquet('hdfs://localhost/nyc-parking-tickets-prq')
# OR
data = dd.read_parquet('S3://my-bucket/nyc-parking-tickets-prq')
```

代码清单 4.20 展示了如何从分布式文件系统中读取 Parquet 格式的文件。与含分隔的文本文件一样，唯一的区别是指定分布式文件系统协议，如 hdfs 或 S3，并指定数据的相对路径。Parquet 存储预定义的数据模式，因此没有选项来指定数据类型。可以使用 column filters(列过滤器)和 index selection(索引选择器)选项来控制数据的导入，使用方式与读取其他文件格式相同。默认情况下，它们将从与数据存储在一起的模式推断出这些参数，但也可手动将值传递给相关参数来覆盖它们。

代码清单 4.21　指定 Parquet 读取选项

```
columns = ['Summons Number', 'Plate ID', 'Vehicle Color']
data = dd.read_parquet('nyc-parking-tickets-prq', columns=columns, index=
    'Plate ID')
```

在代码清单 4.21 中，我们选择了一些想要从数据集中读取的列，并将它们放在一个名为 columns 的列表中。然后将列表传递给 columns 参数，并将 index 参数 Plate ID 用作索引。其结果将是一个 Dask DataFrame，它只包含此处显示的三列，并以 Plate ID 列为索引。

我们现在已经介绍了 Dask 从不同的存储系统和文件格式中获取数据的方法。如你所见，DataFrame API 读取结构化数据的方法具有极大的灵活性，并且使用起来非常简单。在第 5 章中，我们将介绍基本的数据转换和数据写操作的不同方法。

4.5　本章小结

- 可使用 columns 属性查看 DataFrame 的列。
- 对于大型数据集，不应依赖 Dask 的数据类型推断。相反，应该根据常见的 NumPy 数据类型来定义自己的数据模式。
- Parquet 格式提供了良好性能，因为它是一种面向列的格式并且具有高度的可压缩性；尽可能尝试以 Parquet 格式存储数据集。

第 5 章

DataFrame的清理和转换

本章主要内容：
- 选择和过滤数据
- 创建和删除列
- 查找和修复列中的缺失值
- DataFrame 的索引和排序
- 使用 join 和 union 操作合并 DataFrame
- 将 DataFrame 输出为含分隔符的文件和 Parquet 格式

在第 4 章中，我们为纽约市停车罚单数据集创建了一个数据模式，并成功将数据加载到 Dask 中。现在我们已准备好清理数据，以便我们进行数据的分析和可视化！作为一个友好的提醒，图 5.1 显示了在数据处理过程中我们迄今为止所做的工作，以及下一步的工作。

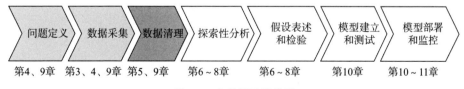

图 5.1 本书学习路线图

数据清理是任何数据处理过程的重要一步，因为数据中的异常和异常值会对许多统计分析产生负面影响。这可能导致我们得出错误的数据结论，并构建不实用的机器学习模型。因此，在进行探索性分析前，我们必须尽可能将数据清理干净。

在清理和准备数据的过程中，你还将学习 Dask 为操作 DataFrame 提供的许多方法。由于 Dask DataFrame API 中的许多方法与 Pandas 语法相似，本章中清楚地说明了 Dask DataFrame 由 Pandas DataFrame 组成。有些操作看起来完全相同，但我们也会看到由于 Dask 的分布式特性以及如何应对这些差异，某些操作会有所不同。

在开始工作之前，我们使用第 4 章的代码，将 csv 格式的将数据导入 Dask。如果需要学习本章内容，则需要运行这些代码。

代码清单 5.1　读入纽约市停车罚单数据集

```
import dask.dataframe as dd
from dask.diagnostics import ProgressBar
import numpy as np

dtypes = {
 'Date First Observed': np.str,
 'Days Parking In Effect    ': np.str,
 'Double Parking Violation': np.str,
 'Feet From Curb': np.float32,
 'From Hours In Effect': np.str,
 'House Number': np.str,
 'Hydrant Violation': np.str,
 'Intersecting Street': np.str,
 'Issue Date': np.str,
 'Issuer Code': np.float32,
 'Issuer Command': np.str,
 'Issuer Precinct': np.float32,
 'Issuer Squad': np.str,
 'Issuing Agency': np.str,
 'Law Section': np.float32,
 'Meter Number': np.str,
 'No Standing or Stopping Violation': np.str,
 'Plate ID': np.str,
 'Plate Type': np.str,
 'Registration State': np.str,
 'Street Code1': np.uint32,
 'Street Code2': np.uint32,
 'Street Code3': np.uint32,
 'Street Name': np.str,
 'Sub Division': np.str,
 'Summons Number': np.uint32,
 'Time First Observed': np.str,
 'To Hours In Effect': np.str,
 'Unregistered Vehicle?': np.str,
 'Vehicle Body Type': np.str,
 'Vehicle Color': np.str,
 'Vehicle Expiration Date': np.str,
 'Vehicle Make': np.str,
 'Vehicle Year': np.float32,
 'Violation Code': np.uint16,
 'Violation County': np.str,
```

第 5 章 DataFrame 的清理和转换

```
    'Violation Description': np.str,
    'Violation In Front Of Or Opposite': np.str,
    'Violation Legal Code': np.str,
    'Violation Location': np.str,
    'Violation Post Code': np.str,
    'Violation Precinct': np.float32,
    'Violation Time': np.str
}
nyc_data_raw = dd.read_csv('nyc-parking-tickets/*.csv', dtype=dtypes,
    usecols=dtypes.keys())
```

代码清单 5.1 看起来应该非常熟悉。在前几行中，我们将导入本章所需的模块。接下来，将加载第 4 章中创建的数据模式字典。最后通过读取 4 个 CSV 文件，应用前面的数据模式，并选择我们在模式中定义的列(usecols = dtypes.keys())，创建一个名为 nyc_data_raw 的 DataFrame。现在我们准备好了！

5.1 使用索引和轴

在第 3 章中，你了解到 Dask DataFrame 有三个结构元素：索引和两个轴(行和列)。作为回顾，图 5.2 显示了 DataFrame 的结构。

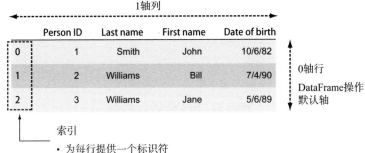

图 5.2 DataFrame 的结构

5.1.1 从 DataFrame 中选择列

到目前为止，除了为每列选择适当的数据类型并将数据读入 Dask 之外，我们还没有对纽约市停车罚单数据集做太多工作。既然已经加载了数据并准备好开始分析，那么通过学习如何使用 DataFrame 的索引和轴，可轻松地进行探索分析。下面我们将学习如何选择和过滤列。

代码清单 5.2　从 DataFrame 中选取单列

```
with ProgressBar():
    display(nyc_data_raw['Plate ID'].head())

# Produces the following output:
# 0    GBB9093
# 1    62416MB
# 2    78755JZ
# 3    63009MA
# 4    91648MC
# Name: Plate ID, dtype: object
```

你已经多次看到 head 方法将返回 DataFrame 的前 n 行，但在这些示例中，我们检索了整个 DataFrame 的前 n 行。在代码清单 5.2 中，可以看到我们在 nyc_data_raw 的右侧放置了一对方括号([...])，在方括号内，我们指定了其中一列的名称 Plate ID)。列选择器接受字符串或字符串代码，会返回 DataFrame 的指定列。在这种特殊情况下，由于我们只指定了一列，因此得到的不是一个 DataFrame。相反，我们返回一个 Series 对象，它就像一个没有列轴的 DataFrame。可以看到，与 DataFrame 一样，Series 对象具有索引，该索引实际上是从 DataFrame 复制而来的。但是，通常在选择列时，需要返回多个列，代码清单 5.3 演示了如何从 DataFrame 中选择多个列，图 5.3 显示了代码的输出。

代码清单 5.3　通过一个内嵌代码从 DataFrame 中选取多列

```
with ProgressBar():
    print(nyc_data_raw[['Plate ID', 'Registration State']].head())
```

	Plate ID	Registration State
0	GBB9093	NY
1	62416MB	NY
2	78755JZ	NY
3	63009MA	NY
4	91648MC	NY

图 5.3　代码清单 5.3 的输出

这里使用 head 方法让 Dask 返回 Plate ID 列和 Registration State 列的前五行。列选择器可能看起来有点奇怪，为什么我们使用两个方括号？那是因为我们正在创建一个内联代码字符串。要返回多个列，需要将列名称代码(作为字符串)传递给列选择器。外部方括号表示我们正在使用列选择器，而内部方括号对是列名代码的内联构造函数。还可以传递存储为变量的列名代码。代码清单 5.4 应该使列选择器和代码构造函数之间的区别更加明显,并注意到图 5.4 中显示的输出与图 5.3 完全相同。

代码清单 5.4　通过一个已声明的列表从 DataFrame 中选取多列

```
columns_to_select = ['Plate ID', 'Registration State']

with ProgressBar():
    display(nyc_data_raw[columns_to_select].hcad())
```

	Plate ID	Registration State
0	GBB9093	NY
1	62416MB	NY
2	78755JZ	NY
3	63009MA	NY
4	91648MC	NY

图 5.4　代码清单 5.4 的输出

由于我们首先创建列名代码并将其存储到名为 columns_to_select 的变量中,因此可将这个变量传递给列选择器。关于列选择器的一个重要注意事项:你引用的每个列名都必须在 DataFrame 中存在。这与我们之前使用 DataFrame 构造函数的 dtype 和 usecols 参数看到的行为相反。对于这些参数,我们可传递一个列名代码,如果数据中不存在某些列,Dask 将忽略这些列。另一方面,如果将列名传递给 DataFrame 中不存在的列选择器,Dask 将返回一个键错误。

5.1.2　从 DataFrame 中删除列

通常,你可能希望保留除了几列之外的所有列,而不是选择一小部分列。可用你刚到的列选择器方法来做到这一点,但这将输入很多列名,特别是如果 DataFrame 有很多像这样的列!幸运的是,Dask 为你提供了一种选择性地删除 DataFrame 中的列的方法,保留除指定列之外的所有列。代码清单 5.5 演示了如何使用 drop 方法去掉 DataFrame 中的 Violation Code 列,新的 DataFrame 的输出如图 5.5 所示。

代码清单 5.5　从 DataFrame 中删除某一列

```
with ProgressBar():
    display(nyc_data_raw.drop('Violation Code', axis=1).head())
```

	Summons Number	Plate ID	Registration State	Plate Type	Issue Date	Vehicle Body Type	Vehicle Make	Issuing Agency	Street Code1	Street Code2	...	Vehicle Color	Unregistered Vehicle?	Vehicle Year	Meter Number	Feet From Curb	Violation Post Code
0	1283294138	GBB9093	NY	PAS	08/04/2013	SUBN	AUDI	P	37250	13610	...	GY	0	2013.0	-	0.0	NaN
1	1283294151	62416MB	NY	COM	08/04/2013	VAN	FORD	P	37290	40404	...	WH	0	2012.0	-	0.0	NaN
2	1283294163	78755JZ	NY	COM	08/05/2013	P-U	CHEVR	P	37030	31190	...	NaN	0	0.0	-	0.0	NaN
3	1283294175	63009MA	NY	COM	08/05/2013	VAN	FORD	P	37270	11710	...	WH	0	2010.0	-	0.0	NaN
4	1283294187	91648MC	NY	COM	08/08/2013	TRLR	GMC	P	37240	12700	...	BR	0	2012.0	-	0.0	NaN

图 5.5 代码清单 5.5 的输出

与列选择器类似，drop 方法接受要删除的列名称的单个字符串或字符串代码。另外，我们要从 DataFrame 中删除列，必须指定应该在 1 轴(列)上执行 drop 操作。

由于 Dask 操作默认为 0 轴(行)，如果未指定 axis = 1，drop 操作的期望操作会尝试查找并删除索引为 Violation Code 的行。与 Pandas 的 drop 方法一样。但这种行为尚未在 Dask 中实现。如果忘记指定 axis = 1，则会收到一条错误消息，指出 NotImplementedError: Drop currently only works for axis=1。

与在列选择器中指定多个列类似，也可以指定要删除的多个列。此操作对 DataFrame 的影响如图 5.6 所示。

代码清单 5.6   从 DataFrame 中删除多列

```
violationColumnNames = list(filter(lambda columnName: 'Violation' in
    columnName, nyc_data_raw.columns))

with ProgressBar():
    display(nyc_data_raw.drop(violationColumnNames, axis=1).head())
```

	Summons Number	Plate ID	Registration State	Plate Type	Issue Date	Vehicle Body Type	Vehicle Make	Issuing Agency	Street Code1	Street Code2	...	Law Section	Sub Division	Days Parking In Effect	From Hours In Effect	To Hours In Effect	Vehicle Color
0	1283294138	GBB9093	NY	PAS	08/04/2013	SUBN	AUDI	P	37250	13610	...	408.0	F1	BBBBBBB	ALL	ALL	GY
1	1283294151	62416MB	NY	COM	08/04/2013	VAN	FORD	P	37290	40404	...	408.0	C	BBBBBBB	ALL	ALL	WH
2	1283294163	78755JZ	NY	COM	08/05/2013	P-U	CHEVR	P	37030	31190	...	408.0	F7	BBBBBBB	ALL	ALL	NaN
3	1283294175	63009MA	NY	COM	08/05/2013	VAN	FORD	P	37270	11710	...	408.0	F1	BBBBBBB	ALL	ALL	WH
4	1283294187	91648MC	NY	COM	08/08/2013	TRLR	GMC	P	37240	12700	...	408.0	E1	BBBBBBB	ALL	ALL	BR

5 rows × 31 columns

图 5.6 代码清单 5.6 的输出

在代码清单 5.6 中，我们使用了代码生成器生成列名代码。我们决定删除列名称中包含 Violation 一词的任何列。在第一行，我们在 filter 函数中定义了一个匿名函数用于从 nyc_data_raw.columns 中(其中包含 nyc_data_raw 的所有列名)筛选出含有 Violation 的所有列名。然后获取与过滤条件匹配的列名代码，并将其传递给 nyc_data_raw DataFrame 的 drop 方法。总之，该操作将从生成的 DataFrame 中删除 13 列。

现在你已经看到了从 Dask DataFrame 中选择列子集的两种方法，你可能想知道，我应该何时使用 drop 以及何时应该使用列选择器？从性能角度看，它们是等价的，因此实际上取决于想删除的列数和想保留的列数哪个更多一点。如果打算删除的列数多于你想要保留的列(例如，你希望保留 2 列并删除 42 列)，则使用列选择器会更方便。相反，如果打算保留比想要删除的列更多的列(例如，你希望保留 42 列并删除 2 列)，则使用 drop 方法会更方便。

5.1.3 DataFrame 中列的重命名

目前，列访问的最后一件事是列的重命名。有时你可能正在处理的 DataFrame 的有些列名描述不清楚，需要对其进行重命名。在下例中，我们使用 rename 方法将 Plate ID 列的名称改为 License Plate，其结果如图 5.7 所示。

代码清单 5.7　对列进行重命名

```
nyc_data_renamed = nyc_data_raw.rename(columns={'Plate ID':'License Plate'})
nyc_data_renamed
```

columns 参数只需要一个字典，其中键是旧列名，值是新列名。Dask 将进行一对一交换，返回带有新列名的 DataFrame。未在字典中指定的列将不会重命名或删除。请注意，这些操作不会改变磁盘上的源数据。在本章后面，我们将介绍如何将修改后的数据写回磁盘。

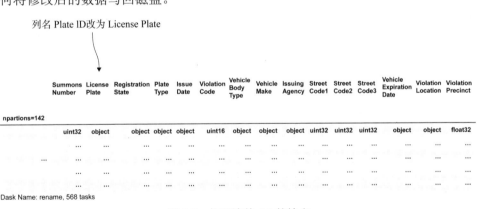

图 5.7　代码清单 5.7 的输出

5.1.4 从 DataFrame 中选择行

接下来，我们将了解如何跨行来选择数据。稍后将讨论检索和过滤行，这是行访问的常用方法。但是，若你预先知道要获取的行范围，通过索引选择是获取数据的最佳方式。当数据的索引是日期或时间时，这种情况最常发生。请记住，索引不需要是唯一的，因此可以使用索引来选择一大块数据。例如，你可能希望获取 2015 年 4 月到 2015 年 11 月之间的行。就像关系数据库中的聚簇索引一样，按索引选择数据可提高搜索和过滤方法的性能。这主要是因为 Dask 按照索引的顺序存储和分区数据。因此，在寻找特定信息时，Dask 不必扫描整个数据集以确保它带回你要求的所有数据。在下面的代码中，我们使用 loc 方法指定要检索的行的索引，输出显示在图 5.8 中。

代码清单 5.8　通过索引获取单行

```
with ProgressBar():
    display(nyc_data_raw.loc[56].head(1))
```

	Summons Number	Plate ID	Registration State	Plate Type	Issue Date	Violation Code	Vehicle Body Type	Vehicle Make	Issuing Agency	Street Code1	...	Vehicle Color	Unregistered Vehicle?	Vehicle Year	Meter Number	Feet From Curb
56	1293090530	GES3519	NY	PAS	07/07/2013	40	SDN	HONDA	F	70630	...	BLACK	0	1997.0	-	0.0

1 rows × 43 columns

图 5.8　代码清单 5.8 的输出

由于 DataFrame 尚未被特定索引列，因此我们选择的索引是 DataFrame 的默认顺序数字索引(从 0 开始)。这意味着如果从第一行开始计数，就返回 DataFrame 中的第 56 行。loc 在语法上类似于列选择器，因为它使用方括号来接受参数。但与列选择器不同，它不接受代码。可使用 Python 的标准切片表示法向其传递单个值或 Series 值。

代码清单 5.9　通过索引获取一个行的连续分片

```
with ProgressBar():
    display(nyc_data_raw.loc[100:200].head(100))
```

代码清单 5.9 演示了如何使用切片返回 100 到 200 之间的行。这与在普通 Python 中切片代码或数组的符号相同。使用此切片表示法返回的行将是顺序排列的。正如我们已经看到的，drop 函数在行轴上不起作用，因此在不使用过滤情况下，没有办法只选择行 1、3 和 5 行。但可从 Dask 中返回要进一步减少的切片，并使用 Pandas 的方法进行最终过滤。

代码清单 5.10　使用 Dask 和 Pandas 过滤一个行的分片

```
with ProgressBar():
    some_rows = nyc_data_raw.loc[100:200].head(100)
some_rows.drop(range(100, 200, 2))
```

在代码清单 5.10 中，我们将获取 Dask DataFrame(nyc_data_raw)在索引 100 和 200 之间的行。使用 head 方法触发 Dask 中的计算并将结果作为 Pandas DataFrame 返回。也可以使用 collect 方法，因为你选择了一小部分数据，但使用 head 方法是一个很好的习惯,以免意外返回太多数据。我们将此结果存储到名为 some_rows 的变量中,然后在 some_rows(这是一个 Pandas DataFrame)上使用 drop 方法来删除所有其他行并显示结果。drop 方法是在 Pandas 中为行轴实现的,因此如果需要从 DataFrame 中删除行,将 Dask 数据的子集转换成 Pandas 是个好主意。但请注意,如果尝试返回的切片太大而无法放入计算机内存中,则操作会返回内存不足错误。因此,此方法仅适用于处理 Dask DataFrame 中的相当小的子集。否则,需要依赖更高级的过滤方法,我们将在稍后介绍。

现在你对访问数据感到更自如,我们将在数据清理过程中迈出重要一步:在数据集中查找并修复缺失值。

5.2 处理缺失值

通常情况下,由于数据收集过程中的数据缺失、不断变化的需求或数据处理和存储问题,你会遇到缺少值的数据集。无论原因是什么,你都需要决定如何消除这些数据质量问题。修复缺失值时,有三个选项可供选择:
- 从数据集中删除缺少数据的行/列
- 将缺失值指定为默认值
- 估算缺失的值

例如,假设你有一个包含各种人物身高的数据集,并且缺少一些高度测量值。根据分析的目标,可以决定丢弃缺少高度测量的记录,或者通过计算测量值的算术平均值来替换这些值。

遗憾的是,没有"银弹"方法来选择处理缺失值的最佳方法。它在很大程度上取决于缺失数据的上下文和域。一个好的经验法则是与解释和使用你的分析结果的用户讨论,在问题背景下提出一个双方均认可的方法,来解决缺失值的问题。但是,为了给你一些选择,我们将在本节介绍如何做到这三个方面。

5.2.1 对 DataFrame 中的缺失值计数

我们首先来看看纽约市停车罚单数据集中有多少列含有缺失值。

代码清单 5.11 计算各列缺失值的占比

```
missing_values = nyc_data_raw.isnull().sum()

with ProgressBar():
    percent_missing = ((missing_values / nyc_data_raw.index.size) * 100).
    compute()
percent_missing

# Produces the following output:
```

```
Summons Number                       0.000000
Plate ID                             0.020867
Registration State                   0.000000
Plate Type                           0.000000
Issue Date                           0.000000
Violation Code                       0.000000
Vehicle Body Type                    0.564922
Vehicle Make                         0.650526
Issuing Agency                       0.000000
Street Code1                         0.000000
Street Code2                         0.000000
Street Code3                         0.000000
Vehicle Expiration Date              0.000002
Violation Location                  15.142846
Violation Precinct                   0.000002
Issuer Precinct                      0.000002
Issuer Code                          0.000002
Issuer Command                      15.018851
Issuer Squad                        15.022566
Violation Time                       0.019207
Time First Observed                 90.040886
Violation County                    10.154892
Violation In Front Of Or Opposite   15.953282
House Number                        16.932473
Street Name                          0.054894
Intersecting Street                 72.571929
Date First Observed                  0.000007
Law Section                          0.000007
Sub Division                         0.012412
Violation Legal Code                84.970398
Days Parking In Effect              23.225424
From Hours In Effect                44.821011
To Hours In Effect                  44.821004
Vehicle Color                        1.152299
Unregistered Vehicle?               88.484122
Vehicle Year                         0.000012
Meter Number                        81.115883
Feet From Curb                       0.000012
Violation Post Code                 26.532350
Violation Description               11.523098
No Standing or Stopping Violation   99.999998
Hydrant Violation                   99.999998
Double Parking Violation            99.999998
dtype: float64
```

代码清单 5.11 应该看起来有点熟悉，我们曾在第 2 章中对 2017 年数据上执行了同样的操作。代码中的第一行创建了一个新的 Series，其中包含每列的缺失值个数。isnull 方法扫描每一行，如果找到缺失值则返回 True，如果未找到缺失值则返回 False。sum 方法对所有 True 值进行计数，以便为每列提供缺失值的总计数。然后，我们将该计数 Series(missing_values)除以 DataFrame 的总行数 (nyc_data_raw.index.size)，并将每个值乘以 100。compute 方法触发计算并将结果存储为名为 percent_missing 的变量，percent_missing 为一个 Pandas Series。

5.2.2 删除含有缺失值的列

我们首先删除缺失值占比在 50%以上的列。

代码清单 5.12　删除缺失值占比在 50%以上的列

```
columns_to_drop = list(percent_missing[percent_missing >= 50].index)
nyc_data_clean_stage1 = nyc_data_raw.drop(columns_to_drop, axis=1)
```

在代码清单 5.12 中，我们首先过滤 percent_missing Series，以查找缺失值占比大于 50%的列的名称。生成如下所示的代码：

```
['Time First Observed',
 'Intersecting Street',
 'Violation Legal Code',
 'Unregistered Vehicle?',
 'Meter Number',
 'No Standing or Stopping Violation',
 'Hydrant Violation',
 'Double Parking Violation']
```

然后，我们使用你在上一节中学习的 drop 方法从 DataFrame 中删除指定的列，并将结果保存为名为 nyc_data_clean_stage1 的 DataFrame。我们在这里任意选择了 50%，但是删除具有大量缺失数据的列是非常典型的应用。以 Double Parking Violation 列为例：它缺少 99.9%的值。我们不太可能通过这样一个稀疏列获取更多信息，因此我们将从数据集中删除它。

5.2.3 填充缺失值

如果列中只有少量缺失数据，则删除缺失数据的行更合适。不过，在这样做之前，我们将为 Vehicle Color 列输入一个值。我们将使用现有的数据来合理地猜测丢失的数据可能是什么。在这个示例中，我们将在数据集中找到最常出现的颜色。虽然这个假设可能并不总是成立，但是使用数据集中最常出现的值，可使数据猜测的正确性概率最大化。

代码清单 5.13　填充缺失值

```
with ProgressBar():
    count_of_vehicle_colors = nyc_data_clean_stage1['Vehicle Color'].
       value_counts().compute()
most_common_color = count_of_vehicle_colors.sort_values(ascending=False).
       index[0]    ◀── 找到最多的车辆颜色
nyc_data_clean_stage2 = nyc_data_clean_stage1.fillna({'Vehicle Color': most_
    common_color})    ◀── 用最多的车辆颜色填充缺失值
```

代码清单 5.13 旨在通过假设它们是数据集中最常见的颜色来填充 Vehicle Color 列中的缺失值。通过使用分类变量最多的元素或连续变量的算术平均值来填充缺失值，是处理缺失值的一种常用方式，可最小化对数据统计分布的影响。在代码清单 5.13 的第一行，我们使用列选择器选择 Vehicle Color 列，并使用 value_counts 方法，该方法计算数据中值的出现次数。以下是变量 count_of_vehicle_colors 的内容：

```
GY      6280314
WH      6074770
WHITE   5624960
BK      5121030
BLACK   2758479
BL      2193035
GREY    1668739
RD      1383881
SILVE   1253287
...
MATH    1
MARY    1
$RY     1
Name: Vehicle Color, Length: 5744, dtype: int64
```

如你所见，value_counts 的结果为我们提供了一个 Series，其中包含索引上的每种颜色以及颜色在数据中出现的次数。在代码清单 5.13 的第二行中，我们按从大到小顺序取出出现次数最多的车辆颜色。如你所见，GY(灰色)是最常出现的颜色代码，出现次数超过 620 万次。在代码清单 5.13 的最后一行，我们使用 fillna 方法用 GY 替换缺少的颜色。fillna 需要一个键值对的字典作为参数，其中你要填充列名作为 key，需要填充值作为 value。未在字典中指定的列不会被修改。

5.2.4 删除缺少数据的行

现在我们已经在 Vehicle Color 列中填充了缺失值，对于其他缺失值占比较小的列，我们将删除那些列中缺少值的行。

代码清单 5.14　填充缺失值

```
rows_to_drop = list(percent_missing[(percent_missing > 0) & (percent_missing
    < 5)].index)
nyc_data_clean_stage3 = nyc_data_clean_stage2.dropna(subset=rows_to_drop)
                                    subset 参数用于指定那些列需要删除缺失值
```

代码清单 5.14 首先查找缺少值占比大于 0 且小于 5%的所有列。我们将此结果放在名为 rows_to_drop 的代码中。代码的内容如下所示：

```
['Plate ID',
 'Vehicle Body Type',
```

```
'Vehicle Make',
'Vehicle Expiration Date',
'Violation Precinct',
'Issuer Precinct',
'Issuer Code',
'Violation Time',
'Street Name',
'Date First Observed',
'Law Section',
'Sub Division',
'Vehicle Color',
'Vehicle Year',
'Feet From Curb']
```

请注意，我们不会删除这些列！我们只是从 DataFrame 中删除列中缺少值的任何行。请注意代码中含有 Vehicle Color。但是，因为我们要将 drop 函数应用于 nyc_data_clean_stage2，Vehicle Color 列中含有缺失值的行不会被删除，因为它们已被填充。我们在 DataFrame 上使用 dropna 方法进行实际删除。如果不指定任何参数，dropna 将删除所有缺少值的行，因此请谨慎使用！subset 参数允许我们指定 Dask 需要检查缺失值的列。如果某个含有缺失值的行未在指定的列中，则 Dask 不会删除它们。

5.2.5 使用缺失值输入多个列

我们现在差不多完成了。我们需要使用缺省值来填充剩下的含有缺失值的列。需要确保的一件事是，我们为列设置的默认值要符合该列的数据类型。让我们查看一下我们要清理哪些列以及它们的数据类型。

代码清单 5.15 查看剩余列的数据类型

```
Remaining_columns_to_clean = list(percent_missing[(percent_missing >= 5) &
    (percent_missing < 50)].index)
nyc_data_raw.dtypes[remaining_columns_to_clean]
```

代码清单 5.15 中我们要做的第一件事就是找到我们仍然需要清理的列，就像它之前的一些代码一样。对于缺失值超过 5%且缺失值小于 50%的任何列，我们将使用缺失值填充相应位置。列代码存储在 remaining_columns_to_clean 变量中，并且我们使用 nyc_data_raw DataFrame 的 dtypes 参数来查看每列的数据类型。这是输出的样子：

```
Violation Location                   object
Issuer Command                       object
Issuer Squad                         object
Violation County                     object
Violation In Front Of Or Opposite    object
House Number                         object
Days Parking In Effect               object
```

```
From Hours In Effect                    object
To Hours In Effect                      object
Violation Post Code                     object
Violation Description                   object
dtype: object
```

如你所见，我们要清理的所有列都是字符串。你可能想知道为什么它们显示为 Object 类型而不是 np.str 类型。Dask 只显式显示数字(int、float 等)数据类，任何非数字数据类型都将显示为 Object。我们将使用字符串 Unknown 填写每列的缺失值。我们将再次使用 fillna 来填充值，因此需要准备一个包含每列值的字典。

代码清单 5.16　fillna 方法使用字典

```
unknown_default_dict = dict(map(lambda columnName: (columnName, 'Unknown'),
    remaining_columns_to_clean))
```

代码清单 5.16 展示了如何构建这个字典。我们只是在 remaining_columns_to_clean 代码中取出每个值并构造只含有一个列名和字符串 Unknown 的元组。最后，我们将元组代码转换为字典，如下所示：

```
{'Days Parking In Effect     ': 'Unknown',
 'From Hours In Effect': 'Unknown',
 'House Number': 'Unknown',
 'Issuer Command': 'Unknown',
 'Issuer Squad': 'Unknown',
 'To Hours In Effect': 'Unknown',
 'Violation County': 'Unknown',
 'Violation Description': 'Unknown',
 'Violation In Front Of Or Opposite': 'Unknown',
 'Violation Location': 'Unknown',
 'Violation Post Code': 'Unknown'}
```

既然我们有一个字典代表要填写的每一列以及要填充的值，可将它传递给 fillna。

代码清单 5.17　使用缺省值来填充 DataFrame

```
nyc_data_clean_stage4 = nyc_data_clean_stage3.fillna(unknown_default_dict)
```

很好，很简单。我们现在构建了最终的 DataFrame，即 nyc_data_clean_stage4，它是从 nyc_data_raw 开始依次构建的，并且在各个列上应用四种缺失值技术中的每一种。现在看一下结果。

代码清单 5.18　使用缺省值来填充 DataFrame

```
with ProgressBar():
    print(nyc_data_clean stage4.isnull().sum().compute())
nyc_data_clean_stage4.persist()
```

```
# Produces the following output:

Summons Number                          0
Plate ID                                0
Registration State                      0
Plate Type                              0
Issue Date                              0
Violation Code                          0
Vehicle Body Type                       0
Vehicle Make                            0
Issuing Agency                          0
Street Code1                            0
Street Code2                            0
Street Code3                            0
Vehicle Expiration Date                 0
Violation Location                      0
Violation Precinct                      0
Issuer Precinct                         0
Issuer Code                             0
Issuer Command                          0
Issuer Squad                            0
Violation Time                          0
Violation County                        0
Violation In Front Of Or Opposite       0
House Number                            0
Street Name                             0
Date First Observed                     0
Law Section                             0
Sub Division                            0
Days Parking In Effect                  0
From Hours In Effect                    0
To Hours In Effect                      0
Vehicle Color                           0
Vehicle Year                            0
Feet From Curb                          0
Violation Post Code                     0
Violation Description                   0
dtype: int64
```

在代码清单 5.18 中，我们启动计算并返回应用所有转换后的缺失值数量。看起来我们得到了一切！如果在阅读时运行代码，你可能已经注意到计算需要一些时间才能完成。现在是持久化 DataFrame 的合适时机。请记住，持久化 DataFrame 将预先计算到目前为止已完成的工作，并将其以已处理状态存储在内存中。这将确保我们在继续分析时不必重新执行所有这些转换。代码的最后一行评论如何做到这一点。现在我们已经处理了所有缺失的值，我们将学习一些清除错误值的方法。

5.3 数据重编码

与缺失值一样，另一种情况也很常见，数据值并未丢失但含有非法值。例如，如果在示例数据集中遇到一辆车，其颜色是 Rocky Road，那可能就要予以注意了。这可能是停车执法人员在开罚单时想着当地今天冰淇淋店的特色而不是手头的工作！需要有一种方法来清理那些类型的异常值，一种方法是将这些值重新编码为更可能的选择(例如众值或算术平均值)或将异常数据放入其他类别。就像填充缺失数据的方法一样，需要与数据分析的使用方讨论这个问题，并就识别和处理异常数据的方法达成一致。

Dask 提出了两种方法对数据进行重新编码。

代码清单 5.19　获取 Plate Type 列的值的计数

```
with ProgressBar():
    license_plate_types = nyc_data_clean_stage4['Plate Type'].Value
    counts().compute()
license_plate_types
```

代码清单 5.19 再次使用了你在上一节中学到的 value_counts 方法。这里使用它来统计过去四年中记录的所有车牌类型。Plate Type 列记录有问题的车辆是乘用车、商用车等。这是计算的简要输出：

```
PAS    30452502
COM     7966914
OMT     1389341
SRF      394656
OMS      368952
         ...
SNO           2
Name: Plate Type, Length: 90, dtype: int64
```

如你所见，绝大多数车牌类型都是 PAS(乘用车)。结合 COM(商用车辆)，这两种板类型占整个 DataFrame 的 92%以上(41M 行中约 38M)。但也可看到有 90 种不同的车牌类型！让我们折叠 Plate Type 列，这样我们只有三种类型：PAS、COM 和 Other。

代码清单 5.20　对 Plate Type 列进行重编码

```
condition = nyc_data_clean_stage4['Plate Type'].isin(['PAS', 'COM'])
plate_type_masked = nyc_data_clean_stage4['Plate Type'].where(condition,
    'Other')
nyc_data_recode_stage1 = nyc_data_clean_stage4.drop('Plate Type', axis=1)
nyc_data_recode_stage2 = nyc_data_recode_stage1.assign(PlateType=plate_type
    _masked)
nyc_data_recode_stage3 = nyc_data_recode_stage2.rename(columns=
    {'PlateType': 'Plate Type'})
```

我们在代码清单 5.20 中有很多事情要做。首先要构建一个布尔条件，我们将用它与每行进行比较。为了构建条件，我们使用 isin 方法。如果它检查的值包含在作为参数传入的对象代码中,则此方法将返回 True,否则返回 False。当应用于整个 Plate Type 列时,它将返回一个包含 True 和 False 值的 Series。在下一行中,我们将这个 Series 传递给 where 方法,并将其应用于 Plate Type 列。where 方法保留所有 True 行的现有值,并用第二个参数中传递的值替换任何 False 行。这意味着 Plate Type 列中为 PAS 或 COM 的任何行都被替换为 Other。产生的新 Series 存储在 plate_type_masked 变量中。

现在我们有了新的 Series,需要将它放回 DataFrame 中。为此,我们首先使用 drop 方法删除旧的 Plate Type 列。然后使用 assign 方法将 Series 添加到 DataFrame 作为新列。因为 assign 方法使用 **kwargs 来传递列名而不是字典,就像许多其他基于列的方法那样,添加的列名中不能包含空格。因此,我们将列创建为 PlateType,并用 rename 方法将该列重命名为 Plate Type。

如果现在使用 values_counts 方法查看值计数,可看到归并操作成功了。

代码清单 5.21　查看重编码后的值计数

```
with ProgressBar():
    display(nyc_data_recode_stage3['Plate Type'].value_counts().compute())
```

输出结果为:

```
PAS      30452502
COM       7966914
Other     3418586
Name: Plate Type, dtype: int64
```

现在看起来好多了!我们已经成功地将不同车牌种类的数目减少到三个。

可使用的另一种重新编码方法是 mask。它与 where 方法的工作方式基本相同,但有一个关键区别:where 方法当传入的条件为 False 时会替换值,并在 mask 方法传入的条件为 True 时替换值。为举例说明如何使用它,现在让我们再次查看 Vehicle Color 列,首先检查列的值计数。

```
GY        6280314
WH        6074770
WHITE     5624960
BK        5121030
           ...
MARUE           1
MARUI           1
MBWC            1
METBL           1
METBK           1
MET/O           1
MERWH           1
MERON           1
MERL            1
```

```
MERG                     1
MEDS                     1
MDE                      1
MD-BL                    1
MCNY                     1
MCCT                     1
MBROW                    1
MARVN                    1
MBR                      1
MAZOO                    1
MAZON                    1
MAXOO                    1
MAX                      1
MAWE                     1
MAVEN                    1
MAUL                     1
MAU                      1
MATOO                    1
MATH                     1
MARY                     1
$RY                      1
Name: Vehicle Color, Length: 5744, dtype: int64
```

此数据集包含超过 5744 种独特颜色，但看起来有些颜色很奇怪。此数据集中超过 50% 的颜色只有一条记录。让我们通过将所有只有一条记录的颜色放在名为 Other 的类别中，来减少颜色数量。

代码清单 5.22　使用 mask 将去重后的颜色放入一个 Other 分类

```
Single_color = list(count_of_vehicle_colors[count_of_vehicle_colors ==
    1].index)
condition = nyc_data_clean_stage4['Vehicle Color'].isin(single_color)
vehicle_color_masked = nyc_data_clean_stage4['Vehicle Color'].
    mask(condition, 'Other')
nyc_data_recode_stage4 = nyc_data_recode_stage3.drop('Vehicle Color',
    axis=1)
nyc_data_recode_stage5 = nyc_data_recode_stage4.assign(VehicleColor=vehicle
    color_masked)
nyc_data_recode_stage6 = nyc_data_recode_stage5.rename(columns=
    {'VehicleColor':'Vehicle Color'})
```

在代码清单 5.22 中，我们首先通过过滤车辆颜色的值计数来获得数据集中仅有一条记录的所有颜色的代码。然后，和以前一样，我们使用 isin 方法构建一个布尔值的 Series。在这个 Series 中，具有唯一颜色之一的任何行是 True，其他行是 False。我们将此条件与替代值 Other，一起传递给 mask 方法。这将返回一个系列，其中具有唯一颜色之一的所有行将替换为 Other，而不具有其他颜色的行将保留其原始值。然后，我们只需要按照之前的相同步骤将新列放回 DataFrame：删除旧列，添加新列，并将其重命名。

你可能想知道何时使用 where 方法以及何时使用 mask。它们从根本上做同样的事情且具有相同的性能，但有时使用一个比另一个更方便。如果有很多单独的值，但是你想只保留几个，那么使用 where 方法会更方便。相反，如果有许多单独的值，但你想去除其中少数几个，使用 mask 方法更方便。

现在你已经学习了用另一个静态值替换一个值的一些方法，我们将看一些更复杂的方法来使用函数创建派生列。

5.4 元素运算

虽然你在上一节中学习的重新编码的方法非常有用，并且你可能经常使用它们。本节我们学习如何从 DataFrame 中的现有列创建新列。结构化数据经常出现的一种情况(如纽约停车罚单数据集)需要解析和处理日期/时间数据。回到第 4 章，当我们构建数据集的模式时，我们选择将日期列定义为字符串类型。但要正确使用日期进行分析，需要将这些字符串转化为 datetime 对象。Dask 能够在读取数据时自动解析日期，但日期的格式化比较麻烦。另一种方法可以让你更好地控制日期的解析方式，即将日期列导入为字符串格式和手动解析它们。在本节中，我们将学习如何在 DataFrame 上使用 apply 方法将通用函数应用于数据并创建派生列。更具体地说，我们将解析 Issue Date 列(发出停车罚单的日期)，并将该列转换为 datetime 数据类型。然后将创建一个新列，其中包含发出罚单的月份和年份，将在稍后再次使用该列。

代码清单 5.23　解析 Issue Date 列

```
from datetime import datetime
issue_date_parsed = nyc_data_recode_stage6['Issue Date'].apply(lambda x:
    datetime.strptime(x, "%m/%d/%Y"), meta=datetime)
nyc_data_derived_stage1 = nyc_data_recode_stage6.drop('Issue Date', axis=1)
nyc_data_derived_stage2 = nyc_data_derived_stage1.assign(IssueDate=
    issue_date_parsed)
nyc_data_derived_stage3 = nyc_data_derived_stage2.rename(columns=
    {'IssueDate':'Issue Date'})
```

在代码清单 5.23 中，我们首先需要从 Python 的标准库中导入 datetime 对象。然后，正如你在前几个示例中看到的那样，我们通过从 DataFrame(nyc_data_recode_stage6)中选择 Issue Date 列来创建一个新的 Series 对象，并使用 apply 方法执行转换。在这个特殊的 apply 函数中，我们创建了一个匿名(lambda)函数，它从输入的 Series 中获取一个值，通过 datetime.strptime 函数解析并返回一个 datetime 对象。datetime.strptime 函数只需要一个字符串作为输入和使用指定的格式将其解析为 datetime 对象。我们指定的格式是%m/%d/%Y，相当于 mm/dd/yyyy 日期。关于 apply 方法的最后一点需要注意的是我们必须指定的 meta 参数。Dask 尝试推断传递给它的函数的输出类型,但最好明确指定数据类型是什么。这种情况下,数据类型推断将失败,因此需要传递一个显式 datetime 数据类型。接下来的三行代码你应该非常熟悉:drop、assign、rename;这三行为 DataFrame 添加新列(我们之前学习过)。我们来看看发生了什么。

代码清单 5.24　查看解析后的结果

```
with ProgressBar():
    display(nyc_data_derived_stage3['Issue Date'].head())
```

输出为:

```
0    2013-08-04
1    2013-08-04
2    2013-08-05
3    2013-08-05
4    2013-08-08
Name: Issue Date, dtype: datetime64[ns]
```

该列不再是字符串类型,这正是我们想要的!现在使用新的 datetime 列来提取月份和年份。

代码清单 5.25　提取月份和年份

```
Issue_date_month_year = nyc_data_derived_stage3['Issue Date'].apply(lambda
    dt: dt.strftime("%Y%m"), meta=int)
nyc_data_derived_stage4 = nyc_data_derived_stage3.assign(IssueMonthYear=
    issue_date_month_year)
nyc_data_derived_stage5 = nyc_data_derived_stage4.rename(columns=
    {'IssueMonthYear':'Citation Issued Month Year'})
```

这一次,我们再次基于 DataFrame 中的 Issue Date 列创建一个新系列。但是,apply 函数现在使用 Python 的 datetime 对象的 strftime 方法从 datetime 中提取月份和年份并返回格式化的字符串。我们选择将月/年字符串格式化为 yyyyMM,如 strftime 参数中所指定的那样。我们还指定此函数的输出类型是整数,由 meta = int 参数表示。最后,我们像往常一样按照熟悉的 assign-rename 模式将列添加到 DataFrame。但是,我们不需要删除任何列,因为我们不希望用这个新列替换现有列。只需要添加到 DataFrame 中即可。我们现在来看看这个新列的内容。

代码清单 5.26　查看新生成的列

```
with ProgressBar():
    display(nyc_data_derived_stage5['Citation Issued Month Year'].head())
```

输出:

```
0    201308
1    201308
2    201308
3    201308
4    201308
Name: Citation Issued Month Year, dtype: object
```

完美！正是我们想要的：用一个月份/年份字符串来表示开出罚单的日期。现在我们已经创建了这个列，我们将用它来替换连续数字作为索引！这将使我们能按月份/年份轻松地查找数据，并在接下来完成其他事情，比如看每个月罚单数据的涨幅和数量。

5.5　过滤和重新索引 DataFrame

在本章的前面，你学习了如何使用 loc 方法通过索引切片查找值。但是，我们有一些更复杂的方法来使用布尔表达式搜索和过滤数据。让我们来看一下 10 月份的所有罚单。

代码清单 5.27　找出 10 月份产生的所有罚单

```
months = ['201310','201410','201510','201610','201710']
condition = nyc_data_derived_stage5['Citation Issued Month Year'].
    isin(months)
october_citations = nyc_data_derived_stage5[condition]

with ProgressBar():
    display(october_citations.head())
```

在代码清单 5.27 中，我们首先创建了一个想要搜索的年月组合代码(2013 年 10 月到 2017 年 10 月)。然后使用 isin 方法创建一个布尔 Series。再将此布尔系列传递给选择器。计算结果时，你将获得一个 DataFrame，仅返回 10 月份的罚单数据。

可以使用任何类型的布尔表达式来创建布尔 Series。例如，我们可能希望查找给定日期后的所有罚单，而不是选择某些月份的罚单。为此，可使用 Python 的内置不等式运算符。

代码清单 5.28　找出 2016 年 4 月 25 日生成的罚单

```
bound_date = '2016-4-25'
condition = nyc_data_derived_stage5['Issue Date'] > bound_date
citations_after_bound = nyc_data_derived_stage5[condition]

with ProgressBar():
    display(citations_after_bound.head())
```

在代码清单 5.28 中，我们使用大于运算符来查找发布日期大于 2016-4-25 的所有记录。这些布尔过滤器表达式也可以使用 AND(&)和 OR(|)运算符链接在一起，以创建非常复杂的过滤器！我们将在下一个代码中查看如何执行此操作，我们还将在其中为 DataFrame 创建自定义索引。到目前为止，这对我们来说还算不错，但是，使用不合适的索引会导致一些严重的性能问题。当我们想要组合多个 DataFrame 时，这变得尤为重要，见下一节的讨论。虽然可以组合索引非对齐的 DataFrame，但 Dask 必须扫描每个 DataFrame，以获得用于将两个 DataFrame 连接在一起的每个可能的唯一键组合，使这个过程非常缓慢。连接具有相同索引的两个 DataFrame，并按索引顺序排序和分区时，连接操作要快得多。因此，为了准备将数据加入另一个数据集，我们将调整索引和分区以与其他数据集对齐。

在 DataFrame 上设置索引将按指定列对整个数据集进行排序。虽然排序过程非常慢，但可以保留排序的 DataFrame 的结果，甚至将已排序数据写入 Parquet 文件中，这样你只需要对数据进行一次排序。要在 DataFrame 上设置索引，我们使用 set_index 方法。

代码清单 5.29　为 DataFrame 设置一个索引

```
with ProgressBar():                   过滤数据只保留 2014-01-01 到 2017-12-31 期间生成的罚单
    condition = (nyc_data_derived_stage5['Issue Date'] > '2014-01-01') &
        (nyc_data_derived_stage5['Issue Date'] <= '2017-12-31')
    nyc_data_filtered = nyc_data_derived_stage5[condition]
    nyc_data_new_index = nyc_data_filtered.set_index('Citation Issued Month
        Year')
```
将 DataFrame 的索引设置为 Month/Year 列

在代码清单 5.29 中，我们将采用上一节中创建的月份-年份列，并以该列对 DataFrame 进行排序。这将返回一个按该列排序的新 DataFrame，使我们能更快将其用于 search、filter 和 join。如果正处理在存储之前已排序的数据集，则可以传递可选参数 sorted = True，以告知 Dask 数据已经排序。此外，你还有机会调整分区，类似于你之前学习的重新分区选项。可使用 npartitions 参数指定多个分区以均匀地拆分数据，也可以使用 divisions 参数手动指定分区边界。由于我们按月份/年份对数据进行了排序，因此重新分配数据，以便每个分区包含一个月的数据。以下代码演示了如何执行此操作。

代码清单 5.30　使用年份/月份对数据重新分区

```
                                   将年份和月份结合在一起，构建一个列表作为 key 使用
years = ['2014', '2015', '2016', '2017']
months = ['01','02','03','04','05','06','07','08','09','10','11','12']
divisions = [year + month for year in years for month in months]

with ProgressBar():              将分区边界应用于 DataFrame 中，并将结果写入文件
    nyc_data_new_index.repartition(divisions=divisions) \
        .to_parquet('nyc_data_date_index', compression='snappy')
```

```
nyc_data_new_index = dd.read_parquet('nyc_data_date_index')
```
◄── 将排序后的结果读入 DataFrame

在代码清单 5.30 中，我们首先生成月份/年份代码，用于定义分区方案(201401、201402、201403 等)。接下来将分区代码传递给 repartition 方法，以将其应用于重新索引的 DataFrame。最后，我们将结果写入 Parquet 文件，以免每次需要后续计算时需要重复排序数据，并将排序后的数据读入名为 nyc_data_new_index 的新 DataFrame 中。现在我们已在 DataFrame 上设置了一个索引，下面学习使用索引来组合 DataFrame。

5.6 DataFrame 的连接

如果之前使用过关系数据库管理系统(RDBMS)，例如 SQL Server，那么你可能已经对 join 和 union 操作的能力有所了解。无论你是 DBA 专家还是只是第一次尝试数据工程，都有必要深入学习这些操作，因为它们在分布式环境中会产生大量不同的潜在性能缺陷。首先，让我们简要回顾一下 join 操作的工作原理。图 5.9 显示了连接操作的原理。

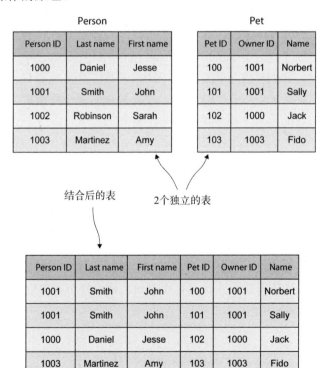

图 5.9　数据集的右连接

在连接操作中，通过将左对象中的列添加到右对象的列中，将两个数据对象(例如表和 DataFrame)组合到单个对象中。当我们使用 Pet 表加入 Person 表时，结果对象将 Pet 表中的列添加到 Person 表的列右侧。使用组合表，可以确定对象之间的关系。这两个对象通过键逻辑连接，或者两个表中具有相同意义的列。

在图 5.10 中，可以看到这两个表之间的关键关系。Jack 的 Owner ID 为 1000，对应于 Person ID 1000。因此，如果需要有关 Jack 的其他信息，例如他的所有者是谁，可以使用此关系来查找相关信息。这种关系模型以复杂的结构化数据集的形式存储在现实世界中。由于人、地点、事物和事件通常彼此具有某种程度的关系，因此这种关系模型是构建和组织相互关联的数据集的直观方式。让我们再仔细看一下这个组合表。

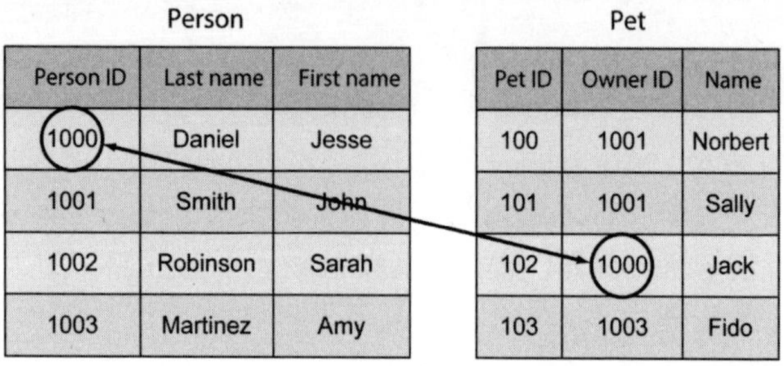

Person				Pet		
Person ID	Last name	First name		Pet ID	Owner ID	Name
1000	Daniel	Jesse		100	1001	Norbert
1001	Smith	John		101	1001	Sally
1002	Robinson	Sarah		102	1000	Jack
1003	Martinez	Amy		103	1003	Fido

图 5.10　Jack 是我的猫，因为它的 Owner ID 是我的 Person ID

请注意，在图 5.11 中，Sarah Robinson 没有出现在联合表中。还有一种情况是，她没有宠物。我们在这里看到的是一个内连接。这意味着只有两个彼此有关系的对象之间的记录才会放在组合表中。没有关系的记录将被丢弃。如果将这两个表结合起来的目的是为了更多地了解每个宠物的主人，那么包含没有宠物的人是没有意义的。要执行内连接，必须指定 how = inner 作为 join 方法的参数。让我们看看这个实例的一个示例。

5.6.1　连接两个 DataFrame

回到纽约市停车罚单数据集示例，我收集了纽约市的一些月平均温度数据来自 NOAA，并将此数据与 code notebook 一起包含在内。由于我们按月份/年份来索引停车罚单数据，我们加上每个月的平均温度。也许我们会看到一种趋势，即在温暖的天气里，当停车执法人员可以上街时，违章停车罚单会更多。图 5.12 显示了温度数据的样本。

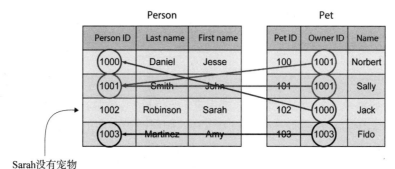

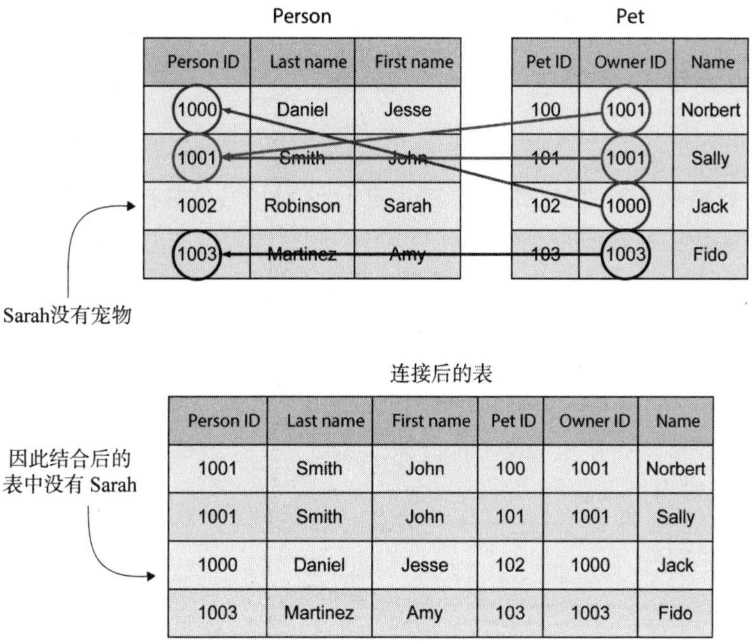

图 5.11　显示 Person 和 Pet 之间的关系

monthYear	Temp
01-2000	31.3
01-2001	33.6
01-2002	39.9
01-2003	27.5
01-2004	24.7
01-2005	31.3
01-2006	40.9
01-2007	37.5
01-2008	36.5
01-2009	27.9

图 5.12　纽约市的月平均气温

由于平均温度数据和停车罚单数据有相同的值索引(字符串格式的月份/年份)，两个数据集索引对齐的，join 将是一个相当快速的操作！下一个代码显示连接之后的 DataFrame。

代码清单 5.31　结合纽约市停车罚单数据和 NOAA 气温数据

```
import pandas as pd
nyc_temps = pd.read_csv('nyc-temp-data.csv')
```

```
nyc_temps_indexed = nyc_temps.set_index(nyc_temps.monthYear.astype(str))

nyc_data_with_temps = nyc_data_new_index.join(nyc_temps_indexed, how='inner')

with ProgressBar():
    display(nyc_data_with_temps.head(15))
```

我们使用 how='inner' 告诉 Dask 使用内连接

在代码清单 5.31 中，我们首先使用 Pandas 读取其他数据集。我选择用 Pandas 读取这个文件，因为它非常小(只有几 KB)。同样值得证明 Pandas DataFrame 可以和 Dask DataFrame 进行 join。当然，Dask DataFrame 可以完全相同的方式连接到其他 Dask DataFrame，因此这里具有一定程度的灵活性。我接下来在 nyc_temps DataFrame 上设置索引以使其与 Dask DataFrame 使用的索引对齐。最后，我们在 nyc_data_new_index DataFrame 上调用 join 方法，并将温度 DataFrame 作为第一个参数传递。我们还指定了 how= inner 来表示这是一个内连接。图 5.13 显示了代码清单 5.31 的输出结果。

	jistration State	Violation Code	Vehicle Body Type	Vehicle Make	Issuing Agency	Street Code1	Street Code2	Street Code3	...	Vehicle Year	Feet From Curb	Violation Post Code	Violation Description	Plate Type	Vehicle Color	Issue Date	Citation Issued Month Year	Temp	monthYear
	NY	46	SUBN	AUDI	P	37250	13610	21190	...	2013.0	0.0	Unknown	Unknown	PAS	GY	2013-08-04	08-2013	74.6	08-2013
	NY	46	VAN	FORD	P	37290	40404	40404	...	2012.0	0.0	Unknown	Unknown	COM	WH	2013-08-04	08-2013	74.6	08-2013
	NY	46	P-U	CHEVR	P	37030	31190	13610	...	0.0	0.0	Unknown	Unknown	COM	GY	2013-08-05	08-2013	74.6	08-2013
	NY	46	VAN	FORD	P	37270	11710	12010	...	2010.0	0.0	Unknown	Unknown	COM	WH	2013-08-05	08-2013	74.6	08-2013
	NY	41	TRLR	GMC	P	37240	12010	31190	...	2012.0	0.0	Unknown	Unknown	COM	BR	2013-08-08	08-2013	74.6	08-2013
	NJ	14	P-U	DODGE	P	37250	10495	12010	...	0.0	0.0	Unknown	Unknown	PAS	RD	2013-08-11	08-2013	74.6	08-2013
	NJ	24	DELV	FORD	X	63430	0	0	...	0.0	0.0	Unknown	Unknown	PAS	WHITE	2013-08-07	08-2013	74.6	08-2013
	NY	24	SDN	TOYOT	X	63430	0	0	...	2001.0	0.0	Unknown	Unknown	PAS	WHITE	2013-08-07	08-2013	74.6	08-2013
	NY	24	SDN	NISSA	X	23230	41330	83330	...	2012.0	0.0	Unknown	Unknown	PAS	WHITE	2013-08-12	08-2013	74.6	08-2013
	NY	20	SDN	VOLKS	T	28930	27530	29830	...	2012.0	0.0	Unknown	Unknown	PAS	WHITE	2013-08-12	08-2013	74.6	08-2013
	LA	17	SUBN	HONDA	T	0	0	0	...	0.0	0.0	Unknown	Unknown	PAS	TAN	2013-08-07	08-2013	74.6	08-2013
	IL	40	SDN	SCIO	T	26630	40930	18630	...	0.0	6.0	Unknown	Unknown	PAS	BK	2013-08-10	08-2013	74.6	08-2013
	PA	20	SDN	TOYOT	T	21130	71330	89930	...	0.0	0.0	Unknown	Unknown	PAS	GR	2013-08-06	08-2013	74.6	08-2013
	NY	40	VAN	MERCU	T	23190	27290	20340	...	2003.0	0.0	Unknown	Unknown	COM	RD	2013-08-07	08-2013	74.6	08-2013
	NY	51	VAN	TOYOT	X	93230	74830	67030	...	2013.0	0.0	Unknown	Unknown	PAS	GY	2013-08-06	08-2013	74.6	08-2013

图 5.13 代码清单 5.31 的输出

如你所见，Temp 列已添加到原始 DataFrame 的右侧。由于天气数据与停车罚单数据的整个时间范围重叠，因此我们在连接过程中没有丢失任何行。而且，由于 DataFrame 是索引对齐的，因此操作速度非常快。可以连接索引未对齐的 DataFrame，但是会影响性能，因此本书中就不介绍了。我强烈建议不要这样做。

如果不想丢弃不相关的记录，则需要执行外连接(outer join)。

在图 5.14 中，可以看到，由于外连接，拥有所有者的宠物像以前一样连接，但现在 Sarah 出现在我们的连接表中。那是因为外连接不会丢弃不相关的记录。相反，来自不相关表的列将包含缺失值。可以在图 5.14 中看到，由于 Sarah 没有任何宠物，因此有关其宠物的信息为 NULL，表示缺失/未知数据。Dask 的默认行为是执行外连接，因此除非另行指定，否则连接两个表将产生这样的结果。

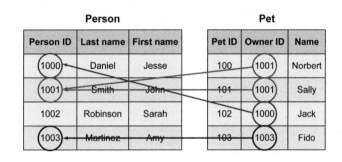

图 5.14　外连接会保留不相关的记录

5.6.2　合并两个 DataFrame

合并数据集的另一种方法是沿着行轴合并。在 RDBMS 中，这称为 union 操作，但在 Dask 中称为拼接 DataFrame。

图 5.15 显示了拼接 Person 表和 More People 表的结果。连接操作通过增加列数来添加更多数据，而可以看到通过增加行数来添加更多数据。两个表中的同名列彼此对齐，并且行被合并。还可以看到当两个表没有完全相同的列时会发生什么的结果。在这种情况下，Favorite food 列在两个表之间没有重叠，因此源自 Person 表的行中的 Favorite food 字段被置为缺失值。让我们看看 Dask 中是什么样。

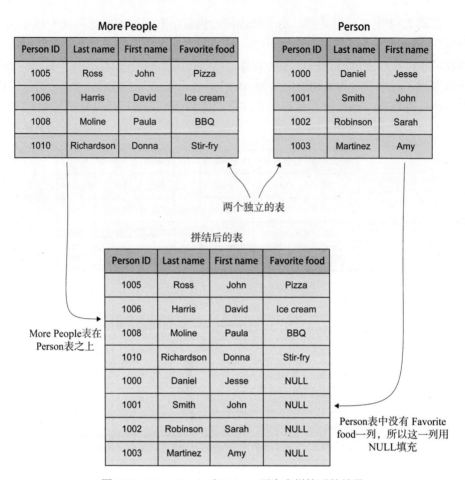

图 5.15 More People 和 Person 两个表拼接后的结果

代码清单 5.32 拼接两个 DataFrame

```
fy16 = dd.read_csv('nyc-parking-tickets/Parking_Violations_Issued_-_Fiscal_
    Year_2016.csv', dtype=dtypes, usecols=dtypes.keys())
fy17 = dd.read_csv('nyc-parking-tickets/Parking_Violations_Issued_-_Fiscal_
    Year_2017.csv', dtype=dtypes, usecols=dtypes.keys())

fy1617 = fy16.append(fy17)

with ProgressBar():
    print(fy16['Summons Number'].count().compute())

with ProgressBar():
    print(fy17['Summons Number'].count().compute())

with ProgressBar():
    print(fy1617['Summons Number'].count().compute())
```

在代码清单 5.32 中，我们暂时回到原始数据。因为我们不需要具有公共索引，所以将连接来自两个源的原始数据。我们从单个 csv 文件中读取数据，并使用 append 方法将它们连接起来。从语法上讲，这非常简单，并且 append 方法不存在其他参数。可以看到 fy16 包含 10 626 899 行，fy17 包含 10 803 028 行，而 fy1617 包含 21 429 927 行。

5.7 将数据写入文本文件和 Parquet 文件

现在我们已经投入了大量工作来清理数据集，现在是保存阶段性结果的合适时机。虽然在 DataFrame 上不时使用 persist 方法是最大化性能的好主意，但它的持久性只是暂时的。如果关闭 notebook 服务器并结束 Python 会话，持久化的 DataFrame 将从内存中清除，这意味着当你准备好恢复使用数据时，将不得不重新运行所有计算。

从 Dask 写出数据非常简单，但有一点需要注意：由于 Dask 在处理计算时将数据划分为分区，因此其默认行为是每个分区写一个文件。如果正在写入分布式文件系统或为其他分布式系统(如 Spark 或 Hive)提供数据，那么这不是一个真正的问题；但如果要保存成单个文件，且导入另一个数据分析工具(如 Tableau 或 Excel)，则必须在数据保存之前使用 repartition 方法合并所有分区。

在本节中，我们将以两种格式存储数据：含分隔符的文本文件和 Parquet 文件。

5.7.1 写入含分隔符的文本文件

首先，我们将看看如何将数据写入含有分隔符的文本文件。

代码清单 5.33　将数据写入一个 csv 文件

```
with ProgressBar():
    if not os.path.exists('nyc-final-csv'):    ← 检查 nyc-final-csv 目录是否存在，
        os.makedirs('nyc-final-csv')              如果不存在，就创建它
    nyc_data_with_temps.repartition(npartitions=1).to_csv('nyc-final-
        csv/part*.csv')    ← 将数据放入一个分区，存储为 csv 文件
```

代码清单 5.33 显示了如何将本章前面创建的组合数据集保存到单个 csv 文件中。需要注意我们给出的数据文件名：part * .csv。*通配符将由 Dask 自动填充为与该文件对应的分区号。由于我们将所有数据合并到一个分区中，因此只会写入一个 csv 文件，它将被称为 part0.csv。生成单个 csv 文件对于导出要在其他应用程序中使用的数据可能很有用，但 Dask 是一个分布式库。从性能的角度看，将数据分成多个文件更有意义，这些文件可以并行读取。实际上，Dask 的默认行为是将每个分区保存到单独文件中。接下来，我们将介绍可在 to_csv 方法中设置的其他

一些重要选项,并将数据写入多个 csv 文件。

默认情况下,to_csv 方法将使用以下默认设置:
- 使用逗号(,)作为列分隔符
- 将缺失的(np.nan)值保存为空字符串("")
- 包括标题行
- 将索引作为列包含在内
- 不使用压缩

代码清单 5.34　使用自定义选项写入含有分隔符的文件

```
with ProgressBar():
    if not os.path.exists('nyc-final-csv-compressed'):
        os.makedirs('nyc-final-csv-compressed')
    nyc_data_with_temps.to_csv(
        filename='nyc-final-csv-compressed/*',
        compression='gzip',
        sep='|',
        na_rep='NULL',
        header=False,
        index=False)
```

代码清单 5.34 演示了如何更改和自定义这些参数。这段代码会将数据 DataFrame 写入 48 个文件,这些文件将使用 gzip 压缩。将使用管道符号(|)作为列分隔符,而不使用逗号;将任何缺失值写为 NULL,并且不会写入标题行或索引列。可调整任何这些选项以满足需求。

5.7.2　写入 Parquet 文件

写入 Parquet 文件非常类似于写入含分隔符的文本文件。关键区别在于,不需要指定文件名,Parquet 文件将写入目录中。由于 Parquet 适合分布式系统使用,因此不需要像保存含分隔符文本文件那样调整分区。Parquet 的选项很简单。

代码清单 5.35　将一个 DataFrame 写入 Parquet 格式的文件

```
with ProgressBar():
    nyc_data_with_temps.to_parquet('nyc_final', compression='snappy')
```

代码清单 5.35 演示了使用 snappy 压缩编解码器在本地文件系统上写入 Parquet 数据。也可将 Parquet 数据保存到 HDFS 或 S3 上(使用相应的路径)。Dask 将为每个分区写一个 Parquet 文件。

本章介绍了许多操作数据的技术,以及很大一部分 Dask DataFrame API。我希望你现在对操作 DataFrame 更有信心。我们已经清理了数据并准备开始分析它。由于你已经保存了 DataFrame,请休息一下,喝杯咖啡,为后面有趣的数据分析章节做好准备!

5.8 本章小结

- 使用方括号([...])表示法从 DataFrame 中选择列。可向列选择器传入代码选择多个列。
- head 方法默认显示 DataFrame 的前 5 行。还可指定要查看的行数。
- 可使用 drop 方法从 DataFrame 中删除列。但由于 DataFrame 是不可变的，因此不会从原始 DataFrame 中删除该列。
- 可使用 dropna 方法从 DataFrame 中删除空值。
- 使用 drop-assign-rename 模式替换 DataFrame 中的列，例如在解析或重新编码列中的值时。
- 可使用 apply 方法以元素级别在 DataFrame 上执行转换函数。
- 支持布尔运算符(例如>、<、=)来过滤 DataFrame。如果你的过滤条件需要多个输入值，则可使用 NumPy 形式的布尔函数，如 isin。
- 可使用 merge 方法连接两个 DataFrame。你甚至可以将 Pandas DataFrame 合并到 Dask DataFrame！
- 可使用 append 方法拼接 DataFrame。

第 6 章

聚合和分析DataFrame

本章主要内容:
- 为一个 Dask Series 生成描述性统计信息
- 使用 Dask 内置函数对数据进行聚合和分组
- 创建自定义的聚合函数
- 利用回滚窗口函数分析时间序列

在第 5 章的最后,我们得到了一个数据集,可供我们开始挖掘和分析。但是,我们没有对数据的每个可能问题进行详尽搜索。实际上,数据清理和准备过程可能需要更长时间才能完成。数据科学家普遍认为数据清理可占用整个项目总时间的 80%或更多。借助你在第 5 章中学到的知识,可很好地解决你在实际工作中遇到的常见数据质量问题。作为一个友好的提醒,图 6.1 显示了数据处理的流程,目前我们已经走到中点了!

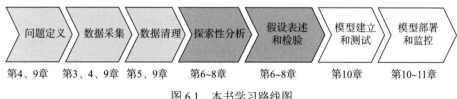

图 6.1　本书学习路线图

我们现在将注意力转向对数据的探索性数据分析上,这是数据科学项目我最喜欢的部分。探索性数据分析的目标是了解数据的"形状",在数据集中查找有趣的模式和相关性,并确定数据集中可能对预测目标变量有用的重要关系。与前一章一样,我们将重点介绍在 Dask 分布式范例中执行数据分析所需的不同点和特殊注意事项。

6.1 描述性统计信息

在第 5 章最后生成的数据集中，有 4100 万条停车罚单数据，含有大量的统计量。比如纽约市街道非法停放的汽车的平均车龄，是新车多还是旧车多？非法停放的最旧汽车的车龄是多少？是 T 型车还是雷鸟？使用描述性统计数据，我们将回答以下问题：

使用纽约市停车罚单数据集，纽约市街道上非法停放车辆的平均车龄是多长？根据车龄能推断出什么？

6.1.1 什么是描述性统计信息

在学习代码之前，我们将首先简要介绍如何理解数据的含义。描述性统计信息通常包括七个数学属性：

- 最小值(minimum)
- 最大值(maximum)
- 平均值(mean)
- 中位数(median)
- 标准差(standard deviation)
- 众数(mode)
- 偏度(skewness)

你之前无疑已经听过其中的一些术语，因为这些概念是任何基础统计课程的基础，老师在课堂上肯定讲过。这些描述性统计量虽然简单，却是描述各种数据并告诉我们有关数据的重要信息的非常有效的方法。

图 6.2 显示了假设变量的直方图，其中包含 100 000 个观测值。横轴表示观测值，纵轴表示概率。

通过观察这些值，我们能发现什么？观察值有时是 0，有时是 5.2，有时是 -3.48，更多的介于这两者之间。由于我们知道这个假设变量的观测值并不总是保持不变，我们称之为随机分布变量。为更好地应对变量的随机性，需要为我们最常观测的值所在区间的概率设置一个期望值。这正是描述性统计旨在实现的目标！

回到图 6.2，看看最小值和最大值。由于它们直观地命名，它们作为观察范围的边界点。没有观测值低于最小值(-10)，同样，没有观测值超过最大值(10)。这告诉我们，在未来出现在此范围之外的任何观测值都不太可能。接下来，看看平均值。这是分布的"质心"，这意味着如果进行随机观察，该值最可能接近这一点。可看到概率为 0.16，这意味着大约 16%的时间可预期观察到的值为 0。但其他 80%的时间可能会发生什么？这是标准差发挥作用的地方。标准差越高，我们观察到远离平均值的值的可能性就越大。

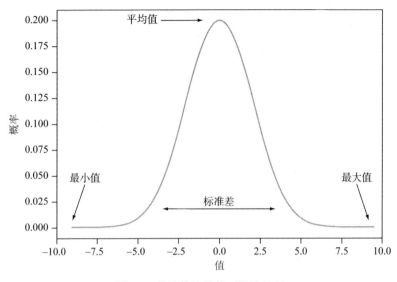

图 6.2 描述统计量的可视化呈现

可在图 6.3 中看到此行为。当标准差很小且离开平均值时，概率会急剧下降，这意味着很难观察到远离平均值的值。相反，如果标准偏差较大，则下降更平滑，表明更可能观察到远离平均值的值。

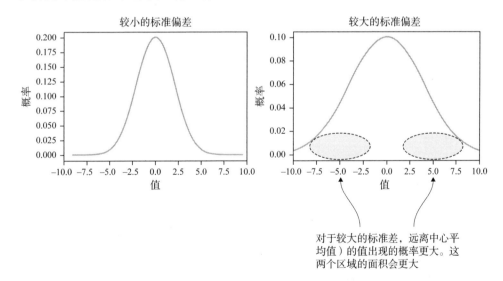

图 6.3 不同标准差的比较

在极端情况下，标准偏差为 0 表示该值是常数且不是随机分布的变量。如果观察到车龄的标准差很小，可认为观测车龄几乎没有变化。如果观察到高标准偏差，则意味着存在高度多样化的新旧车辆组合。在图 6.3 中，注意两个分布都是对称的。这意味着观测值为 1 的概率等于观察值为-1 的概念，以此类推。概率下降的速率不会根据我们离开曲线上最高点(代表样本中最多的值或中位数)的方向而有所不同。这种对称性(或潜在的不对称性)是用"偏度"描述的。

在图 6.4 中，可以看到偏度对分布形状的影响。偏度为 0，如图 6.4 中上部所示，分布是对称的。在任一方向上远离中位数的运动导致概率下降速率相同。这也使得该分布的均值和中位数相等。相反，当偏度为负时，如图 6.4 左下角所示，对于大于中位数的值，概率下降非常陡峭，对于小于模式的值，概率下降更为渐进。这意味着小于中位数的值比中位数上方的值更可能观察到。另外注意，使用此偏度，均值位于其原来值的左侧。原来的平均值为 0，现在大约是-2.5。正偏度的情况与负偏度相反，如图 6.4 右下角所示。大于中位数的值比小于中位数的值更可能被观察到。平均值也位于 0 的右侧。就分析车龄而言，如果出现负偏度的话，则表明更多车辆比平均年龄更新。相反，正的偏度表明更多车辆比平均年龄更老。通常，当偏度大于 1 或小于-1 时，我们将确定分布基本上是偏斜的并且远离对称。

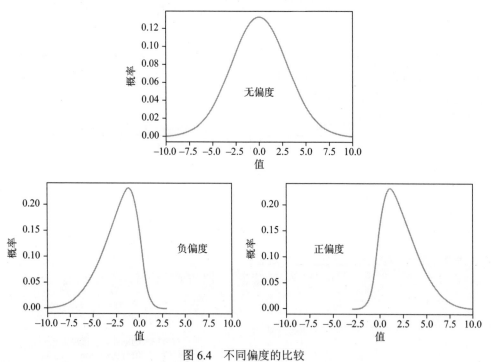

图 6.4　不同偏度的比较

6.1.2　使用 Dask 计算描述性统计信息

既然你已经了解了这些描述性统计数据的含义，那么让我们看看如何使用 Dask 计算这些值。要做到这一点，我们首先需要计算每辆车的车龄。数据中有罚单日期和年份,我们将据此创建派生列。与往常一样,将首先加载在上一章中生成的数据。

代码清单 6.1 加载要分析的数据

```
import dask.dataframe as dd
import pyarrow
from dask.diagnostics import ProgressBar

nyc_data = dd.read_parquet('nyc_final', engine='pyarrow')
```

代码清单 6.1 中的所有内容应该看起来很熟悉;我们只是导入需要的库,然后读入第 5 章末尾生成的 Parquet 文件。首先检查一下 Vehicle Year 列有没有异常值。

代码清单 6.2 检查 Vehicle Year 列是否有异常

```
with ProgressBar():
    vehicle_age_by_year = nyc_data['Vehicle Year'].value_counts().compute()
vehicle_age_by_year

# Produces the following (abbreviated) output
0.0        8597125
2013.0     2847241
2014.0     2733114
2015.0     2423991
              ...
2054.0          61
2058.0          58
2041.0          56
2059.0          55
```

正如你在代码清单 6.2 中所看到的,value_counts 结果显示了据称在第 0 年以及未来制造的一些车辆,这些是异常数据,我们会过滤掉它们,以免将错误数据引入统计分析。

代码清单 6.3 将有问题的数据过滤出来

```
with ProgressBar():
    condition = (nyc_data['Vehicle Year'] > 0) & (nyc_data['Vehicle Year']
     <= 2018)
    vehicle_age_by_year = nyc_data[condition]['Vehicle_Year'].value
     counts().compute().sort index()
vehicle_age_by_year       ◀── 打印输出

# Produces the following abbreviated output
1970.0        775
1971.0        981
1972.0        971
...
2014.0    2733114
```

构造一个过滤表达式去除车龄小于 0 或者大于 2018 的记录

将过滤表达式应用到数据上,对车辆的数目根据年份计数

```
2015.0    2423991
2016.0    1280707
2017.0     297496
2018.0       2491
Name: Vehicle Year, dtype: int64
```

在代码清单 6.3 中，我们过滤掉在小于 0 年或 2018 年之后生产的任何车辆。我选择 2018 作为上限，输出现在看起来好多了！

现在让我们在过滤后的数据中创建派生列。为此，我们将应用一个自定义函数，用 date 列减去 Vehicle Year 列，得到车龄，然后将结果添加到 DataFrame。我们将在图 6.5 中列出这 4 个步骤。

图 6.5　在生成罚单的时候计算每辆车的车龄

现在用代码实现这些步骤。

代码清单 6.4　计算车龄

```
nyc_data_filtered = nyc_data[condition]          ◀── 将过滤条件应用于数据

def age_calculation(row):                         ◀── 定义一个计算车龄的函数
    return int(row['Issue Date'].year - row['Vehicle Year'])

  将计算应用到每一行，生成一个新列
vehicle_age = nyc_data_filtered.apply(age_calculation, axis=1, meta=
    ('Vehicle Age', 'int'))
                              使用 assign-rename 模式在原始 DataFrame 中增加一个新列
nyc_data_vehicle_age_stg1 = nyc_data_filtered.assign(VehicleAge=vehicle_age)
nyc_data_vehicle_age_stg2 = nyc_data_vehicle_age_stg1.rename(columns=
    {'VehicleAge':'Vehicle Age'})

nyc_data_with_vehicle_age = nyc_data_vehicle_age_stg2[nyc_data_vehicle_age_
    stg2['Vehicle_Age'] >= 0]   ◀── 过滤掉车龄为负的记录
```

代码清单 6.4 应该看起来非常熟悉。在第一行，我们将过滤条件应用于数据，从而消除了无效车辆年龄的观测值。接下来创建一个计算车龄的函数。此函数将 DataFrame 的每一行作为输入，从 Issue Date 列获取年份，并计算开出罚单的年份与汽车生产年份之间的差值。由于 row ['Issue Date']是 datetime 对象，因此可使用 year 属性访问其年份值。第三行中该函数应用于 DataFrame 的每一行，返回一个包含每个车龄的 Series。提醒一下，apply 方法中的 meta 参数采用一个元组，其中新 Series 的名称为第一个元素，数据类型为第二个元素。接下来的两行使用你在第 5 章中学习的 assign-rename 模式，将列添加到 DataFrame 并将其重命名为友好名称。在最后一行，我们再应用一个过滤器来清除无效车龄的行。例如，如果罚单是在 2014 年开的，并且车辆的出厂年份为 2018 年，那么将导致车龄-4，这是不可能的，为无效值。

我们现在准备计算描述性统计数据了！但是，我们应该在运行计算之前解决一件事。这些计算中的每一个(如平均值和标准差)都需要完全扫描整个数据集，因此可能需要很长时间才能完成。例如，均值需要对 DataFrame 中的所有值求和，然后将总和除以总行数。计算车龄也相当复杂，因为需要对 datetime 对象进行操作(datetime 操作通常很慢)。有必要使用 persist 方法在内存中保存这种计算结果。但我们会将中间结果保存为 Parquet 文件，因为我们将在后续章节中再次使用这些数据。通过将数据保存到磁盘，可在以后使用数据而不必重新计算数据，不需要一直保持 Jupyter Notebook 服务器的运行。简要提醒一下，需要传递给 to_parquet 方法的两个参数是文件名和用来写数据的 Parquet 库。与其他示例一样，我们将坚持使用 pyarrow。

代码清单 6.5　将中间结果保存为 Parquet 格式

```
with ProgressBar():
    files = nyc_data_with_vehicle_age.to_parquet('nyc_data_vehicleAge',
        engine='pyarrow')
nyc_data_with_vehicle_age = dd.read_parquet('nyc_data_vehicleAge',
    engine='pyarrow')
```

一旦这两行执行完毕(我的系统大约需要 45 分钟)，我们将能更好地快速有效地计算描述性统计信息。为方便起见，Dask 提供了内置的描述性统计函数，因此你不需要编写自己的算法。我们将看一下前面介绍的五个描述性统计数据：平均值、标准差、最小值、最大值和偏度。

代码清单 6.6　计算描述性统计信息

```
from dask.array import stats as dask_stats
with ProgressBar():
    mean = nyc_data_with_vehicle_age['Vehicle Age'].mean().compute()
    stdev = nyc_data_with_vehicle_age['Vehicle Age'].std().compute()
    minimum = nyc_data_with_vehicle_age['Vehicle Age'].min().compute()
    maximum = nyc_data_with_vehicle_age['Vehicle Age'].max().compute()
    skewness = float(dask_stats.skew(nyc_data_with_vehicle_age['Vehicle
        Age'].values).compute())
```
◁── 使用 dask_stats.skew 函数来计算 Vehicle Age 列的偏度，并将其转为 float 类型

正如你在代码清单 6.6 中所看到的，对于平均值、标准差、最小值和最大值，可简单地将它们称为 Vehicle Age Series 的内置方法。该集的例外是计算偏度，并没有 skew 方法。但 Dask 在 dask.array 包中包含大量统计测试，我们还没有探讨过(第 9 章将深入探讨 Dask Array 函数)。要计算此示例的偏度，我们必须将 Vehicle Age 从 Dask Series 对象转换为 Dask Array 对象，因为 dask.array 中的 skew 函数需

要 Dask 数组作为输入。

为此，可使用 Vehicle Age Series 的 values 属性年龄系列，然后将其输入 skew 函数中以计算偏度。检查计算结果，我们找到表 6.1 中列出的值。

表 6.1 Vehicle Age 列的描述性统计信息

Statistic	Vehicle Age
Mean	6.74
Standard deviation	5.66
Minimum	0
Maximum	47
Skewness	1.01

很有意思！平均而言，被处罚的车辆大约有七年的历史。有一些全新的车辆(最低年龄为 0 岁)，最老的车辆是 47 岁。标准差为 5.66 表示平均而言该数据中车龄集中于 6.74+-5.66 年。最后，数据具有正偏度，这意味着 6.74 年以下的车辆比 6.74 年以上的车辆更多。

鉴于对汽车的一些基本认识，所有这些数字都应该有意义。当你考虑到许多 12 岁以上的车辆开始面临其生命周期的终点时，预期数量将大幅下降。鉴于新车价格昂贵并且在其生命的最初几年会迅速贬值，购买三到五年的小型车辆更经济。这有助于解释平均车龄为 6.74 岁，因为买家购买这个车龄段的车经过最严重的贬值，但在未来五年或更长时间内仍然可以可靠使用。同样，尽管观察到一些车辆非常陈旧，可看到最大车龄与平均值的差值是标准差的许多倍，这表明在纽约市街头看到一辆已有 47 年历史的车辆是非常罕见的。

6.1.3 使用 describe 方法进行描述性统计

如果不想为每个统计信息写出代码，Dask 还提供了另一种计算描述性统计信息的简便方法。

代码清单 6.7 用 describe 方法计算描述性统计信息

```
with ProgressBar():
    descriptive_stats = nyc_data_with_vehicle_age['Vehicle Age'].describe().compute()    ← 使用 describe 方法计算描述性统计信息
descriptive_stats.round(2)    ← 结果保留小数点后两位

# Produces the following output
count    28777416.00
mean            6.74
std             5.66
min             0.00
25%             4.00
```

```
50%          8.00
75%         13.00
max         47.00
dtype: float64
```

在代码清单 6.7 中,可以看到 describe 方法生成包含各种常见描述性统计信息的 Series。可以获得非空值的计数,以及平均值、标准差、最小值和最大值。还可获得 25%分位数、75%分位数和中位数,这对于理解数据的分布也很有用。使用 describe 方法的一个优点是,它实际上比执行四次单独的计算调用以获得平均值、标准差等更有效。这是因为当你一次性请求多个聚合函数时,Dask 会进行一定的代码优化。现在你已经学会了如何生成描述性统计信息,可使用这些方法来理解任何数据集中的数值变量。能够量化和描述变量的随机行为是一个良好开端,但探索性数据分析的另一个重要角度是理解这些随机性能否被解释。为此,需要查看数据集中变量之间的关系。这是探索性数据分析的第二个目标:找到有趣的模式和相关性。这是我们下一步的工作。

6.2 内置的聚合函数

回顾一下第 5 章,我们将一些温度数据加入 NYC Parking Violation 数据集中,为此,我们创建了一个列,其中包含每个罚单的月份和年份。让我们使用该数据来回答以下问题:

使用纽约市停车罚单数据集,每个月发出多少次停车罚单?平均温度与发出的罚单次数是否相关?

6.2.1 什么是相关性

当我们谈论数据中的模式和关系时,通常会更具体地讨论两个变量的相关性。"相关性"量化变量间如何相对于彼此变化,可以帮助我们回答诸如"当天气变暖时发出的罚单数量是否更多,而外部更冷时发出的数量是否更少?"这样的问题。这可能是有趣的:纽约市停车管理局可能没有尽可能多的人员在恶劣天气下执法。相关性将告诉我们温度和罚单数量之间关系的强度和方向。

图 6.6 显示了关系强度和方向。散点图 A 显示正相关:随着 X 轴上的变量增加(向右移动),Y 轴上的变量也趋于增加(向上移动)。这是正相关——随着一个变量增加,另一个变量也增加。这也是一个很强的相关性,因为这些点都相对接近红线。一个非常明确的模式很容易被发现。散点图 B 显示了不相关的变量。随着 X 变量的增加,Y 的值有时增加,有时减小,有时保持不变。这里找不到可辨别的模式,因此这些数据是不相关的。最后,散点图 C 显示出强烈的负相关性。随着 X 变量的增加,Y 变量减小。根据我们想要调查的罚单数量和

温度之间的相关性,如果这两者是正相关的,那么这意味着我们通常会观察到在温暖的月份发出更多罚单,在较冷月份发出的更少的罚单。如果这两者是负相关的,我们会观察到相反的情况:寒冷月份的罚单更多,温暖月份的罚单更少。如果两者不相关,我们就不会看到任何可辨别的模式。我们有时会在温暖的月份看到大量罚单,而其他时候看到外面很热的时候发出的罚单很少。我们有时也会看到在寒冷的月份发出了大量罚单,而其他时候在寒冷的月份发出的罚单很少。

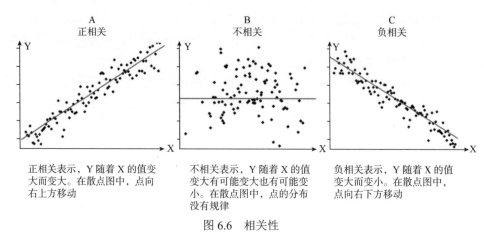

图 6.6　相关性

> **关于相关性和因果关系的说明**
>
> 为避免任何可能正在阅读这本书的统计学家的愤怒,我应该谨慎地重复一句古老的谚语:"相关性并不意味着因果关系。"这是什么意思?简单地说,你永远不应该假设一个变量的变化导致另一个变量的变化只是因为它们是相关的。例如,如果误解了每月的罚单数量与月平均温度之间的正相关关系,我们可能得出的一些愚蠢的结论。这告诉我们,当我们观察到任何月份发出的罚单数量更多时,我们也倾向于观察到更高的平均温度。但是,如果认为纽约市停车管理局通过开罚单来引起全球气候变暖,那将是荒谬的!更温暖的温度使得停车执法人员更加愉快地去外面工作,这更可能导致更高效的轮班工作(意味着发出更多罚单)。但无论如何,相关性无助于你定义因果关系,在解释数据中的相关性时应当小心。虽然这个示例易于说明哪些结论是不正确的,但很多情况下,要合理地解释两个变量为何相关要困难得多。这是许多情况之一,拥有关于数据的特定领域知识对于在建模中做出正确决策并得出合理结论是非常重要的。

6.2.2 计算 Dask DataFrame 的相关性

现在让我们看看如何在 Dask 中执行这些计算。如前所述，我们首先需要计算每月发出的罚单数量。在这样做之前，我们将创建一个自定义排序功能，以帮助按时间顺序显示结果。因为我们在第 5 章中创建的月份-年份列是字符串，所以按该列排序不会按时间顺序返回结果。要解决该问题，我们的自定义排序函数将每个月映射一个整数，并按照这个数字列对数据进行排序，之后将其删除。

代码清单 6.8 以月份-年份列进行自定义排序

```
构造一个包括年份和月份的列表
import pandas as pd
                                                定义一个函数，输入为一个 DataFrame，
years = ['2014', '2015', '2016', '2017']        输出为一个排序的 DataFrame
months = ['01','02','03','04','05','06','07','08','09','10','11','12']
years_months = [year + month for year in years for month in months]
sort_order = pd.Series(range(len(years_months)), index=years_months,
        name='custom_sort')
                                                将月份-年份字符串转换成整数序
                                                列，用于排序
def sort_by_months(dataframe, order):
    return dataframe.join(order).sort_values('custom_sort').drop('custom_
        sort', axis=1)
```

代码清单 6.8 的内容相当多。让我们逐行解释。首先创建一个 2014 年至 2017 年所有月份组成的列表。为此，我们构建了两个列表，一个包含月份，另一个包含年份。在第 5 行中，我们使用列表构造了月份列表和年份列表的笛卡儿积。这将产生月和年的所有可能组合，由于我们使用列表生成式，年份-月份值列表将按正确的时间顺序排列。接下来，我们将列表转换为 Pandas Series。我们使用年份-月份值作为索引，因此可将它连接到具有相同索引的其他DataFrame，并使用 range 函数创建顺序整数值，以便正确地对连接后的数据进行排序。最后，我们定义一个名为 sortbymonths 的快速函数，它将任何索引对齐的 DataFrame 作为输入，将排序映射与其连接，按时间排序，使用我们映射到每个年份-月份的整数值，然后删除数字列。这将得到按年按月排序的DataFrame。

> **在 Dask 中使用聚合函数**
>
> 现在我们按照时间顺序对数据进行了排序，让我们来看看如何按月计算罚单数量。为此，我们将使用聚合函数。正如你可能期望的那样，聚合函数将原始数据组合(或聚合)到某种分组中，并在该组上应用函数。如果你在 SQL 语言中使用过 GROUP BY 语句，则可能已经熟悉聚合函数。Dask 中有许多具有相同功能的函数：按组计数、求和、查找最小值/最大值等。实际上，我们在上一节中用于计

算描述性统计量(min、max、mean 等)的操作在技术上是聚合函数!唯一的区别是我们将这些函数应用于整个未分组的数据集。例如,我们查看整体的平均车龄——但是可以通过车辆类型或车牌状态来查看车辆的平均车龄。同样,可使用 count 函数来计算整个数据集中罚单的数量,或可通过某种类似于月份的分组来计算。不出所料,为聚合函数定义分组的函数是 groupby。从代码的角度看,它的使用非常简洁,但了解底层发生的事情非常重要。聚合函数的底层是一种称为 split-apply-combine 的算法。我们来看看它是如何工作的。

作为一个简单示例,图 6.7 顶部的表格中有四行数据,显示了宠物及其所有者 ID。如果想要计算每个所有者拥有的宠物数量,我们将按 Owner ID 进行分组,并将 count 函数应用于每个分组。在底层,原始表被拆分为分区,其中每个分区仅包含由单个所有者拥有的宠物。原始表被拆分为三个分区。接下来,我们将聚合函数应用于每个分区。count 函数将简单地计算出每个分区中有多少行。左侧分区的计数为 1,中心分区的计数为 2,右侧分区的计数为 1。要汇总结果,需要结合每个分区的结果。这里,每个分区的结果简单地连接起来作为最终输出。

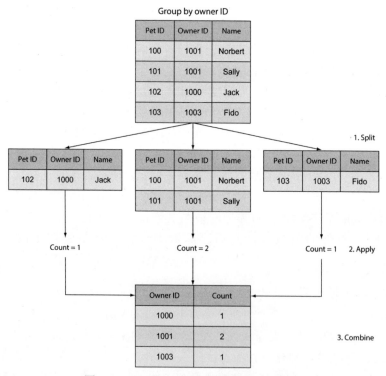

图 6.7 split-apply-combine 算法的一个示例

根据你迄今为止所学到的关于混洗性能和分区的知识，你可能想知道这些 split-apply-combine 操作的效率如何。由于我们必须根据分组列将数据拆分为若干的唯一分区，因此如果选择进行分区的列不是进行分组的列，则会造成混乱。如果处理压缩格式的 Parquet 数据，这些操作可稍微提高效率，但最终，最佳做法是仅按用于对数据进行分区的列进行分组。幸运的是，我们已经保存了按月划分的准备好的纽约市停车罚单数据集，因此使用该列进行分组应该非常快捷！

代码清单 6.9　按照年份/月份对罚单进行计数

```
with ProgressBar():                        根据 monthYear 列进行分组
    nyc_data_by_month = nyc_data.groupby('monthYear')
    citations_per_month = nyc_data_by_month['Summons Number'].count().
     compute()
    sort_by_months(citations_per_month.to_frame(), sort_order)
对每组中的罚单数量进行计数                   将自定义的排序函数应用于结果
```

在代码清单 6.9 中，我们使用 groupby 方法来定义要对数据进行分组的列。接下来，我们选择一列来应用 count 函数并对其进行计算。使用 count 函数，通常与指定的列无关。请注意，Dask count 函数将仅对非空值进行计数，因此如果将 count 应用于具有空值的列，则不会获得真正的行计数。如果没有指定列，你将获得一个具有每列计数的 DataFrame，这不是我们想要的。最后，我们将采用 citations_per_month 结果，即一个 Pandas Series，使用 to_frame 方法将其转换为 DataFrame，并将自定义排序函数应用于它。简要输出如图 6.8 所示。

	Summons Number
Citation Issued Month Year	
01-2014	708136
02-2014	641438
03-2014	899639
04-2014	879840
05-2014	941133
06-2014	940743
07-2014	961567
08-2014	901624

图 6.8　根据年份/月份进行计数的部分结果

如果运行代码并查看完整输出，你会注意到 2017 年 6 月之后的罚单数量远低于前几个月。在撰写本文时，2017 年该数据集尚未完成。在下面的代码中，我们将其从相关性计算中筛选出来；否则，它可能会对结果产生负面影响。我们还需要将每月平均温度加入生成的 DataFrame 中，因为我们想要将罚单数量与平均温度进行比较。

代码清单 6.10 计算罚单数据和温度的相关性

```
with ProgressBar():
    condition = ~nyc_data['monthYear'].
      isin(['201707','201708','201709','201710','201711','201712'])
    nyc_data_filtered = nyc_data[condition]
    citations_and_temps = nyc_data_filtered.groupby('monthYear').
      agg({'Summons Number': 'count', 'Temp': 'mean'})
    correlation_matrix = citations_and_temps.corr().compute()
correlation_matrix
```

- 创建一个过滤表达式，只保留不是 2017 年最后 6 个月的数据
- 应用过滤表达式
- 对列进行分组，分别计算每组的罚单数量和平均温度
- 计算两个变量的相关性矩阵
- 输出结果

代码清单 6.10 显示了如何计算温度和引用次数之间的相关性。首先，我们构建过滤条件以摆脱缺少数据的月份。为此，我们将不想要的月份列表传递给 isin 方法。布尔表达式通常会过滤数据，因此我们只获取 isin 列表中包含的行。但是，由于我们在表达式前加上了否定运算符(~)，因此该过滤器将返回 isin 列表中未包含的所有月份。构建表达式后，我们用它过滤数据。

在第 3 行，我们像以前一样按 monthYear 对数据进行分组，但这次使用 agg 方法对数据进行分组。agg 方法允许你同时将多个聚合操作应用于同一数据分组。要使用它，只需要传入一个字典，其中列名为键，聚合函数名为键值。这里将 count 函数应用于 Summons Number 列，将 mean 函数应用于 Temp 列。你可能想知道：为什么在 Temp 列已经包含该月的平均温度时，我们还要将 mean 函数应用于 Temp 列？这是因为原始数据中每条记录上都标记了温度，但在我们想要的结果中，每月仅需要一个温度值。由于一系列常数的平均值只是常数，我们使用 mean 将月份的平均温度传递给结果。

最后使用 corr 方法计算变量之间的相关性。输出的相关性矩阵如图 6.9 所示。它告诉我们，Summons Number 和 Temp 之间的相关性是 0.14051。这表示正相关(因为相关系数是正的)，并且是弱相关(因为相关系数小于 0.5)。可将此解释为意味着在温度高于平均温度的月份，罚单数量通常多于温度低于平均温度的月份。但相关性弱表明这两个变量仍不能很好地解释大量变化。换句话说，即使观察到两个不同的月份具有完全相同的平均温度，它们的罚单数量也可能差别很大。这意味着可以使用数据集中的其他变量来帮助进一步解释这些现象。

	Summons Number	Temp
Summons Number	1.00000	0.14051
Temp	0.14051	1.00000

图 6.9　Summons Number 和 Temp 的相关性矩阵

6.3　自定义聚合函数

虽然相关性对于理解两个连续数值变量之间的关系很有用，但你可能还会遇到要分析的分类变量。例如，此前查看了开出罚单时车辆的平均车龄，发现平均车龄为 6.74 岁。但是各种车辆都一样吗？让我们通过回答以下问题为此分析添加另一个维度：

对于纽约市停车罚单数据集，私家车的平均年龄是否与商用车相同？

6.3.1　使用 t 检验测试分类变量

为回答这个问题，我们将在数据集中查看两个不同的变量：平均车龄和车辆类型。我们关注不同车型的平均车龄，相关性并不合适。相关性只能用于描述两个连续变量如何相对于彼此变化。车型不是连续变量，它既可以是私人乘用车(PAS)，也可以是商用车(COM)。平均车龄随着车型的增减而增减，这种做法会很奇怪。可以通过根据车辆类型对数据进行分组并计算平均车龄来回答这个问题，但其自身有个问题：如果均值不同，你如何确定差异不是来自随机因素？我们来分析一种不同的统计检验，称为双样本 t 检验，来帮助回答这个问题。

> **统计假设检验**
>
> 双样本 t 检验是统计假设检验的一种。统计假设检验有助于回答有关数据某些方面的预定义假设。在每个统计假设检验中，我们首先对数据做出声明。该声明称为零假设，默认情况下被认为是真的。该测试试图提供相反的充分证据。如果证据足够令人信服，可认为零假设为假。一个证据的显著性是由随机因素产生的概率来度量的。如果这个概率(称为 p 值)足够小，则否定零假设的证据足够强，可以拒绝该假设。图 6.10 为假设检验的决策过程的流程图。

双样本 t 检验的零假设是"两个类别之间没有差异。"测试确定是否有足够令人信服的证据来推翻这个假设。如果找到足够令人信服的证据来拒绝零假设，可以自信地说，根据其类型，平均车龄可能存在差异。

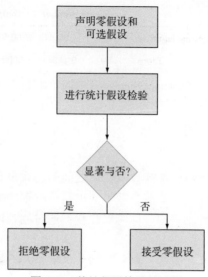

图 6.10　统计假设检验的过程

统计假设检验的假设

　　与许多统计假设检验一样，双样本 t 检验通常会对我们将要测试的基础数据做出一些假设。这些假设取决于我们将使用哪个双样本 t 检验。两种最常见的双样本 t 检验分别是 Student t 检验和 Welch t 检验，分别根据提出每种方法的统计学家命名(尽管 Student 实际上是统计学家和吉尼斯啤酒公司员工 William Sealy Gosset 采用的假名)。Student t 检验的一个重要假设是每个被测试组的方差是相等的。方差与标准偏差一样，用来描述观测值偏离平均值的大小。较大方差意味着观测值倾向于远离平均值，而小方差意味着观测值倾向于接近平均值。这也意味着一个较大的方差的分布中，观测到接近两端值的概率更大。考虑一下这对车龄的意义：如果采用私家车和商用车这两个组，并且它们都具有相同的平均车龄，但商用车具有更高的方差，这意味着我们与私家车相比，更可能遇到更新、更老的商用车。可能我们比较幸运，在我们的样本中，商用车与私家车的车龄具有相同的均值，尽管商用车的车龄可能差别很大。如果使用 Student t 检验来比较具有非常不同的方差的组之间的平均值，我们计算的值可以帮助确定拒绝或不拒绝原假设是否变得不可靠。这意味着当我们实际上不应该拒绝它时，我们将更有可能计算出一个会导致我们拒绝零假设的值，从而得出错误结论。

　　对于组方差不同的情况，可使用 Welch t 检验代替。Welch t 检验的计算方法略有不同，以帮助我们避免得出错误结论。因此，在决定使用 Welch t 检验或 Student t 检验来回答问题之前，我们应该看一下私人车和商用车的方差是否相同。幸运的是，统计假设检验可以帮助我们进行检查——我们只需要从其中挑选合适的！

6.3.2 使用自定义聚合函数来实现 Brown-Forsythe 检验

帮助我们检查相等方差的检验系列也带有一些假设。如果数据是正态分布的，可以使用称为 Bartlett 齐性方差的测试，即对称且大致为"钟形"。但在第 6.1 节中，我们发现车龄的偏度为 1.012，这意味着它不是对称分布的，因此我们不能使用 Bartlett 检验，可能会得出错误的结论。对于相等方差，一个没有此假设的很好的替代检验方法是 Brown-Forsythe 检验。由于我们无法对该数据可靠地使用 Bartlett 检验，因此我们将使用 Brown-Forsythe 检验来决定是使用 Student t 检验还是 Welch t 检验。整个检验的过程如图 6.11 所示。

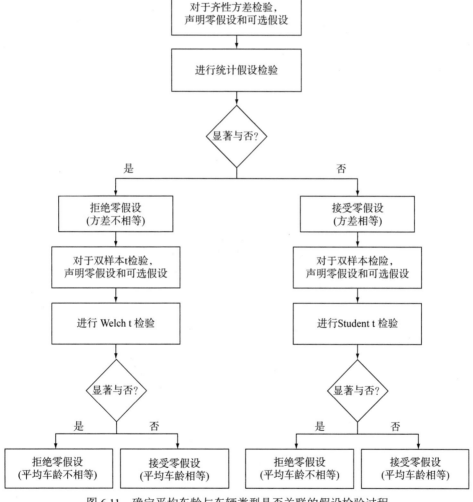

图 6.11　确定平均车龄与车辆类型是否关联的假设检验过程

首先，我们先声明零假设和替代假设。Brown-Forsythe 检验的零假设是组之间的方差相等，替代假设是组之间的方差不相等。该检验将帮助我们确定是否存在足够的证据来说明组间方差不相等，这种情况下，我们将需要使用 Welch t 检验，或者若没有足够的证据，我们将使用 Student t 检验。

图 6.12 显示了 Brown-Forsythe 方程。尽管看起来很复杂，但我们将该方程分解为更小、更易于计算的部分，然后整合成最终结果。由于 Brown-Forsythe 检验涉及许多分组和聚合操作，需要我们学习 Dask 的自定义聚合函数。我们计算 Brown-Forsythe 方程的过程将分五个步骤执行：

(1) 计算左侧部分(第一个分式)。
(2) 计算右侧部分(第二个分式)的分母。
(3) 计算右侧部分的分子。
(4) 分子除以分母得到右侧部分的值。
(5) 两个分式的值相乘。

$$F = \frac{(N-p)}{(p-1)} \frac{\sum_{j=1}^{p} n_j (\tilde{z}_{\cdot j} - \tilde{z}_{\cdot \cdot})^2}{\sum_{j=1}^{p} \sum_{i=1}^{n_j} (z_{ij} - \tilde{z}_{\cdot j})^2}$$

其中 $z_{ij} = |y_{ij} - \tilde{y}_j|$

N 是观测值的数量
p 是总组数
n_j 是组 j 中元素的数量
$\tilde{y}_j$ 是组 j 中的中位数
$\tilde{z}_{\cdot j}$ 是组 j 的平均值
$\tilde{z}_{\cdot \cdot}$ 是所有 z_{ij} 的平均值

图 6.12　针对齐性方差的 Brown-Forsythe 检验

在第 6.1 节中，你创建了一个 Parquet 文件，该文件包含一个附加列，其中包含计算出的车辆寿命。我们将再次读取此文件。

代码清单 6.11　构建车龄数据集

```
nyc_data_with_vehicle_age = dd.read_parquet('nyc_data_vehicleAge',
    engine='pyarrow')

nyc_data_filtered = nyc_data_with_vehicle_age[nyc_data_with_vehicle_age
    ['Plate Type'].isin(['PAS','COM'])]  ← 过滤掉除了私家车和商用车以外的记录
```

我们之所以要过滤数据以仅包含具有私家车牌或商用车牌，是因为我们之前对该列进行了编码，还包含既不是私家车也不是商用车的 Other 值。双样本 t 检验只能用于检验两组数据之间的均值差异，因此我们将在继续之前过滤掉 Other 类别的数据。在过滤后，我们将使用你之前学习的简单聚合函数来计算方程式的第 1 部分。图 6.13 显示了我们在计算中执行的操作。

第 6 章 聚合和分析 DataFrame

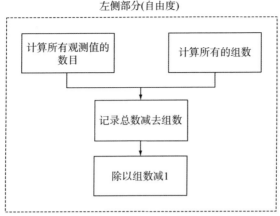

图 6.13 计算 Brown-Forsythe 检验的第 1 部分

等式的第 1 部分称为自由度，非常容易计算。我们将需要计算过滤后的数据集中的罚单总数，还需要计算不同组的个数(双样本 t 检验的组数应始终为 2！)。我们将存储该值，然后乘以另一个值，以得到 Brown-Forsythe 检验的最终结果。

代码清单 6.12 计算 Brown-Forsythe 检验的左侧部分

```
with ProgressBar():
    N = nyc_data_filtered['Vehicle Age'].count().compute()     ← 计算记录总数
    p = nyc_data_filtered['Plate Type'].unique().count().compute()   ← 计算不同车的类型数目
brownForsytheLeft = (N - p) / (p - 1)     ← 计算左分式结果
```

代码清单 6.12 中的所有内容都应该看起来很熟悉。变量 N 表示数据集中观测值的总数，变量 p 表示组数。要找到 N 和 p 的值，我们只需要计算观测值的总数和组数即可。然后，我们将使用 N 和 p 的值来计算方程式的左侧部分。

1. 使用 quantile 方法计算中位数

现在，我们开始计算右侧部分，首先计算分母(见图 6.14)。如你所见，我们将并行计算每组数据(私家车和商用车)的对应值，然后对结果求和。我们将首先计算每种车辆的车龄中位数。

代码清单 6.13 计算每种车型的中位数

```
with ProgressBar():
    passenger_vehicles = nyc_data_filtered[nyc_data_filtered['Plate Type']
        == 'PAS']
    commercial_vehicles = nyc_data_filtered[nyc_data_filtered['Plate Type']
        == 'COM']                                  ← 根据车的类型拆分成两个 DataFrame
    ← 计算每种车型的中位数
    median_PAS = passenger_vehicles['Vehicle Age'].quantile(0.5).compute()
    median_COM = commercial_vehicles['Vehicle Age'].quantile(0.5).compute()
```

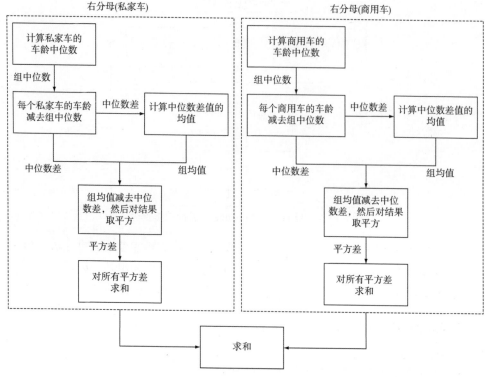

图 6.14 计算右分母的过程

与 Pandas 和 NumPy 不同，Dask 的 DataFrame 或 Series 对象上没有直接求中值的方法。取而代之的是，你必须使用 quantile 方法为 Vehicle Age 列计算 0.5 分位数，这等于 50%位数或中位数。接下来将创建一个新列，从每辆车的车龄中减去相应的组中位数。对于私人车辆(PAS)，我们将从每个车辆的车龄中减去所有 PAS 车辆的车龄的中位数。同样，对于商用车辆(COM)，我们将从每个车辆的车龄中减去所有 COM 车辆车龄的中位数。为此，我们将定义一个函数以实现这样的减法逻辑。

代码清单 6.14　计算中位数差的绝对值的函数

```
def absolute_deviation_from_median(row):
    if row['Plate Type'] == 'PAS':
        return abs(row['Vehicle Age'] - median_PAS)
    else:
        return abs(row['Vehicle Age'] - median_COM)
```

代码清单 6.14 中的函数非常简单：如果车辆是 PAS 类型，则从车辆的车龄中减去 PAS 车辆的中位车龄。否则，我们从车辆的车龄中减去 COM 车辆的中位数。我们使用 apply 方法来使用此功能(之前使用过很多次)，这将生成一列值，表示车辆的车龄与其对应的组中位数之间的绝对差值。

代码清单 6.15　增加一列作为中位数差的绝对值

```
absolute_deviation = nyc_data_filtered.apply(absolute_deviation_from_median,
    axis=1, meta=('x', 'float32'))         将函数应用到 DataFrame 创建一个新的 Series 对象
nyc_data_age_type_test_stg1 = nyc_data_filtered.assign(MedianDifferences =
    absolute_deviation)
nyc_data_age_type_test = nyc_data_age_type_test_stg1.rename(columns=
    {'MedianDifferences':'Median Difference'})
                    使用 assign-rename 模式将一个 Series 对象增加为原来 DataFrame 中的一列
```

在代码清单 6.15 中，apply 函数用于创建一个包含计算结果的新 Series；然后将该列分配给现有的 DataFrame，并将其重命名。现在，右侧部分的分母已计算了一半。让我们看一下目前状况。图 6.15 显示了到目前为止的进度。

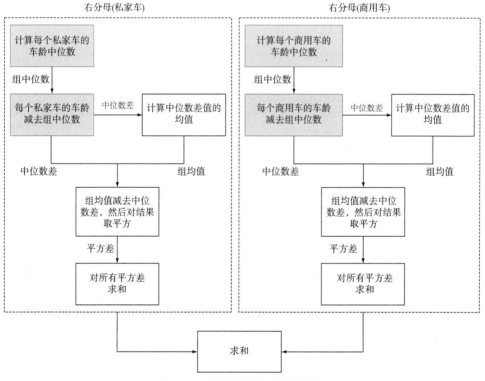

图 6.15　计算右分母目前的进度

好吧！接下来，需要计算每组中位数差值的平均值。可通过 groupby/means 调用来做到这一点(已经见过多次)。

代码清单 6.16　计算中位数差的组平均

```
with ProgressBar():
    group_means = nyc_data_age_type_test.groupby('Plate Type')['Median
      Difference'].mean().compute()
```

group_means 计算的结果是一个 Series，包含按 Plate Type 分组的 Median Difference 列的平均值。可用正常的过滤器表达式访问任一组的平均值。我们将在另一个条件函数中使用此函数，该函数将每个中位数差减去观测值对应的 Plate Type。这将为数据集中的每个观察结果生成组均方差。

代码清单 6.17　计算组均方差

```
def group_mean_variance(row):         ← 定义一个函数，用于每个中位数差减去特定组的均值，
    if row['Plate Type'] == 'PAS':      返回结果的平方
        return (row['Median Difference'] - group_means['PAS'])**2
    else:
        return (row['Median Difference'] - group_means['COM'])**2
group_mean_variances = nyc_data_age_type_test.apply(group_mean_variance,
   axis=1, meta=('x', 'float32'))
                                    ← 使用 group_mean_variance 函数创建一个新的 Series
nyc_data_age_type_test_gmv_stg1 = nyc_data_age_type_test.assign(GroupMean
   Variances = groupMeanVariances)
nyc_data_age_type_test_gmv = nyc_data_age_type_test_gmv_stg1.rename(columns=
   {'GroupMeanVariances':'Group Mean Variance'})
                    ← 使用 assign-rename 模式给原 DataFrame 增加一个新列
```

最后，要完成对 Brown-Forsythe 方程的右侧部分(第二个分式)分母的计算，我们要做的就是对 Group Mean Variance 列进行求和。可以通过简单地调用 sum 方法来完成。

代码清单 6.18　完成右分母的计算

```
with ProgressBar():
    brown_forsythe_right_denominator = nyc_data_age_type_test_gmv['Group
      Mean Variance'].sum().compute()
```

现在，我们已经完成了分母的计算，最后我们计算分子。为此，我们将遵循图 6.16 中的流程。

我们将首先计算 Median Differences 列的总体平均值。总体平均值的另一种含义是"没有任何分组的列的平均值"。你可能会猜到，这与组平均值是相反的。例如，PAS 车的平均车龄是一个组平均值，而所有车辆的平均车龄是一个总体平均值。

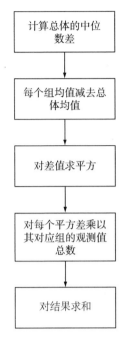

图 6.16 计算 Brown-Forsythe 方程右分子的过程

代码清单 6.19　计算 Median Difference 列的总体均值

```
with ProgressBar():
    grand_mean = nyc_data_ageTypeTest['Median Difference'].mean().compute()
```

2．创建一个自定义的聚合对象

现在，我们已经计算出了总体均值，接下来，我们将使用自定义聚合来处理后面三个步骤。如图 6.16 所示，我们既需要组均值，又需要每个组中的观测值的数目。不必单独计算它们，可以利用 Dask DataFrame API 中的 Aggregation 对象，将获取这些值的过程变成同一计算的一部分。让我们看一下代码。

代码清单 6.20　一个用于计算右分子的自定义聚合对象

```
brown_forsythe_aggregation = dd.Aggregation(        指定聚合的列
    'Brown_Forsythe',
    lambda chunk: (chunk.count(), chunk.sum()),              聚合块级别的计算结果
    lambda chunk_count, chunk_sum: (chunk_count.sum(), chunk_sum.sum()),
    lambda group_count, group_sum: group_count * (((group_sum / group_count)
    - grand_mean)**2)          对最终的输出结果进行变换
```

现在事情开始变得有趣了！在代码清单 6.20 中，我们看到了一个自定义聚合

函数的示例。在此之前，我们依靠 Dask 的内置聚合函数，例如 sum、count、mean 等，以执行聚合计算。但是，如果需要对分组执行更复杂的计算，则必须定义自己的聚合函数。

Dask 的 Aggregation 类支持自定义聚合函数，可在 dask.dataframe 包中找到这个类。它至少需要提供三个参数，第 4 个参数是可选的：

- 聚合的内部名称
- 应用于每个分区的函数
- 聚合每个分区结果的函数
- (可选)在聚合值输出之前对聚合值执行最终转换的函数

第一个是参数聚合的内部名称。第二个参数是一个函数(可以是已定义函数或匿名的 lambda 函数)，并将其应用于每个分区。这称为块步骤。在代码清单 6.20 中，我们计算每个块中的观察值数量，并对每个块的值求和，然后返回一个包含这些计算值的元组。接下来，Dask 将收集每个块步骤的所有结果，并将第三个参数中定义的函数应用于所收集的块结果。这称为聚合步骤。在代码清单 6.20 中，我们将对每个块计算出的值进行求和，从而得出整个 DataFrame 中包含的观测值总数以及整个 DataFrame 中的 Vehicle Ages 之和。但是我们还没有完全完成这一计算。第 4 个也是最后一个参数称为完成步骤，这为我们提供了最后一次机会在将数据返回给用户之前对数据进行转换。在代码清单 6.20 中，将合计的总和除以合计的计数，得到组均值，再减去总体均值，对差值求平方，然后乘以总数。这将生成我们想要汇总的结果，以获得右分子的最终值。这样就定义了聚合对象，现在将其应用于数据以计算出结果。

代码清单 6.21　使用自定义的聚合函数

```
with ProgressBar():
    group_variances = nyc_data_age_type_test.groupby('Plate Type').
    agg({'Median Differences': brown_forsythe_aggregation}).compute()
```

如代码清单 6.21 所示，使用自定义聚合函数与使用任何内置聚合函数非常相似。可以使用以前学习的 agg 方法将自定义聚合函数映射到 DataFrame 中的列，也可将它们与 groupby 方法一起使用。在这里，我们使用定义的自定义聚合函数来计算每个 Plate Type(车轮类型)的组方差。要获得分子的最终值，我们要做的最后一件事是对组方差求和。由于自定义聚合函数会生成一个 Series 对象，因此可以简单地对它使用 sum 方法。

代码清单 6.22　完成右分子的计算

```
brown_forsythe_right_numerator = group_variances.sum()[0]
```

非常好！现在，我们已经完成了 Brown-Forsythe 方程各部分的计算。我们要做的就是将右分子除以右分母，再乘以我们先前计算出的左分式的结果。这样生成的结果称为 F 统计量。F 统计量将帮助我们判断出是否拒绝原假设的结论。现在计算一下。

代码清单 6.23　计算 F 统计量

```
F_statistic = brown_forsythe_left * (brown_forsythe_right_numerator / brown_forsythe_right_denominator)
```

3. 解释 Brown-Forsythe 检验的结果

由于我们已经完成了所有艰苦的工作，因此计算 F 统计量非常简单直接了。如果一切顺利，你应该得到 F 统计量为 27644.7165804。但是，我们还没有完成。这个数字表示好还是坏？统计量本身并不能真正解释。为给出结论，或者拒绝或不拒绝原假设，我们必须将此值与检验基础分布的临界值进行比较。临界值提供了一个阈值，可以帮助我们解释检验统计量的含义。如果检验统计量大于临界值，可以拒绝原假设。否则，我们将无法拒绝原假设。由于 Brown-Forsythe 检验产生 F 统计量，因此我们必须使用 F 分布找到临界值。要找到 F 分布的临界值，需要三个参数：数据自由度的两个测量值和我们要使用的置信水平。

Brown-Forsythe 检验的自由度分别为我们要检验的组数减去 1 和观察值的总数减去我们要测检验的组数。这看起来很熟悉——这是左边分式的两个部分，我们已经计算过。可重复使用变量 N 和 p 的值来计算临界值。

置信水平可以是 0 到 1 之间的任意值，可以自由选择。它实质上表示检验结果将得出正确结论的概率。这个值越高，检验结果越严格且更可靠。例如，如果选择的置信水平为 0.95，则检验可能错误地拒绝原假设的可能性只有 5%。你之前可能已经听说过 p 值；这只是 1 减去置信水平。科学研究中普遍接受的 p 值为 0.05，因此，这里使用 0.95 的置信水平。要计算 F 临界值，我们将使用 SciPy 的 F 分布。

代码清单 6.24　计算 F 临界值

```
import scipy.stats as stats
alpha = 0.05
df1 = p - 1
df2 = N - p
F_critical = stats.f.ppf(q=1-alpha, dfn=df1, dfd=df2)
```

代码清单 6.24 显示了如何计算检验的 F 临界值。stats.f 类包含了一个 F 分布的实现，ppf 方法计算点 q 处的自由度为 dfn 和 dfd 的 F 分布的值。如你所见，点 q 只是我们选择的置信度值，而 dfn 和 dfd 使用我们在本节开头计算的两个变量。该计算应得出 F 临界值为 3.8414591786。最后，可以报告我们的发现并得出结论。

下一个代码将打印出一个不错的声明，总结我们的发现并突出显示我们用来得出结论的相关值。

代码清单 6.25　输出 Brown-Forsythe 检验的结果

```
print("Using the Brown-Forsythe Test for Equal Variance")
print("The Null Hypothesis states: the variance is constant among groups")
print("The Alternative Hypothesis states: the variance is not constant among
   groups")
print("At a confidence level of " + str(alpha) + ", the F statistic was "
   + str(F_statistic) + " and the F critical value was " + str(F_critical)
   + ".")
if F_statistic > F_critical:
    print("We can reject the null hypothesis. Set equal_var to False.")
else:
    print("We fail to reject the null hypothesis. Set equal_var to True.")
```

这种特殊情况下，我们被告知拒绝原假设，因为 F 统计量大于 F 临界值。因此，在进行两样本 t 检验来回答我们的原始问题时，我们不应假设车辆类型之间的方差相等。现在，我们终于可以运行适当的 t 检验，看一下在纽约市收到停车罚单的车辆的平均车龄是否因车辆类型而存在明显差异！在继续之前，让我们回顾一下我们来自哪里以及接下来将要做什么。

如图 6.17 所示，既然我们已经拒绝了 Brown-Forsythe 检验的零假设，我们将希望对数据进行 Welch t 检验，以回答我们最初的问题："私家车的平均车龄是否与商用车相同？"在此，我们还面临一个重要决定：Dask 确实在 dask.array.stats 包中内置了少量的统计假设检验方法(包括双样本 t 检验)，你可能从第 1 章中回顾过，当你使用的数据可以完全放入内存时，可更快地将数据从 Dask 中提取出来并在内存中使用。我们将在第 9 章中深入研究 Dask Array 库中的统计函数。对于双样本 t 检验，我们只需要两个一维数值数组：一个包含所有 PAS 型车龄的观测值，另一个包含所有 COM 型车龄的观测值。根据一些快速的"back-of-the-napkin(用纸演算)"数学建议，应该期望有大约 40 000 000 个 64 位浮点数，这相当于内存中 300MB 数据的大小。这应该很容易装入内存，因此我们将选择收集数组并在本地执行 t 检验计算。

代码清单 6.26　采集一个数组的值

```
with ProgressBar():
    pas = passengerVehicles['Vehicle Age'].values.compute()
    com = commercialVehicles['Vehicle Age'].values.compute()
```

如代码清单 6.26 所示，在本地收集值非常容易。Dask Series 的 values 属性将返回底层 Dask 数组，在 Dask 数组上调用 compute 将返回包含结果的 NumPy 数组。

第 6 章 聚合和分析 DataFrame

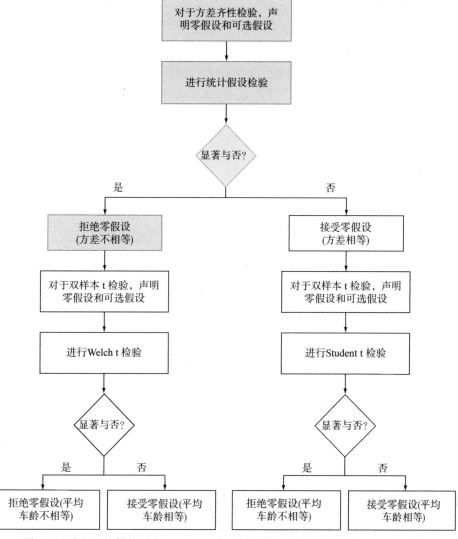

图 6.17 我们已经描绘了 Brown-Forsythe 的零假设，所以我们进行 Welch t 检验

> **注意** 作为警告，不要习惯于在本地收集整个序列。尤其是在使用大型数据集时，会很快占满本地系统的内存，这将大大降低处理速度，因为数据将会被置换到磁盘上。因此，最好保持使用 head 方法的习惯，除非你确定本地内存能完全容纳所选择的数据，如我们的示例一样。

现在我们将数据局部存储在 NumPy 数组中，可以运行 t 检验。

代码清单 6.27　进行双样本 t 检验

```
stats.ttest_ind(pas, com, equal_var=False)
```

```
# Provides the following output:
# Ttest_indResult(statistic=-282.41013735587319, pvalue=0.0)
```

SciPy 在这里为我们完成了所有繁重的工作。注意，在代码清单 6.27 中，我们将 equal_var 参数设置为 False。这使 SciPy 知道我们已经对组方差进行了测试，发现组方差不相等。这样设置参数，SciPy 将运行 Welch t 检验而不是 Student t 检验，从而避免了你在本节前面已了解的潜在问题。SciPy 还使我们易于解释结果，因为除了计算检验统计量之外，它还可以计算 p 值。对于 p 值，我们希望它小于 1 减去我们选择的置信度。因此，如果再次选择置信度为 0.95，那么我们找到小于 0.05 的 p 值来拒绝原假设。提醒一下，t 检验的原假设是组之间均值相等。由于我们看到该测试的 p 值小于 0.05，因此可否定原假设，并得出结论，有足够的证据表明不同类型车辆的平均车龄是不同的。

零假设	条件	p 值	拒绝与否？	结论
私家车和商用车具有相同的平均车龄	p<0.05	0.0	是	私家车和商用车不具有相同的平均车龄

现在，我们一起完成了一个示例，希望你对如何在 Dask 中使用自定义聚合函数有了更好的理解，并且在此过程中你对其他常见的 Dask 操作有了更多练习。我也希望你开始意识到 Dask 在实现自定义算法时所表现出的高性能、简单性和灵活性。我们能用很少代码来实现相当复杂的统计计算，甚至不需要深入研究框架的底层内容就能完成需要做的事情！

4. 关于 Welch t 检验和 Student t 检验的注解

统计学家最近发表的许多论文显示，Welch t 检验通常在两组具有相同方差的数据上表现良好。统计人员现在建议始终使用 Welch t 检验，而不要使用 Student t 检验，以便可以快速检查 Student t 检验的假设。但是，我们在本节中讨论的 Brown-Forsythe 等方差检验在 Dask 中使用自定义聚合函数，实现 Dask stats 模块中当前没有的统计算法，这是一个很好的实例，该检验后续依然可以使用。

6.4 滚动(窗口)功能

本节作为本章最后一节，总结和分析 DataFrame，其内容比上一节少了一些，但对于许多类型的分析同样重要。不讨论滚动功能，就不算完成关于数据分析的讨论。如果使用过 SQL，则可能会熟悉滚动(窗口)函数只是 Dask 中为窗口函数指定的名称。

如果对窗口的概念不熟悉，它将允许你定义一个数据序列集合上的计算，这些数据在位置上关联。窗口化的最常见应用是分析具有时间维度(例如天或小时)的数据。例如,如果正在分析在线商店的销售收入,我们可能想知道今天与昨天相比,售出的商品增减了多少。这可以用数学方式表示为 $sales_t - sales_{t-1}$,其中下标 t 表示要测量销售量的时间段。由于上面的算式涉及两个时间段,因此可以说它具有两个周期窗口。如果将此计算应用于一个销售量观测值的序列,那么最终将生成一个包含每一天与前一天之间销售量差值的序列。

因此,那个简单算式就是一个窗口函数!当然,窗口函数可能更复杂,并且也可以跨越更大的窗口。一个通常为描述公开交易的金融资产的波动性和量级而计算的 50 天简单移动平均线,是一个具有较大窗口的更复杂窗口函数的较好示例。在本节中,我们将使用滚动函数来回答以下问题:

随时间推移发出的罚单数量显现什么样的趋势或周期性模式?

6.4.1 为滚动函数准备数据

Dask 中的滚动函数使用起来非常简单,但是由于 Dask DataFrame 的分布式特性,需要有一点明智的预见性才能正确使用它。最重要的是,Dask 在可使用的窗口大小方面有一些限制:窗口不能大到足以跨越一个以上的相邻分区。例如,如果你的数据按月份进行分区,则你不能指定大于两个月的窗口大小(当前关注的月份及之前/之后的月份)。当你考虑到这些操作会引起大量混洗(shuffe)时,这很有意义。因此,你应确保选择的分区大小足够大,以避免此边界问题,但请记住,较大的分区可能会开始减慢计算速度,尤其是在需要进行大量混洗的情况下。一些常识和实验是为了找到你想解决的每个问题的最佳平衡点。数据还应按索引对齐,以确保将其正确排序。Dask 使用索引来确定哪些行彼此相邻,因此确保正确的排序对于正确执行数据计算至关重要。让我们看一个使用滚动函数的示例!

代码清单 6.28　为 rolling 函数准备数据

```
nyc_data = dd.read_parquet('nyc_final', engine='pyarrow')

with ProgressBar():
   condition = ~nyc_data['monthYear'].isin(['201707','201708','201709',
   '201710','201711','201712'])
   nyc_data_filtered = nyc_data[condition]
   citations_by_month = nyc_data_filtered.groupby(nyc_data_filtered.index)
   ['Summons Number'].count()
```

首先,在代码清单 6.28 中,我们将准备一些数据。我们将使用 NYC Parking Ticket 数据集,并查看每月的罚单数量的移动平均值。我们想要确定在消除一些波动之后,能否发现数据中任何可辨别的趋势。通过计算每个月与先前一些月份的罚单数量的平均值,给定月份中的个别谷值和峰值就不会那么明显,这可能揭示潜在的变化趋势,而这些趋势在原始数据中很难看到。

在第6.1节中,我们注意到数据集中的观测值在2017年6月之后趋于急剧下降,并且我们选择丢弃该月之后任何观测值。这里再次过滤掉它们,然后将计算每月的罚单数量。

6.4.2 将 rolling 方法应用到一个窗口函数

使用 citations-by-month 对象表示每月的罚单数量,可以在计算结果之前应用滚动函数进行转化。

代码清单6.29 计算每月罚单数的平均值

```
with ProgressBar():
    three_month_SMA = citations_by_month.rolling(3).mean().compute()
```

在代码清单6.29中,可以看到内置滚动函数多么简单!在应用聚合函数之前,我们已经链接了 rolling 方法,以告诉 Dask 我们想在三个周期的滚动窗口中计算均值。由于本示例中的时间段是几个月,Dask 将对三个月滚动窗口的罚单数量求平均值。例如,对于2017年3月,Dask 将计算2017年3月、2017年2月和2017年1月的计数平均值。这意味着,默认情况下,你指定的 periods n 表示一个包含当前时间段(3月)和 n–1 的 periods 之前的时期(2月和1月)。让我们看一下这对输出有什么影响,如图6.18所示。

```
MonthYear
201401     NaN

201402     NaN

201403     7.497377e+05

201404     8.069723e+05

201405     9.068707e+05

201406     9.205720e+05

201407     9.478143e+05
           ...
201705     9.476880e+05

201706     9.114447e+05
Name: Summons Number, dtype: float64
```

图6.18 窗口函数的简要输出

请注意,前两个期间是 NaN(缺失)值。这是因为2014年2月的计算应同时包含2014年1月和2013年12月,但是我们的数据集没有2013年12月。Dask 不会返回缺少数据的期间的部分值,而是返回 NaN 值来表示当前值未知。使用滚动函数时，由于早期窗口中缺少值，结果总是比输入数据集少 n-1 个值。

如果要在计算中包括尾随周期和提前周期，则可以通过设置 rolling 方法的 center 参数来实现。这将使 Dask 计算一个窗口包括当前值之前的 n/2 个窗口周期和当前值之后的 n/2 个窗口周期。例如，如果使用了三个周期的居中窗口，在 2017 年 3 月，我们的平均值将包括 2017 年 2 月、2017 年 3 月和 2017 年 4 月的计数。

代码清单 6.30　使用居中窗口

```
Citations by month.rolling(3, center=True).mean().head()
```

代码清单 6.30 演示了居中窗口，它将生成如图 6.19 所示的输出。

```
MonthYear
201401    NaN
201402    749737.666667
201403    806972.333333
201404    906870.666667
201405    920572.000000
Name: Summons Number, dtype: float64
```

图 6.19　代码清单 6.30 的输出

正如你在图中所看到的，居中时，我们只会丢失第一行而不是前两行。是否合适取决于你要解决的问题。除了滚动平均，还可以做更多事情。实际上，每个内置的聚合函数也可用作 rolling 函数，例如 sum 和 count。也可以通过使用 apply 或 map_overlap 来实现自定义滚动功能，和普通 DataFrame 或 Series 上的使用方法一样。

现在，你已经有了一些可以在 Dask 中用数字方式描述和分析数据的工具，现在是将注意力转向数据分析的另一个重要方面的好机会：可视化。如果查看代码清单 6.30 中代码的未省略结果，会发现趋势在数值上没有定论。有了一些高点和一些低点，2017 年 6 月的罚单数最终与 2014 年 6 月的罚单数量相差不远。这种情况下，发现趋势和模式比盯着数字要容易得多。也可以更直观地通过可视化方式来了解描述性统计信息和相关性。因此，在第 7 章中，我们将开始寻找每月的罚单数量趋势。我们将利用可视化来使工作更轻松！

6.5　本章小结

- Dask DataFrame 具有许多有用的统计方法，如 mean、min、max 等。在 dask.array.stats 包中可以找到更多统计方法。

- 可以通过使用 describe 方法为 DataFrame 或 Series 生成基本的描述统计信息。
- 聚合函数使用 split-apply-combine 算法并行处理数据。聚合在 DataFrame 的排序列上将产生最佳性能。
- 相关性分析比较两个连续变量，而 t 检验比较分类变量中的连续变量。
- 可使用 Aggregate 对象自定义聚合函数。
- 可使用 rolling 功能通过时间索引分析变化趋势，例如移动平均。你应该按时间段对数据进行分区以获得最佳性能。

第 7 章

使用Seaborn对DataFrame进行可视化

本章主要内容：
- 使用 prepare-reduce-collect-plot 模式解决大型数据集可视化面临的问题
- 使用 seaborn.scatterplot 和 seaborn.regplot 可视化连续关系
- 使用 Seaborn 的 seaborn.violinplot 可视化连续数据组
- 使用 seaborn.heatmap 可视化分类数据中的模式

在第 6 章中，我们通过查看数据集的描述性统计数据和其他一些数字属性，对纽约市停车罚单数据集进行一些基本分析。虽然以数字方式描述数据是精确的，但结果可能有些难以解释也通常不太直观。另一方面，我们人类非常善于发现和理解视觉信息的模式。将可视化结合到我们的分析中，这样可以帮助我们更好地理解数据集的一般构成以及不同变量之间如何相互作用。

例如，考虑第 6 章中探讨的平均温度与罚单数量之间的关系。我们计算皮尔逊相关系数约为 0.14。然后得出结论，这两个变量具有弱正相关的关系，意味着我们应该预期随着平均温度上升，罚单数量会略有增加。根据我们的发现，我们是否可以认为，全球气候的变化会成为纽约市一个有利可图的事情？还是关系性质的变化会随着我们所关注值范围的变化而变化？所以简单的相关系数无法传达所有信息。现在，为了真正强调为什么可视化是数据分析过程中很重要的一部分，我们看看统计中的一个经典问题，即 Anscombe's quartet(安斯科姆四重奏)。安斯科姆四重奏是 1973 年由一位名叫弗朗西斯•安斯科姆(Francis Anscombe)的英国统计学家提出的一个假设数据集，他缺乏在自己的领域内对可视化的理解，为此感到沮丧。他想证明仅用数字方法并不总能说明问题：组成四重奏的4个数据集均具有相同的均值、方差、相关性、回归线和确定系数。图7.1显示了构成安斯科姆四重奏的4个数据集。如果仅依靠数值方法，则可由4个数据集得出完全相同结论。但以图形方式，则显示了不同情况。x_3和x_4这两个数据集具有极端的异常值。数据集x_4似乎具有不确定的斜率，数据集x_2似乎是非线性的，可能是抛物线函数。因此，通过可视化进一步了解数据之后，我们以数字化方式描述和分析4个数据集的合理方法会完全不同。

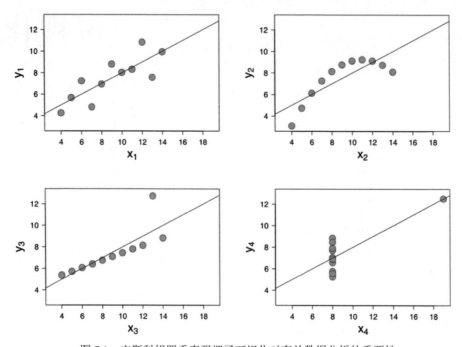

图 7.1　安斯科姆四重奏强调了可视化对有效数据分析的重要性

　　需要注意的是，安斯科姆四重奏是一个非常小的数据集，因此将其可视化为一组散点图就非常简单明了。然而，由于数据数量和种类的多样性，可视化大型数据集可能会很棘手。因为有很多种可视化方法可供选择。本书不可能囊括所有类型的可视化方法，因此，我们会介绍一些通用模式和策略，通过扩展这些模式和策略生成多种可视化效果，我们也会介绍一些对分析结构化数据有帮助的更常见可视化方法。像往常一样，图7.2显示了目前为止我们已经完成的工作，以及下一步的工作重点。

　　在本章中，我们将继续进行探索性分析以及假设的定义和检验，但重点是使用可视化对数据进行更深入的分析。我们还会把在第6章中学到的一些数据处理技术(如聚合)与采样等新技术相结合。使用 DataFrame API，Dask 将执行用于可视化数据的计算。

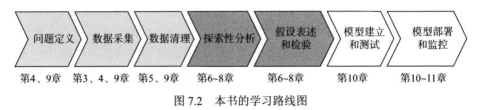

图 7.2　本书的学习路线图

7.1　prepare-reduce-collect-plot 模式

对大型数据集进行可视化时，会面临一些挑战。从技术角度看，绘制大量数据需要大量计算，并且毫无疑问需要大量内存。到目前，我们已经能够使用 Dask 通过在多个 worker 之间分配工作来应对计算和内存密集型操作，但是仍然需要最终将想要绘制在屏幕上的所有数据收集到一个线程上，以将其呈现在屏幕上。这意味着，如果要绘制的数据集大于客户端计算机上的内存，我们将无法绘制它。在第 8 章，我们将介绍一个名为 Datashader 的库，这个库以与众不同的方式克服了这些问题。但 Datashader 不支持本章中讨论的某些可视化效果，因此我们必须返回来解决技术问题。

在绘制大型数据集时，必须记住的另一件事是，可视化的价值来自于能快速直观地从数据中识别和洞察的能力。但当有大量数据时，很容易变得无所适从。下面看一看图 7.3 中的散点图。

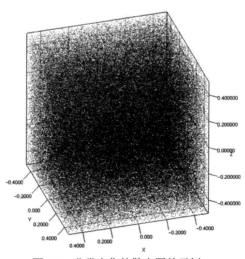

图 7.3　非常密集的散点图的示例

很难描述出散点图中的所有情况，因为在散点图上绘制了很多单独的点。它看起来像随机噪声！应用一些颜色编码可在数据中看到几个不同区域，但仍难看到这些区域的开始和结束位置以及它们彼此重叠的位置。这是可视化大型数据集的一个标志性问题：拥有如此多的数据，单个数据点就不再对单独分析有帮助。相反，需要从数据中提取出广泛的模式和行为。可通过多种方式来实现这一点，包括聚类、聚合或采样。这三种技术中的任何一种都可以使数据更易于理解。

图7.4显示了一个与众不同的数据集，它仍然有相当多的点，但它也应用了一种聚类技术。这使得数据清晰地划分为三个不同区域。尽管图上还有大量的点，但解释数据会更容易，因为可从概念上将我们的分析细分为解释三个独立组的行为。

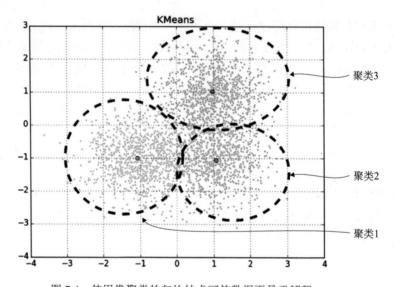

图7.4　使用像聚类的归约技术可使数据更易于解释

为了克服在绘制大型数据集时遇到的技术和概念上的难题，我们在本章剩余部分中使用 prepare-reduce-collect-plot 模式，从 Dask DataFrame 中生成可视化效果。这个模式的最终目标是将原始大型数据集转换为我们要生成的满足可视化需求的一个较小子集，并尽可能多地使用 Dask 进行工作。

图 7.5 分步展示了该过程。第一步"准备"确定什么类型的可视化适合我们想要解答的问题。例如，如果对两个连续变量之间的关系感兴趣，就选择一个散点图。如果对按类别查看条目总数，选择条形图的效果较好。确定了要生成的可视化类型后，考虑需要在坐标轴上显示的内容。这决定了需要从 DataFrame 中选择的列。另外，我们还需要考虑是否有必要对数据进行过滤，因为或许我们想将分析的重点放在某个特定类别上。为此，需要编写一个过滤条件，第 5 章介绍了该条件，以便只从该类别中选择数据。

第二步"缩减"选择适当的简化方法。通常有两种选择。第一，将数据汇总成对我们要解答的问题有实际意义的组，例如按月对所有观察值求和或取平均值。第二，对数据进行随机抽样。选择要汇总的数据时，通常选择我们要解答这个问题的自然结果。例如，在纽约市停车罚单数据集中，我们从大约 1500 万次的引用入手。由于我们想知道每月发出的引用次数，因此可按月对数据进行分组，然后计算引用次数，从而将 1500 万个数据点减少到少于 50 个的数据点。如果想以每日或每小时的层次查看数据，我们仍能从最初的 1500 万引用减少到更小数量的数据点。如果无法以任何有意义的方式汇总数据，或不适合我们要解答的问题，则可使用采样然后将数据集中于预定数量的数据点上。但由于随机采样依赖于随机机会，因此随机采样的数据点可能无法形成数据中基本行为的真实描述。如果抽取的样本数量非常少，这种情况尤其可能发生，因此应谨慎使用随机抽样！

第三步"收集"执行计算，并将结果转换为单个 Pandas DataFrame，这时，可将缩减的数据与任意绘图包一起使用。最后一步"绘制"调用可视化绘制方法并设置显示选项(如绘制标题、颜色、大小等)。由于我们已经在"收集"步骤中将所有数据集中到一个位置，因此这个过程不是分布式并行的。

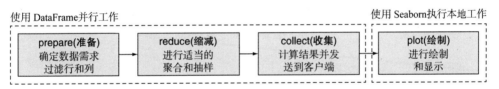

图 7.5 使用 Dask 可视化大型数据集的 prepare-reduce-collect-plot 模式

现在，我们再来看几个使用这种模式来可视化纽约市停车罚单数据集的关于某些变量的示例。在这些示例中，我们使用 Seaborn 生成可视化效果。Seaborn 是 Python 公开数据科学栈的一部分，而且是基于 Matplotlib(另一种流行的可视化库)的数据可视化库。

7.2 可视化散点图与规则图的延伸关系

现在，我们通过回顾第 6 章所讨论的月平均气温和月引文数量之间关系的相关分析，来研究使用 prepare-reduce-collect-plot 模式。假设皮尔逊相关系数为 0.14 的情况下，我们预计两者不会有太大的联系，但是可以看一看皮尔逊相关系数能否真正说明整个问题。

7.2.1 使用 Dask 和 Seaborn 创建散点图

首先，我们一如既往地导入相关模块并加载在第 5 章末尾保存的数据。

代码清单 7.1　导入模块和数据

```
import dask.dataframe as dd
import pyarrow
from dask.diagnostics import ProgressBar
import os
import seaborn
import matplotlib.pyplot as plt

os.chdir('/Users/jesse/Documents')
nyc_data = dd.read_parquet('nyc_final', engine='pyarrow')
```

我们继续导入 Seaborn 和 Matplotlib，因为我们将暂时使用它为最终绘图设置一些显示选项。如果这是你第一次使用 Seaborn，注意你以后将经常看到对 Matplotlib 的调用以及 Seaborn 代码。由于 Seaborn 依赖 Matplotlib 的绘图引擎(pyplot)，因此直接通过 pyplot API 来控制渲染可视化的各个方面，如图形的大小和轴坐标轴的限制。

要查看每月的平均温度和引用次数之间的关系，需要获取每月平均温度和按月份/年份分组的引用次数。由于引用次数可能比平均温度大几个数量级，因此温度单位将设置在 X 轴上，引用次数将设置在 Y 轴上。我们还将过滤掉自 2017 年 6 月之后的所有数据，因为这些月份并未完全报告在数据集中。现在我们已经确定了必要的数据，我们将生成用于准备和聚合数据的代码。

代码清单 7.2　准备聚合数据

```
    Row_filter = ~nyc_data['Citation Issued Month
Year'].isin(['07-2017','08-2017','09-2017','10-2017','11-2017','12-2017'])

    nyc_data_filtered = nyc_data[row_filter]

    citationsAndTemps = nyc_data_filtered.groupby('Citation Issued Month
Year').agg({'Summons Number': 'count', 'Temp': 'mean'})
```

代码清单 7.2 应该看起来很熟悉，因为我们在计算相关系数之前就已经生成了这些数据。和以前一样，我们只需要过滤数据，对其应用 agg 方法(聚合)来计算引用次数和按月份分组的平均温度，就可以收集和绘制数据了。

代码清单 7.3 显示了如何采集和绘制数据。

代码清单 7.3　采集和绘制数据

```
    seaborn.set(style="whitegrid")
    f, ax = plt.subplots(figsize=(10, 10))
    seaborn.despine(f, left=True, bottom=True)

    with ProgressBar():
        seaborn.scatterplot(x="Temp", y="Summons Number",
                data=citationsAndTemps.compute(), ax=ax)
    plt.ylim(ymin=0)
    plt.xlim(xmin=0)
```

在代码清单 7.3 中，我们首先为即将生成的散点图设置样式。用 whitegrid 样式生成一个外观干净的图形，该图形的背景为白色，X 轴和 Y 轴的网格线为灰色。接下来使用 plt.subplots 函数创建一个空白图形，并指定所需的大小。这样做是为了覆盖默认 pyplot 的图形大小，当在高分辨率的屏幕上显示时，默认的 pyplot 图形可能会小一些。下一个对 seaborn.despine 的调用是对即将生成的图形的另一次美学修改。这样只会删除了图形周围的边框，因此我们所看到的只是绘图区域中的网格线。修改所需的参数非常简单：将 X 和 Y 轴的每个变量名作为字符串传递，并传递 DataFrame 进行绘制。在此示例中，我们还传入了创建的自定义轴对象，以确保散点图的外观与配置时的外观相同。但此参数是可选的，如果不传递轴对象，则会使用默认值进行绘制。在最后两行中，我们分别将 Y 轴和 X 轴的最小值分别设置为 0。在 seaborn.scatterplot 调用之后再调用这些方法的原因是 Matplotlib 能自动计算最大值 x 和 y。如果在绘制前调用这些方法，那么 Matplotlib 没有机会查看数据并计算最大值。因此，需要传递一个明确的最大值，否则这张图将无法正确显示。在经过一些处理后，可得到一个散点图，如图 7.6 所示。

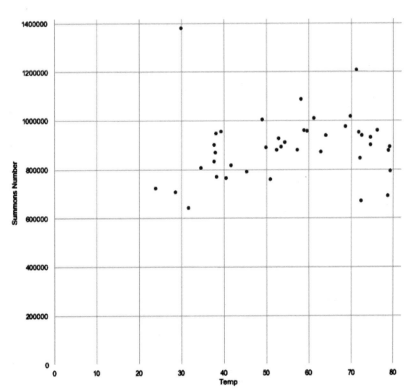

图 7.6　平均温度与引用次数的散点图

图 7.6 表明，两个变量之间确实存在正相关关系。当我们从 30 度移到 60 度时，引用次数通常会增加。这些点分散得相当远，因此表明相关性较弱。

7.2.2 在散点图中添加线性回归线

可让 Seaborn 尝试通过绘制回归图(而不是散点图)来帮助我们更好地查看数据中的渐变模式。为此，我们使用 regplot 函数。它所需的参数与 scatterplot 函数相同，因此很容易将两者互换。

代码清单 7.4 使用 regplot 方法向散点图添加回归线

```
seaborn.set(style="whitegrid")
f, ax = plt.subplots(figsize=(10, 10))
seaborn.despine(f, left=True, bottom=True)

with ProgressBar():
    seaborn.regplot(x="Temp", y="Summons Number",
            data=citationsAndTemps.compute(), ax=ax,
            robust=True)
    plt.ylim(ymin=0)
    plt.xlim(xmin=0)
```

在代码清单 7.4 中，可看到唯一的改变是对 regplot(而非 scatterplot)的调用。我们还添加了可选参数 robust。这个参数告诉 Seaborn 生成一个稳健的回归。稳健回归可最大程度地减少对回归方程的影响。这意味着 Y 轴上远离其他点的点不会导致试图通过这些点向上(或向下)绘制线。这是好事，这些点不太可能定期出现，我们应将它们视为异常，而不是可能再次发生的观测值。例如，看一下图 7.6 中的点，它代表了大约 140 万次引用。这发生在一个非常寒冷的月份，当时的平均温度仅为华氏 30 度左右。可以看到其他所有几个月在同样寒冷的时候，累计只有约 70 万次被引用。在发出 140 万次引用的月份中，一定发生了某些特殊情况，因为这种情况似乎非常罕见。如果允许异常数据点影响回归线，将导致我们高估寒冷月份中可以期望得到的引用数量。这个数据集中似乎存在一些异常值，因此使用可靠的回归是一个好主意。在运行代码时，你将获得如图 7.7 所示的回归图。

正如你所看到的，已经大致绘制出一条从中间穿过这些点的线。但请记住，回归是一种统计估计。画这条线的位置可能受到异常观测(称为离群值)的影响。线周围的阴影区域表示置信区间，意味着最佳线有 95%的机会位于该区域内。根据提供的数据，线本身就是最好的"预测"。

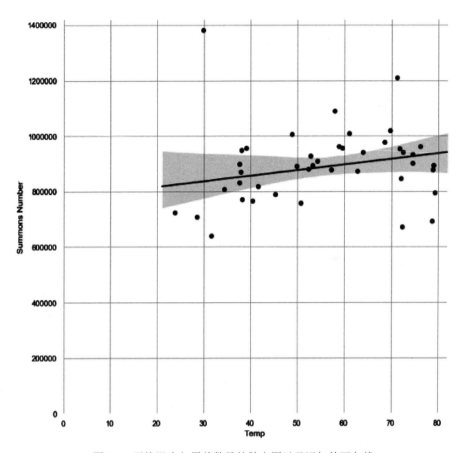

图 7.7 平均温度与罚单数量的散点图以及添加的回归线

7.2.3 在散点图中添加非线性回归线

但是，这条线看起来不太合适。仔细研究这个散点图，发现被引用的次数实际上在 60 度以后开始逐渐减少。这就产生一个直观的道理：在极端天气下，派出巡逻人员的数量可能会更少。这将是一个很好的机会可以跟进管理层，了解我们的假设是否正确，或者是否存在被引用次数下降的另一种解释。但是无论如何，该关系不是线性的。相反，非线性方程式(例如抛物线)可能会更好地拟合数据。

图 7.8 显示了为什么将抛物线拟合到数据可能会达到更精确的拟合。正如你所见，从 20 度到大约 60 度，这种关系似乎是正比例的，但是随着温度的升高，引文的数量也随之增加。但是，在 60 度标记附近，这种关系似乎是截然不同的。随着温度从 60 度升高，引用次数似乎总体上减少了。使用 Seaborn 可以支持通过一些参数调整，在回归图中进行非线性曲线拟合。

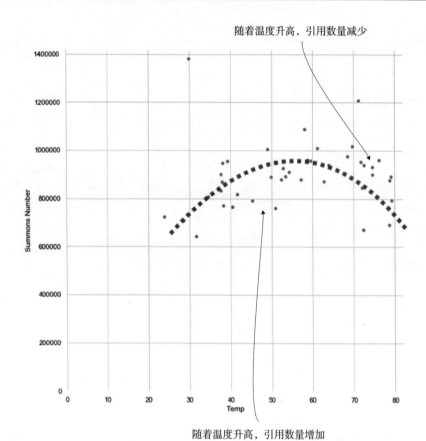

图 7.8 这种关系似乎是非线性的，在 60 度左右改变了走向

代码清单 7.5　将数据集拟合成非线性曲线

```
seaborn.set(style="whitegrid")
f, ax = plt.subplots(figsize=(10, 10))
seaborn.despine(f, left=True, bottom=True)

with ProgressBar():
    seaborn.regplot(x="Temp", y="Summons Number",
            data=citationsAndTemps.compute(), ax=ax,
            order=2)
    plt.ylim(ymin=0)
    plt.xlim(xmin=0)
```

在代码清单 7.5 中，robust 参数被 order 参数替换。order 参数确定要使用几个项来拟合非线性曲线。由于这些数据看起来大致呈抛物线，所以使用的 order 参数为 2(你应该还记得在高中代数中，抛物线有两个项：一个 x^2 项和一个 x 项)。这将生成一个回归图，如图 7.9 所示。

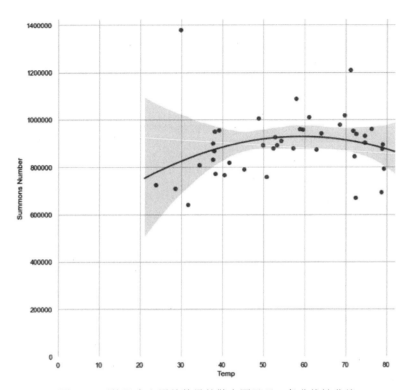

图 7.9　平均温度和罚单数量的散点图呈现一条非线性曲线

图 7.9 似乎比以前的线性回归线相比更好地拟合了数据。如果只看皮尔逊相关系数，我们会错过一些东西！接下来，我们将研究在分类数据中把关系可视化。

7.3　使用小提琴图可视化分类关系

纽约市停车罚单数据集包含许多分类变量，这是一个极好的机会可以用来展示一种非常有用的可视化工具来分析分类关系：即使用小提琴图。使用小提琴图的一个示例可在图 7.10 中看到。小提琴图与箱形图相似，因为它们是一个变量的几种统计属性的直观表示，包括平均值、中位数、第 25 个百分位数、第 75 个百分位数、最小值和最大值。但是小提琴图也将直方图合并到图中，因此就可以确定数据的分布情况以及最常出现的点在哪里。像箱形图一样，小提琴图也用于比较连续变量在组之间的行为。例如，我们可能想知道车辆的使用年限与车辆颜色的关系。黑车更新还是更旧？你会更愿意买一辆新的红色汽车还是一辆旧的绿色汽车？小提琴图可以帮助我们研究这些问题。

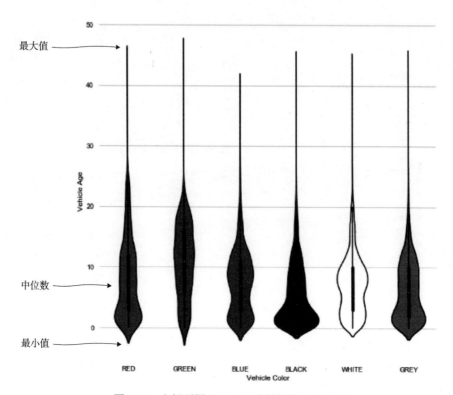

图 7.10 小提琴图显示了分类数据的相关分布

7.3.1 使用 Dask 和 Seaborn 创建小提琴图

与前面的示例一样,我们将按照 prepare-reduce-collect-plot 模式制作小提琴图。需要的数据是每次引用中记录的车辆年龄和颜色。但在这种情况下,没有任何逻辑方法可将数据预先汇总到较小的组中。要生成描述性统计数据和直方图,需要原始的观察值。因此,我们将转向使用抽样以帮助我们减少数据集。举例来说,我们将分析的范围缩小到六种最常见的车辆颜色:黑色、白色、灰色、红色、蓝色和绿色。这样就不必在先使用采样的情况下生成小提琴图,因此可以比较使用整个数据集的小提琴图和使用随机数据样本的小提琴图。

代码清单 7.6　读入并过滤数据

```
nyc_data_withVehicleAge = dd.read_parquet('nyc_data_vehicleAge',
engine='pyarrow')

row_filter = nyc_data_withVehicleAge['Vehicle
Color'].isin(['BLACK','WHITE','GREY','RED','GREEN','BLUE'])
column_filter = ['Vehicle Age','Vehicle Color']

ages_and_colors = nyc_data_withVehicleAge[row_filter][column_filter]
```

在此示例中，还将重新使用在第 6 章中生成的一些数据。在示例中，我们为每个引用计算了"车辆年份"和"引用日期"之间的差，以确定收到引用的车辆的年龄。在代码清单 7.6 中，我们读取数据，选择相关列，并过滤出最多的车辆颜色。接下来，我们进行快速计算以确定有多少个观测值。

代码清单 7.7　对观测值进行计数

```
with ProgressBar():
    print(ages_and_colors.count().compute())

# Produces the output:
# Vehicle Age      4972085
# Vehicle Color    4972085
# dtype: int64
```

对于 4 972 085 个观测值，我们应该能够通过随机抽取 1%的观测值且不必替换获得一个合适样本。首先，我们将看到 497 万个点的小提琴图。

代码清单 7.8　创建小提琴图

```
seaborn.set(style="whitegrid")
f, ax = plt.subplots(figsize=(10, 10))
seaborn.despine(f, left=True, bottom=True)

group_order = ["RED", "GREEN", "BLUE", "BLACK", "WHITE", "GREY"]

with ProgressBar():
    seaborn.violinplot(x="Vehicle Color", y="Vehicle Age", data=ages_and_
    olors.compute(), order=group_order, palette=group_order, ax=ax)
```

再一次，我们像以前一样设置图像和坐标轴。然后把颜色填在列表中，以便可以告诉 Seaborn 如何在小提琴上排列组。然后，在 ProgressBar 的环境中，我们调用 seaborn.violinplot 函数以生成小提琴图。这里参数应该看起来很熟悉，因为它们与 scatterplot 和 regplot 相同。还可以在定义好的颜色列表中查看传递位置。order 参数允许按照自定义的顺序以从左到右显示组。或者，选择就是随机的。如果打算比较同一组中的多个小提琴实例，最好使用一致的排列顺序。我们在 palette 参数中还使用相同的列表，以确保小提琴图的颜色与它们代表的车辆颜色相匹配(红色小提琴图将变为红色，以此类推)，经过一些处理后，将得到类似于图 7.11 的效果。

通过查看图 7.11 中的小提琴图，可看到红色、蓝色、白色和灰色的车辆具有大致相同的中位数年龄(用白点表示)，而黑色车辆(中位数车龄小)倾向于较新，绿色的车辆(中位数车龄较大)倾向于较旧。所有颜色车辆的最大使用年限大致相同，但是红色和绿色车辆的使用年限比其他颜色要长，这在红色和绿色小提琴图的上部区域中用较粗的线表现了出来。小提琴图里较宽的区域表示观察到的数量更多，而较窄的区域表示观察的数量较少。白色车辆小提琴图的尖锐感看起来特别有趣，因为看起来奇数年的白色车与偶数年的白色车相比，数量不同寻常地少。这可能值得进一步研究以了解原因。

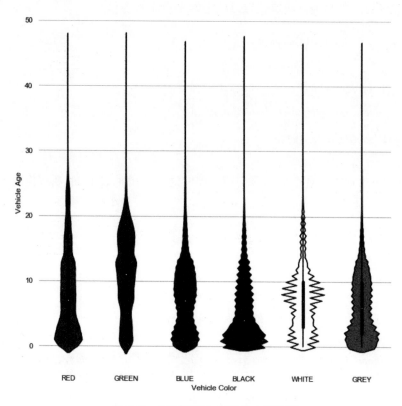

图 7.11 车辆颜色与车龄的小提琴图

7.3.2 从 Dask DataFrame 随机采样数据

现在，将该图与数据的随机样本图进行比较。我们保持绘图代码不变，但将从过滤的 DataFrame 中获取 1% 的随机样本。

代码清单 7.9 对过滤后的 DataFrame 进行采样

```
sample = ages_and_colors.sample(frac=0.01)

seaborn.set(style="whitegrid")
f, ax = plt.subplots(figsize=(10, 10))
seaborn.despine(f, left=True, bottom=True)

with ProgressBar():
    seaborn.violinplot(x="Vehicle Color", y="Vehicle Age", data=sample.
     compute(), order=group_order, palette=group_order, ax=ax)
```

从 Dask DataFrame 进行采样非常简单；在任何 DataFrame 上使用 sample 方法，并指定所要采样的数据的百分比，然后你将获得一个过滤后的 DataFrame，大小大致与你所指定的百分比相同。默认情况下，采样是在不进行替换的情况下执行的。这意味着一旦从 DataFrame 中选择了车辆记录，就无法在同一样本中再次选择相同的车辆记录。

这样确保了样本中的所有观察值都是唯一的。如果要进行采样替换，则可以使用布尔值 replace 参数指定。请注意，你只能以百分比形式指定样本大小，不能指定返回的样本中的确切项目数。因此，需要计算总量并计算总体百分比，从而为你提供所需的样本量。在本例中，49 000 个对我们的目标来说是足够大的，因此我们在没有替换的情况下采样了 1%的样品。这产生了如图 7.12 所示的图。

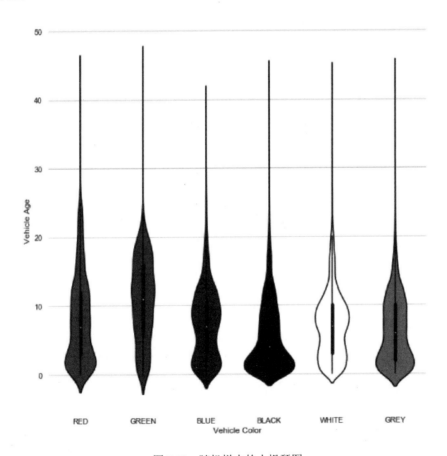

图 7.12　随机样本的小提琴图

与图 7.11 相比，图 7.12 看起来非常相似。我们看到的一般模式仍然存在：黑色车辆趋向于更新，绿色车辆趋向于更旧，并且道路上红色和绿色车辆比其他颜色的车辆要多。这些小提琴图像的分布与形状与之前的图大致相同，但已经失去了一些细节。白色和红色的分布形状不再像数据集产生的锯齿状那样。但总的来说，抽样使我们能从数据中获得相似的见解，而不必使用整个数据集。

7.4 使用热图可视化两个分类关系

正如你所见，当你拥有一个类别的变量时，小提琴图对于理解数据的行为非常有用。但是，像纽约市停车罚单数据集中包含许多类别变量那样并不常见。如果想了解分类变量之间是如何相互作用的，热图是一种非常有用的方法。虽然可以使用热图来可视化任何两个分类变量之间的关系，但是跨时间范围使用热图是不常见的。例如，我们查看了在第 6 章中按月份发布的引用趋势，发现在较暖和月份里发布的引用次数往往多于寒冷月份，但也许在另一个时间维度上也有规律。一周中的某一天可能是一个有趣的探索：在工作日中发布的引文数量可能比周末要多(反之亦然)。

让我们研究一下星期几效应和一年的月效应是否会相互作用。为此，我们希望得到一个星期和一年中的每一个被引用的月份。然后，我们要汇总按年每个月的引用和按星期每天的引用。这自然会将可视化数据点的数量减少到 84(12 个月乘以 7 天)。

代码清单 7.10　提取一周中的某天和一年中的某月

```
from datetime import datetime
nyc_data_filtered = nyc_data[nyc_data['Issue Date'] < datetime(2017,1,1)]

day_of_week = nyc_data['Issue Date'].apply(lambda x: x.strftime("%A"),
    meta=str)        ◁── 从 Issue Date 列中提取一周某天和一年某月份的名称。
month_of_year = nyc_data['Issue Date'].apply(lambda x: x.strftime("%B"),
    meta=str)
```

首先，我们将 strftime 函数应用于 Issue Date 列，分别提取一周中的每天和每年中的每月，方法与第 5 章中对数据应用函数的方法相同。

代码清单 7.11　将列添加回 DataFrame

```
nyc_data_with_dates_raw = nyc_data_filtered.assign(DayOfWeek = day_of_
    week).assign(MonthOfYear = month_of_year)
column_map = {'DayOfWeek': 'Day of Week', 'MonthOfYear': 'Month of Year'}
nyc_data_with_dates = nyc_data_with_dates_raw.rename(columns=column_map)
```

接下来，我们使用之前学到的 drop-assign-rename 模式的 assign-rename 部分，将这些列重新添加到 DataFrame 中。

代码清单7.12 按年度的每月和按星期的每天对罚单数量计数

```
with ProgressBar():
    summons_by_mydw = nyc_data_with_dates.groupby(['Day of Week', 'Month of
       Year'])['Summons Number'].count().compute()
```

现在，我们使用 groupby 方法按一周中的每天和每年中的每月计算引用次数。

代码清单7.13 将结果转换为数据透视表

```
heatmap_data = summons_by_mydw.reset_index().pivot("Month of Year", "Day of
    Week", "Summons Number")
```

在 Dask 完成计算聚合之后，需要旋转数据，以便在 DataFrame 中有 12 行(每月一个)和 7 列(一周中的每一天)。为此，我们使用数据透视方法。首先必须重设索引，因为"月"和"星期几"最初将是产生 DataFrame 的索引，因此需要将它们移回单独的列，所以可以在 pivot 调用中引用它们。最后，可以生成热图。

代码清单7.14 创建热图

```
months = ['January','February','March','April','May','June','July',
          'August','September','October','November','December']
weekdays = ['Monday','Tuesday','Wednesday','Thursday','Friday',
            'Saturday','Sunday']

f, ax = plt.subplots(figsize=(10, 10))
seaborn.heatmap(heatmap_data.loc[months,weekdays], annot=True, fmt="d",
         linewidths=1, ax=ax)
```

在调用热图函数之前，我们将按照适当的顺序将月份和工作日粘贴到单独的列表中。正如在前面的示例中看到的那样，任何基于命名的时间维度都会导致字母排序，因为 Pandas 并不知道月份或工作日具有任何特殊含义。在对 heatmap 的调用中，我们使用 DataFrame 上的 loc 方法以正确顺序选择行和列。或者，可使用前面演示的日期排序方法之一对 DataFrame 进行排序。annot 参数告诉 Seaborn 在每个单元格中输入实际值,因此可以确切地看到在 7 月的星期三发出了多少次引用。fmt 参数告诉 Seaborn 将内容格式化为数字而不是字符串，而 linewidths 参数调整了热图中每个单元格之间应该放置多少间距。这个函数调用将生成一个热图，如图 7.13 所示。热图非常简单易读。亮的区域表示很少引用，而暗的区域表示很多引用。我们还按月份/工作日的实际引用次数为热图添加了注释。

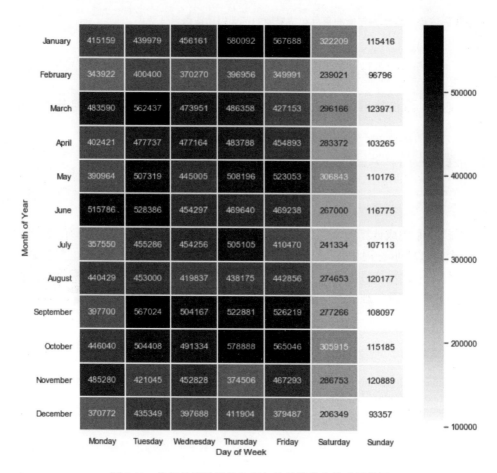

图 7.13 按每星期的周几和每年的月份发布的引用热图

图 7.13 中的热图立即显示,周末发布引文的次数往往比平日少,而周日尤其少。我们可能会看到周末轮班的执法人员减少的效果。看来,在任何月份/工作日组合中,12 月的星期日被引用的最少,而 1 月的星期四似乎被引用的最多。这些异常值可能值得进一步探讨。

希望你现在已经很好地了解了如何应用 prepare-reduce-collect-plot 模式对数据分析产生可视化。如本章前面所述,此模式也可以扩展到其他库。尽管 Seaborn 可以创建各种有用且有吸引力的可视化文件,但是任何可以接受 Pandas DataFrame 或 NumPy 数组作为输入的绘图库都可以在此模式下轻松互换。

在第 8 章中,我们将探讨如何生成交互式可视化和仪表板,这对于数据探索和最终用户报告都是有用的。

7.5 本章小结

- 数值分析可能无法解释"故事的全部"——可视化数据总是值得的。
- prepare-reduce-collect-plot 模式可用于从大型数据集中创建可视化。可通过这种方法使用任何支持 Pandas 的数据可视化库。
- 如果要回答的问题有意义,则可以使用聚合(例如每月的引用次数)来减少数据。
- 在足够大样本量的情况下,随机抽样也是一种从视觉上模拟近似数据形状的好方法。
- 可使用散点图显示两个连续变量之间的关系。
- regplot 可用于绘制线性回归和非线性回归。
- 一个连续变量在一个分类变量上的分布可用小提琴图来可视化。
- 可使用热图可视化两类变量。

第 8 章

用Datashader对位置数据可视化

本章主要内容：
- 当不适合数据采样时，使用 Datashader 可视化许多数据点
- 使用 Datashader 和 bokeh 绘制交互式热图

在第 7 章中，我们探讨了使用可视化从数据中获取见解的几种方法。但是，我们研究的每种方法都依赖于找到解决方法以减小用于绘图的数据。无论是通过随机采样、过滤或者聚合数据，我们都使用了这些降低采样技术去克服 Seaborn 和 Matplotlib 的固有局限性。尽管我们已经证明了这些技术很有用，但是降低采样会导致我们遗漏数据中的范例，因为我们会丢弃一些数据。在处理高维数据(如位置)时，这个问题变得最明显。

想象一下，我们想使用纽约市停车罚单数据集来查找纽约市驾驶员最有可能获得停车罚单的区域。可做到这一点的一种方法是，通过所有经过引用的纬度和经度来找到平均位置。然而，这只会告诉我们停车罚单的"平均"位置，甚至可能不在城市街道上！整个城市可能有很多热点，但我们不能仅用平均数来判断。可以尝试使用某种聚类算法(如 k-均值)来识别多个热点，但这仍然很麻烦，原因有几个：中心点可能不在任何城市街道上，我们将不得不手动选择集群的数量，以送入聚类算法。如果对数据不了解，我们怎么知道要使用多少个集群？这种情况下，要真正正确地理解数据的唯一方法就是使用所有数据。但是，诸如 Seaborn 和 Matplotlib 的绘图库不能很好地处理那些扩展到成千上万个数据点的数据集，

那么我们如何在不使用任何降低采样的情况下可视化这种大小的数据集呢？这正是 Datashader 的闪耀之处。在开始之前，请简要看一下图 8.1，该图显示了我们在工作流程中所取得的进展。

图 8.1　本书的学习路线图

在本章中，我们将介绍工作流程的"探索性分析"以及"假设表述和检验"步骤，并介绍另一种可视化分析数据的方法。与第 7 章中使用 prepare-reduce-collect-plot 模式在 Seaborn 进行绘制之前对数据进行降低采样不同，我们将看看如何使用 Datashader 直接绘制在 Dask DataFrame 中存储的数据。具体来说，我们将研究如何使用 Datashader 在地图上绘制基于地理位置的数据。

8.1　什么是 Datashader？它是如何工作的？

Datashader 是 Python 开放数据科学栈中一个较新的库，其创建目的是产生庞大数据集的有意义可视化效果，不同于我们使用 Seaborn 的工作，在绘制前，需要 Dask 来实现一个降低采样的 Pandas DataFrame，而 Datashader 的绘图方法直接接受 Dask 对象，并可充分利用分布式计算的优势。Datashader 可生成任何基于网格的可视化效果：散点图、折线图、热图等。让我们看一下 Datashader 用于渲染图像的五步传递，以了解其工作原理。

在开始之前，我们先获取一些数据进行处理。遗憾的是，NYC OpenData 并未在纽约市停车罚单数据集中发布每个停车引用的确切纬度/经度坐标。因此，我们将转向纽约市公开数据上提供的另一个中型数据集，它具有详细的位置数据：纽约市的 311 服务呼叫数据库。311 服务呼叫是市民向纽约市的一个非紧急服务部门报告重要问题的途径，例如路灯熄灭或道路形成坑洼。这个数据集包含从 2010 年初到现在的所有报告问题的记录，并定期更新。作为本章的推动方案，我们将使用这些数据来回答以下问题：

使用 NYC 311 服务呼叫数据集，我们如何根据位置显示服务呼叫的频率，并将这些数据绘制在地图上，以找到常见的出现问题的区域？

可以在以下位置找到下载数据的链接：https://data.cityofnewyork.us/Social-Services/311-Service-Requests-from-2010-to-Present/erm2-nwe9。要以 CSV 格式导出数据，请单击右上角的 Export 按钮，然后选择 CSV。另外，在继续操作之前，

请确保已安装了 datashader、holoviews 和 geoviews 软件包。holoviews 和 geoviews 是 Datashader 的依赖项，必须安装 holoviews 和 geoviews 才能使本章中的代码正常运行。Datashader 使用这两个库进行交互式地图类型的可视化。安装说明可在附录中找到。下载数据后，导入必要的程序包并加载数据。

代码清单 8.1　加载数据和导入

```
import dask.dataframe as dd
from dask.diagnostics import ProgressBar
import os
import datashader
import datashader.transfer_functions
from datashader.utils import lnglat_to_meters
import holoviews
import geoviews
from holoviews.operation.datashader import datashade

os.chdir('/Users/jesse/Documents')    ← 设置工作目录

nyc311_geo_data = dd.read_csv('311_Service_Requests_from_2010_to_Present.
   csv', usecols=['Latitude','Longitude'])
```

仅读取 311 服务请求的纬度和经度数据

代码清单 8.1 包含了所有入门的标准步骤：导入本章中使用的软件包，设置工作目录并读取数据。唯一需要特别注意的是，我们现在仅引入 Latitude 和 Longitude 列。为此，我们将使用你在第 4 章中了解到的 usecols 参数。我们现在不需要任何其他列。

8.1.1　Datashader 渲染流程的五个阶段

有了数据和数据包后，我们继续介绍 Datashader 的工作原理。Datashader 用来渲染图像的五个阶段是：
- 投影
- 聚合
- 转换
- 颜色映射
- 嵌入

第一步 "投影" 建立 Canvas，Datashader 将在其上绘制图像。这包括选择图像大小(如 800 像素×600 像素)，在 x 和 y 轴上绘制的变量以及变量的范围，这些变量用于将可视化效果集中在 Canvas 上。Canvas 对象的详细结构如图 8.2 所示。

为创建 Canvas 对象，我们调用 Canvas 的构造函数并传递相关的参数，如下所示。这个代码没有任何输出，因为我们正在创建的 Canvas 对象只是一个用于保存可视化效果的容器。

代码清单 8.2　创建一个 Canvas 对象

```
x_range = (-74.3, -73.6)
y_range = (40.4, 41)
scene = datashader.Canvas(plot_width=600, plot_height=600, x_range=x_range,
    y_range=y_range)
```

这些参数对于构造函数来说应该都是不言自明的：图的宽度和高度决定了将要生成的图像的大小(以像素为单位)，x 和 y 范围参数设置了网格的边界。在这里，我们选择了一些大致与纽约市周边地区相对应的地图坐标。请记住，经度通常沿 x 轴绘制，而纬度通常沿 y 轴绘制。如果曾经用过数据集，但并不确定要使用的坐标范围，则可以使用在第 6 章中学到的聚合函数来计算每列的最小值/最大值。

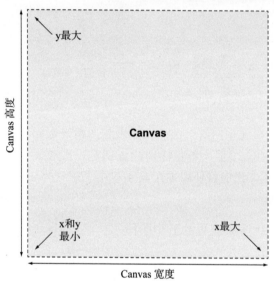

图 8.2　Canvas 对象的可视化表示

Datashader 绘制管道的第二步是"聚合"。但为什么 Datashader 要聚合数据呢？Datashader 所使用的"聚合"与我们过去所说的聚合有一点不同。当我们谈论聚合时，我们指的是特定于域的聚合，例如按车辆年份对停车引用进行分组。在所有情况下，我们执行的聚合都是沿着数据中包含的特定维度进行的。另一方面，Datashader 将数据聚合到表示屏幕上像素的存储桶中。你的数据所使用的坐标系被映射到图像的像素区域，驻留在这些存储桶中的所有数据点都将应用聚合函数(例如求和或求平均值)。例如，如果每个像素恰好代表纬度/经度的 1/100，则 100×100 的图像将覆盖 1 平方度的区域。在北纬 40 度时，1 经度等于 53 英里，在纬度上等于 69 英里。这意味着，如果生成一个 100×100 的纽约市周边区域的图像，则屏幕上的每个像素将代表大约 36.5 平方英里。这是一个相当低的分辨率，因为 36.5 平方英里区域中的所有 311 服务呼叫都将被汇总在一起。图 8.3 演示了 Datashader 是如何执行聚合的。

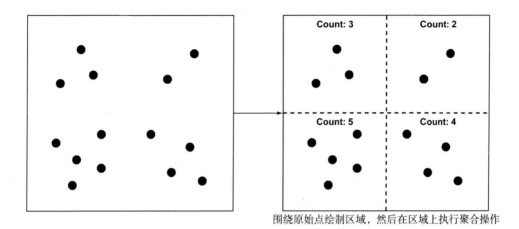

图 8.3 "聚合"操作在原始点周围绘制区域,在区域上执行聚合;
每个区域类似于最终图像上的一个像素

幸运的是,Datashader 会根据你在"投影"步骤中指定的宽度/高度和范围选项执行所有这些映射和聚合。小范围和大图像将生成空间的高分辨率图像,而大范围和小图像将生成空间的低分辨率图像。考虑到我们在代码清单 8.2 中指定的范围和大小,可以预期图像的每个像素代表约 120 000 平方英尺,大约是纽约市标准城市街区面积的一半。因此,我们现在需要做的就是告诉 Datashader 应当使用哪些数据。

代码清单 8.3 定义聚合

```
aggregation = scene.points(nyc311_geo_data, 'Longitude', 'Latitude')
```

这个调用非常简单,因为我们不必对数据执行任何进一步转换。我们只是在告诉 Datashader 将数据保存在 nyc311_geo_data DataFrame 中,在 x 轴上绘制经度,在 y 轴上绘制纬度。由于我们尚未规定其他合计方法,如求和、均值等,因此 Datashader 只计算每个像素中的点数。因此,对于这里的示例,Datashader 计算的是在纽约市每 120 000 平方英尺内产生的 311 个服务呼叫的数量。

Datashader 管道的第三步是"转换"。在本示例中,由于我们只需要进行简单的计数,因此不必对数据进行任何转换,但需要注意,我们刚才在前面的代码中创建的聚合对象是一个简单的 xarray 对象,它表示 Canvas 对象中定义的像素空间。这意味着可对它执行任何类型的数组转换,例如过滤出一定百分比的像素,将数组乘以另一个数组,或者执行任何形式的线性代数转换。在这个特定示例中,数组为 600×600,它既包含与在该特定区域中发生的服务调用相关的值,又包含映射回原始纬度/经度坐标的值。

在图 8.4 中,可以看到像素 300,300 的值。值 140 并不表示该区域中服务调用的数量。相反,该值表示该区域与地图上所有其他区域相比发生的服务呼叫数量的相对等级。值 0 表示该区域中没有服务呼叫,且值在服务呼叫发生更频繁的区域中增加。这个数字在接下来非常重要。

第四步是"颜色映射"。在此步骤中,Datashader 采用在"聚合"步骤中计算的相对值并将它们映射到给定的调色板。在此示例中,我们使用默认的调色板,范围从白色到深蓝色。基础数组中的值越高,蓝色阴影越深。这种颜色映射最终传达了我们想了解的信息。图 8.5 演示了 Datashader 如何执行颜色映射步骤。

第五步也是最后一步是"嵌入"。这一步 Datashader 使用在聚合步骤中计算出的信息以及颜色图渲染最终图像。为了触发最终渲染,我们在聚合对象上使用 shade 方法。如果要使用其他颜色图(如红色到蓝色),则可以使用 cmap 参数指定颜色。嵌入效果如图 8.6 所示(注意,本书是黑白印刷,无法准确显示颜色,后同)。

代码清单 8.4　渲染最终图像

```
image = datashader.transfer_functions.shade(aggregation)
```

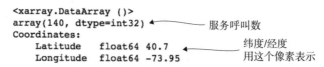

图 8.4　位于 300,300 像素的内容

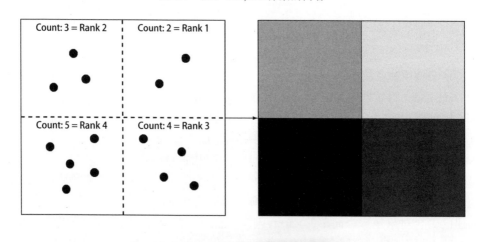

图 8.5　颜色映射将排名值转换为颜色

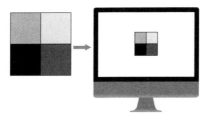

图 8.6 嵌入导致在屏幕上呈现最终图像

8.1.2 使用 Datashader 进行可视化

回顾一下，这是完整代码。

代码清单 8.5　用完整的代码生成的第一个 Datashader 可视化

```
with ProgressBar():
    x_range = (-74.3, -73.6)
    y_range = (40.4, 41)
    scene = datashader.Canvas(plot_width=600, plot_height=600,
        x_range=x_range, y_range=y_range)
    aggregation = scene.points(nyc311_geo_data, 'Longitude', 'Latitude')
    image = datashader.transfer_functions.shade(aggregation)
```

将数据投影并聚合到格子中
为 plot(绘图)创建一个 Canvas 对象
进行颜色映射并渲染完整图像

请注意，我们已经像往常一样将代码与 Dask 相关的代码包装在 ProgressBar 上下文中。Datashader 实际上正在使用 Dask 生成聚合，因此可以观察聚合的进度！如果检查剩下的图像对象，应该会看到类似于图 8.7 的内容。

图 8.7　Datashader 图像的输出

这太令人兴奋了！我们仅在几秒钟内就绘制了大约 1600 万个数据点。如果熟悉纽约市的地理位置，应该立即认出这个城市的形状。如果没有，那么也没关系——由于我们在坐标系中拥有位置数据，因此可以把这个可视化效果叠加在地图上，帮助找出自己的位置。你可能还对如何专注于城市的特定地区而感到好奇。图片中最左上的岛屿是曼哈顿岛，它是纽约市人口最稠密的地区之一。整个岛上的阴影都被深深遮盖着是有道理的：这与更多的人和更多的城市服务需求相关。实际上，唯一没有阴影的区域是岛中央的白色矩形，这是纽约市著名的中央公园。也许我们只想关注曼哈顿下城区，并找出问题所在城市的具体地区。在下一节中，我们将介绍如何进行可视化交互，从而能够在城市中平移和缩放。我们还将添加一些地图块，以便更好地了解所处的位置。在继续之前，让我们回顾一下Datashader的五个绘制阶段。表8.1列出了每个阶段的摘要。

表 8.1　Datashader 的五个绘图阶段

状　态	说　明
投影	创建一个容器(画布)以将可视化图绘制到上边
聚合	在同一"区域"(坐标/位置)内对数据进行分组
转换	在聚合值上应用数学变换
颜色映射	将原始值转换为要在屏幕上绘制的颜色阴影
嵌入	在画布上渲染最终图像

8.2　将位置数据绘制为交互式热图

在进行可视化交互之前，我们应该考虑渲染每个图像所需的时间。任何平移或缩放都会动态更改在上一节中手动设置的 x 范围和 y 范围值。这将需要重新渲染整个图像。渲染新图像所需的时间越长，交互式功能的用途就越少，因此我们将尽可能减少处理时间。建议将使用的数据以 Snappy 压缩格式存储为 Parquet 格式，这两种内容我们都已在第 5 章中介绍过！我们将继续将数据从 CSV 转换为 Parquet。不过，我们还有一件事要考虑。我们还希望在地图上覆盖原来的热图，这样就能知道我们在看城市的哪个地区。另一个名为 geoviews 的库允许你执行这个操作。geoviews 使用坐标数据从第三方映射服务中获取地图图块。

8.2.1　准备用于地图平铺的地理数据

地图图块是投影在网格上的地图块。例如，一块平铺(tile)可能代表曼哈顿的一平方英里，并包含该平方英里内的所有道路和地形特征。就像我们在 Datashader 中的数据一样，tile 的大小和区域也基于画布的范围和大小。这些平铺是由映射服务提供的，映射服务使用 Web API 来交付必要的平铺。但是，大多数映射服务不会按纬度/经度坐标索引映射平铺。相反，使用称为 Web Mercator 的不同坐标系。Web Mercator 只是另一种网格坐标系，但要生成正确的图像，需要将纬度/经度坐标转换为 Web Mercator 坐标。幸运的是，geoviews 提供了一种实用程序方法，可以自动完成此转换。我们将在坐标上运行转换，然后将转换后的坐标保存到 Parquet。

代码清单 8.6　为地图平铺准备数据

```
with ProgressBar():
    web_mercator_x, web_mercator_y =
     lnglat_to_meters(nyc311_geo_data['Longitude'], nyc311_geo_data['Latitude'])
    projected_coordinates = dd.concat([web_mercator_x, web_mercator_y],
     axis=1).dropna()
    transformed = projected_coordinates.rename(columns={'Longitude':'x',
     'Latitude': 'y'})
    dd.to_parquet(path='nyc311_webmercator_coords', df=transformed,
     compression="SNAPPY")
```

通过列轴将两个序列连接到一块；这里会收到一个警告，但是由于连接是基于索引的，没有问题

将结果保存为 Parquet 格式便于数据的快速访问

对 X 和 Y 序列进行重命名

将经纬度坐标转换成 Web Mercator 坐标；这个结果是两个独立的序列，一个 x 坐标值，一个是 y 坐标值

在代码清单 8.6 中，我们使用 lnglat_to_meters 方法将纬度/经度坐标转换为 Web Mercator 坐标。这个特殊方法采用两个输入对象(x 和 y)，并将转换后的 x 和 y 作为两个单独的对象输出。它可以接受 Dask Series 对象，而不必先将其收集并具体化为 Pandas Series，因此我们只需要将原始 DataFrame 的经度列作为 x 值，将原始 DataFrame 的纬度列作为 y 值传递。

我们希望将这些值一起保存在 DataFrame 中，因此我们将使用第 5 章中了解到的 concat 方法。但这次，我们将使用它沿列轴(轴 1)进行串联，而不是使用它来合并两个 DataFrame。你会收到一条警告，告诉你 Dask 假设两个系列之间的索引都对齐，但这种情况下可以忽略它，因为 web_mercator_x 和 web_mercator_y 是按相同的顺序创建的，因此它们的索引会自然对齐。我们还将使用第 4 章中用过的 dropna 方法删除任何没有有效坐标的行。最后，为方便起见，将列重命名为 x 和 y，并将结果保存到 Parquet 文件中。

8.2.2　创建交互式热图

代码清单 8.7　创建交互式视图

```
#读入 parquet 数据
nyc311_geo_data = dd.read_parquet('nyc311_webmercator_coords')
#打开 holoviews 中的 bokeh 扩展
holoviews.extension('bokeh')
#设置一个 stamen map API,其中 Z 表示放大级别，X 是 web_mercator_x 坐标，Y 是 web_
  mercator_y 坐标
stamen_api_url = 'http://tile.stamen.com/terrain/{Z}/{X}/{Y}.jpg'
#设置显示选项
plot_options = dict(width=900, height=700, show_grid=False)
#使用指定的 API url 创建一个新的 Web Mercator tile_provider
tile_provider = geoviews.WMTS(stamen_api_url).opts(style=
    dict(alpha=0.8),plot=plot_options)
points = holoviews.Points(nyc311_geo_data, ['x', 'y'])
#将 x 和 y 点画在一个网格上
service_calls = datashade(points, x_sampling=1, y_sampling=1,
```

```
            width=900,height=700)
#输出热图
            tile_provider * service_calls
```

在代码清单 8.7 中,我们首先读取刚保存到会话中的 Parquet 数据。接下来,需要在 holoviews 中激活 bokeh 扩展。这两个软件包管理着可视化的交互部分,但是我们不需要更改任何东西即可立即使用所有内容。我们将使用的地图平铺提供商来自一家名为 Stamen 的公司,该公司维护在 OpenStreetMap 项目下创建的开源街道地图数据的存储库。我们会将 API 的 URL 存储在一个变量中,以便地图平铺提供程序对象可在以后使用它。接下来,将为可视化定义一些显示参数,指定图像区域的宽度和高度。然后,我们使用 geoviews.WMTS 构造函数创建地图平铺提供程序对象。此对象用于调用 API url,并在需要更新图像时获取正确的地图平铺。需要做的就是传递 URL 变量。我们已将此调用与 opts 方法链接在一起以设置显示选项。然后,我们使用 holoviews.Points 函数创建热图,该函数与上一节中使用的 scene.points 方法非常相似。另外,不使用 datashader.transfer_functions .shade 生成图像,而是使用 holoviews 中的 datashade 函数。这样 holoviews 可以在我们使用 bokeh 小部件平移/缩放时不断更新图像。最后一行将所有内容联系在一起。尽管乘法运算符似乎有些奇怪,但这是如何将两层折叠在一起以生成最终图像的方式。这还将启动 bokeh 小部件并呈现第一张图像。你应该看到类似于图 8.8 的内容。

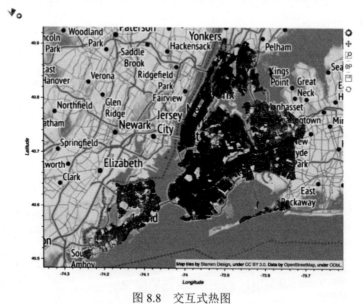

图 8.8 交互式热图

如你所见,我们已经把热图覆盖在纽约市的地图上,所有内容都完美地排列在一起!还要注意,地图外部边缘有"纬度"和"经度",右上角具有控件以启用平移和缩放。图 8.9 显示了曼哈顿最南端的放大图像。

图 8.9　放大进入曼哈顿的南部一角

可以看到，随着我们的放大，图像会随着地图图块一起更新。以新的缩放级别重新渲染图像需要不到一秒钟的时间。还可以看到，相对于我们放大的区域，有些区域的服务呼叫数量要多于其他区域。例如，许多服务呼叫都是在百老汇沿线发生的，但某些小巷(例如 9 月 11 日国家纪念馆附近)发生的服务呼叫却很少。可以在城市各处平移和缩放，以探索问题区域。

8.3　本章小结

- Datashader 可用于生成大型数据集的准确图像而不必减少(缩减)采样。
- 每个 DataShader 对象都包含一个 Canvas、一个聚合和一个传递函数。
- DataShader 可视化总数基于 Canvas 区域中的像素数量进行汇总，它们的分辨率是动态的，允许你"放大"图形上的特定区域。
- holoviews、geoviews 和 bokeh 可与 Datashader 一起使用，以生成具有地图平铺的交互式可视化效果。
- 使用地图平铺提供程序将地图平铺覆盖在网格上。如果你的数据具有经度/纬度坐标，则应首先将它们转换为 Web Mercator 坐标。

第III部分

扩展和部署Dask

在第III部分中,我们将学习一些 Dask 高级应用,本部分包括处理非结构化数据、机器学习和在云中部署 Dask。这些都是很好的主题,因为到目前为止,你应该对 Dask 范式相当满意。同样,所有章节都基于现实世界的数据集和你在任何数据科学项目中可能遇到的常见任务。

第 9 章讨论如何使用 Dask Bag(标准 Python 列表的并行实现)和 Dask Arrays(NumPy Arrays 的并行实现)来处理更复杂的非结构化数据集。我们将介绍一些集合的高级操作,例如对 JSON 格式的文本数据执行 map、fold 和 reduce 操作。

第 10 章演示如何使用 Dask ML API 构建并行的 scikit-learn 模型。这对于从庞大数据集构建模型非常有用,因为在该模型中训练时间可能过长,而且将工作扩展到许多不同机器上可有效地加快训练过程。

第 11 章涵盖了两个主题:如何使用 Docker 和 AWS 在云中运行 Dask,以及如何在集群模式下运行 Dask。该章分步介绍如何在 AWS 环境下配置 Dask,然后演示如何在集群上运行代码和监控代码的执行。

第 9 章

使用Bag和Arrays

本章主要内容：
- 使用 Bag 读取、转换和分析非结构化数据
- 从 Bag 中创建 Arrays 和 DataFrame
- 从 Bag 中提取和过滤数据
- 使用 fold 和 reduce 函数对 Bag 中元素进行合并和分组
- 使用 Bag 结合 NLTK(Natural Language Toolkit，自然语言工具包)对大规模文本数据集进行文本挖掘

本书的大部分内容着重于介绍如何使用 DataFrame 分析结构化数据，但是如果不提及另外两个高级 Dask API：Bag 和 Arrays，我们对 Dask 的学习将是不完整的。如果你的数据不能很好地适合表格模型，那么 Bag 和 Arrays 可以提供更大的灵活性。DataFrame 仅限于二维(行和列)，但 Arrays 可以具有很多维。Arrays API 还为某些线性代数、高等数学和统计运算提供了附加功能。但 DataFrame 中涵盖的大部分内容也适用于 Arrays，正如 Pandas 和 NumPy 有许多相似之处。实际上，你可能从第 1 章回忆起，Dask DataFrame 是并行化的 Pandas DataFrame，Dask Arrays 是并行化的 NumPy 数组。

另一方面，Bag 与其他 Dask 数据结构不同。Bag 是非常强大且灵活，因为它可以并行化处理常规集合，如 Python 内置的 List 对象。与具有提前定义的形状和数据类型的 Arrays 和 DataFrame 不同，Bag 可容纳任何 Python 对象，无论它们是自定义类还是内置类型。这样 Bag 就可以包含非常复杂的数据结构(例如原始文本或嵌套的 JSON 数据)，并轻松访问它们。

对于数据科学家来说，处理非结构化数据变得越来越普遍，尤其是那些独立

工作或没有专门数据工程师的小型团队中的数据科学家。

在图 9.1 中，以两种不同方式展示了相同的数据：上半部分将产品评价的一些示例显示为具有行和列的结构化数据，下半部分将原始评价文本显示为非结构化数据。如果只关心客户的姓名，他们购买的产品以及他们是否很满意，结构化数据一目了然地为我们提供了这些信息，没有任何歧义。

结构化数据

Customer name	Product	Satisfied?
Bob	Dog food	Yes
Mary	Chocolate	No
Joe	Chocolate	Yes

非结构化数据

```
My name is Mary, and I made my first
purchase with your store last week.
I bought some chocolate and did not
like the flavor. It was too sweet
for me. Shipping was fast and
convenient, so I would be willing to
buy again if more types of chocolate
were available.

I bought some food for my dog
Patches, and she really seemed to
enjoy it. Thanks, Bob.
```

图 9.1 结构化和非结构化数据的示例

Customer name 列中的每个值始终都是客户名，相反，原始文本的长度、书写方式和 free-form nature 各不相同，使得不清楚哪些数据与分析相关，并且需要某种解析和解释才能提取出相关数据。在第一条评论中，评论者的名字(Mary)是评论的第 4 个单词。但第二条评论中在末尾加上了他的名字(Bob)。这些不一致导致使用诸如 DataFrame 或 Arrays 的刚性数据结构来组织信息变得困难。相反，Bag 的灵活性真正体现在这里：DataFrame 或 Arrays 始终具有固定数量的列，而 Bag 可以包含字符串、列表或其他任何长度可变的元素。

实际上，分析从 Web API 爬取的文本数据是涉及使用非结构化数据的典型用例，这些文本数据的例子有产品评论、推文、Yelp 和 Google Reviews 等服务的评级。因此，我们将逐步介绍一个使用 Bag 解析和准备非结构化文本数据的示例；然后研究如何将数据从 Bag 映射和导出到结构化数据。

图 9.2 是我们熟悉的工作流程图，但可能有点令人惊讶，因为我们已退回到前三个任务！由于我们着手处理一个新的问题和数据集，而不是从第 8 章开始继续学习，因此我们将回顾数据处理的前三个步骤，这次重点是非结构化数据。第 4 章和第 5 章介绍的许多概念都是相同的，但是我们将研究当数据不是 CSV 等表格格式时，如何在技术上实现相同的结果。

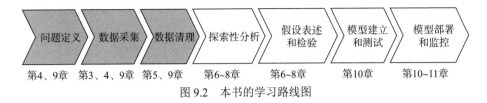

图 9.2 本书的学习路线图

作为本章的第一个示例,我们将看一下来自斯坦福大学的网络分析项目的一组关于亚马逊产品的评论。该数据集的下载地址为 https://goo.gl/yDQgfH。要了解该数据集的更多信息,请参阅 McAuley 和 Leskovec 的论文 From Amateurs to Connoisseurs: Modeling the Evolution of User Expertise through Online Reviews(斯坦福大学,2013 年)。

9.1 使用 Bag 读取和解析非结构化数据

下载数据后,需要做的第一件事就是正确读取并解析数据,以便你轻松对数据进行操作。我们介绍的第一个场景是:

使用 Amazon Fine Foods Reviews 数据集,确定其数据格式,然后将数据解析为 Bag 字典。

这个特定的数据集是纯文本文件。可以使用任何文本编辑器将其打开,然后开始了解文件的结构。Bag API 提供了一些方便的方法来读取文本文件。除纯文本外,Bag API 还可读取 Apache Avro 格式的文件,这是一种常用的二进制格式的 JSON 数据,通常以.avro 为文件扩展名。read_text 方法用于读取纯文本文件,并且只有几个参数。最简单的调用方式只需要传入一个文件名。如果想将多个文件读入一个 Bag,可传入一个文件名的列表或带有通配符的字符串(如* .txt)。这种情况下,文件名列表中的所有文件应具有相同类型的信息。例如一段时间内收集的日志数据,其中一个文件表示一天的事件日志。read_text 函数本身也支持大多数压缩算法(如 GZip 和 BZip),因此可读取磁盘上的压缩文件。某些情况下,数据压缩可减少机器的 I/O 子系统的负载来显著提高处理性能,因此通常是个好主意。让我们看一下 read_text 函数会返回什么。

代码清单 9.1 将数据读入一个 Bag

```
import dask.bag as bag
import os

os.chdir('/Users/jesse/Documents')
raw_data = bag.read_text('foods.txt')
raw_data

# Produces the following output:
```

```
# dask.bag<bag-fro..., npartitions=1>
```

你可能已经预料到了，read_text 操作会生成一个延迟对象，直到我们实际对其执行计算操作后，该对象才会返回结果。Bag 的元数据表示它将在一个分区中读取全部数据。由于此文件很小，因此可能没问题。但是，如果想手动增加并行度，则 read_text 也采用一个可选的 blocksize 参数，该参数可让你指定每个分区的大小(以字节为单位)。例如，要将大约 400MB 的文件分成 4 个分区，可以指定 100 000 000 字节的块大小，相当于 100MB。这将导致 Dask 将文件分为 4 个分区。

9.1.1 从 Bag 中选择和查看数据

现在，我们已经根据数据创建了一个 Bag，让我们看一下数据。可用 take 方法来查看 Bag 中的小部分数据，类似于 DataFrame 的 head 方法。只需要指定需要查看元素数目，Dask 将输出相应结果。

代码清单 9.2   查看一个 Bag 中的元素

```
raw_data.take(10)

# Produces the following output:
'''('product/productId: B001E4KFG0\n',
 'review/userId: A3SGXH7AUHU8GW\n',
 'review/profileName: delmartian\n',
 'review/helpfulness: 1/1\n',
 'review/score: 5.0\n',
 'review/time: 1303862400\n',
 'review/summary: Good Quality Dog Food\n',
 'review/text: I have bought several of the Vitality canned dog food products
    and have found them all to be of good quality. The product looks more like
    a stew than a processed meat and it smells better. My Labrador is finicky
    and she appreciates this product better than  most.\n',
 '\n',
 'product/productId: B00813GRG4\n')'''
```

从代码清单 9.2 的结果可以看到，Bag 的每个元素代表文件中的一行。但是，这种结构对于我们分析来说是存在问题的。在某些元素之间存在明显的关系。例如，显示的评论/评分元素是针对其前面的产品 ID(B001E4KFG0)的。但是由于这些元素在结构上没有关系，很难执行类似计算产品 B001E4KFG0 的平均评分这样的操作。因此，我们应该通过增加一些结构，将相关联的元素聚合为一个对象。

9.1.2 常见的解析错误和解决办法

读取文本数据时出现的一个常见问题是，确保数据读取时与写入时使用相同的字符编码。字符编码用于将以二进制形式存储的原始数据映射为人类可以识别的符号字母。例如,大写字母 J 的 UTF-8 二进制编码为 01001010。如果使用 UTF-8 解码的文本编辑器打开文本文件,在文件中所有遇到 01001010 的位置,它将先转换为字母 J 显示在屏幕上。

使用正确的字符编码可确保正确读取数据,并且你不会看到乱码。默认情况下,read_text 函数假定数据使用 UTF-8 编码。由于 Bag 本质上是 lazy 的,因此不会提前检查此假设的正确性,这意味着当你对整个数据集执行计算时可能会被告知存在问题。例如,如果想计算 Bag 中的元素总数,需要使用 count 功能。

代码清单 9.3   在对 Bag 中的元素进行计数时抛出一个编码错误

```
raw_data.count().compute()

# Raises the following exception:
# UnicodeDecodeError: 'utf-8' codec can't decode byte 0xce in position 2620:
    invalid continuation byte
```

这里的 count 函数看起来与 DataFrame API 中的 count 函数完全一样,报错并抛出了 UnicodeDecodeError 异常。这说明该文件可能是由于未使用 UTF-8 编码而无法解析。如果文本使用了非英文字母的字符(如重音标志、汉字、平假名和阿拉伯字母)。如果可从文件生成者那里获得文件的字符编码,只需要将 read_text 函数中 encoding 参数指定为该编码即可。如果无法得知该文件的编码方式,需要进行反复试验才能确定该文件使用哪种编码。可首先使用 cp1252 编码进行尝试,这是 Windows 系统的标准编码方式。实际上,此示例数据集是使用 cp1252 编码的,因此可以指定 read_text 函数使用 cp1252 编码,然后再次尝试 count 操作。

代码清单 9.4   更改 read_text 函数的编码方式

```
raw_data = bag.read_text('foods.txt', encoding='cp1252')
raw_data.count().compute()

# Produces the following output:
# 5116093
```

这次,该文件可以被正确解析,我们发现该文件大约包含 511 万行。

9.1.3   使用分隔符

解决编码问题后,让我们看看如何添加所需的结构将每条评论的属性组合在一起。由于我们正在处理的文件仅是一长串文本数据,可在文本中寻找可能有用的模式(pattern)用于将文本分为逻辑块。图 9.3 显示了一些提示,列出了文本中的一些有用模式。

```
'review/summary: Good Quality Dog Food\n',
 'review/text: I have bought several of the Vitality canned dog food
products and have found them all to be of good quality. The product looks
more like a stew than a processed meat and it smells better. My Labrador is
finicky and she appreciates this product better than  most.\n',
 '\n',
 'product/productId: B00813GRG4\n')'''
```

——————— 评论之间用两个换行符来分隔 ———————

图 9.3　一个可将文本切割成单条评论的模式

在这个示例中，数据集的作者在不同的评论之间使用了两个换行符(\n)。可将此模式用作分隔符将文本分成多个块，其中每个文本块都包含评论的所有属性，如产品 ID、评分、评论文字等。我们将需要使用 Python 标准库中的一些函数来手动解析文本文件。需要避免将整个文件读入内存。尽管此文件可轻松地放入内存中，但当你处理一个超过机器内存大小的文件时，将不能将其读入内存。因此，我们将使用 Python 的文件迭代器来一次性读取一小块文件，在缓冲区中的文本中搜索所需的定界符，在文件中找到每个评论开始和结束的地方，然后在缓冲区查找下一次评论。我们将获得一个延迟对象列表，这些对象包含了指向一条评论开始和结束的指针，可进一步将其解析为一个键值对字典。整个处理过程如图 9.4。

首先定义一个函数，该函数在文件的一部分搜索指定的分隔符。使用 Python 的文件处理系统，可以指定数据流的起始和结束位置(以字节为单位)。例如，文件的开头是字节 0，下一个字符是字节 1，以此类推。我们一次加载一个文件块，而不是将整个文件存储到内存中。例如，可以加载从字节 5000 开始的 1000 字节数据。我们加载到内存中的 1000 字节的数据称为缓冲区。可以将缓冲区中的原始字节解码为字符串对象，然后就可以使用 Python 提供的所有字符串函数了，如 find、strip、split 等。由于在此示例中的缓冲区空间只有 1000 字节，这几乎是我们产生的所有内存开销。

函数的功能有：

(1) 接受一个文件句柄、一个起始位置(例如字节 5000)和缓冲区大小。
(2) 然后将数据读入缓冲区并在缓冲区中搜索定界符。
(3) 如果找到，则应返回定界符相对于开头的位置。

但是，如果还需要处理的一条评论的长度超过缓冲区大小，将导致找不到分隔符。

如果发生这种情况，代码应通过反复读取下一个 1000 字节直到找到定界符，来继续扩大缓冲区的搜索空间。

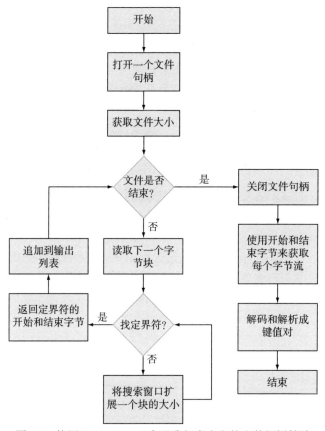

图 9.4 使用 Dask delayed 实现我们自定义的文件解析算法

这个函数如下所示。

代码清单 9.5　一个用于在文件句柄中找到下一个定界符的函数

```
from dask.delayed import delayed

def get_next_part(file, start_index, span_index=0, blocksize=1000):
    file.seek(start_index)
    buffer = file.read(blocksize + span_index).decode('cp1252')
    delimiter_position = buffer.find('\n\n')
    if delimiter_position == -1:
        return get_next_part(file, start_index, span_index + blocksize)
    else:
        file.seek(start_index)
        return start_index, delimiter_position
```

#确保文件句柄指向正确的开始位置

#读取下一个字节块，解码成字符串，搜索定界符

#如果没找到定界符(find 返回-1),递归调用 get_next_part 函数检索下一个字节块

给定文件句柄和起始位置，此函数将查找下一次出现的分隔符。如果在缓冲区中找不到分隔符，将当前缓冲区的大小加到 span_index 参数中，递归调用 get_next_part。如果定界符搜索失败，则窗口将继续扩展。第一次调用该函数时，

span_index 将为 0。默认的块大小为 1000，这意味着该函数将读取起始位置之后的下一个 1000 个字节(块大小 1000+span_index 0)。如果查找失败，则在 span_index 增加 1000 后再次调用该函数。然后它将搜索起始位置之后的 2000 字节(1000 个块大小+1000 个 span_index)。如果查找继续失败，搜索窗口将继续扩展 1000 字节，直到最终找到定界符或到达文件末尾。图 9.5 显示了该过程的直观说明。

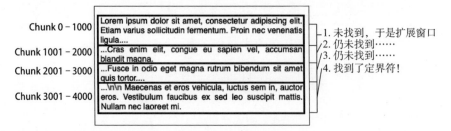

图 9.5　递归检索定界符的原理示意图

要在文件中查找到所有定界符，需要循环调用此函数，迭代所有的文件块直至到达文件末尾。为此，我们将使用 while 循环。

代码清单 9.6　查找定界符的所有实例

```
with open('foods.txt', 'rb') as file_handle:
    size = file_handle.seek(0,2) - 1
    more_data = True
    output = []
    current_position = next_position = 0
    while more_data:
        if current_position >= size:
            more_data = False
        else:
            current_position, next_position = get_next_part(file_handle,
            current_position, 0)
            output.append((current_position, next_position))
            current_position = current_position + next_position + 2
```

本质上，这段代码完成了四件事：
- 查找每条评论的起始位置和结束位置。
- 将所有这些位置保存到列表中。
- 将评论的字节位置分配给 worker。
- worker 根据评论的起始位置处理评论数据。

初始化一些变量后，我们进入循环，从文件头开始。每次找到分隔符时，当前位置都会指定到紧接分隔符位置之后。例如，如果第一个定界符从字节 627 开始，则第一条评论由字节 0 到 626 组成。字节 0 和 626 将添加到输出列表中，并且当前位置将变成 628。next_position 变量加上 2，是因为分隔符是两个字节(每个 \n 为 1 个字节)。由于分隔符不作为最终评论对象的一部分，我们将跳过它们。

搜索下一个定界符将从字节 629 处开始，该字节应该为下一条评论的第一个字符。这一直持续到文件末尾为止。到时我们有一个元组列表。每个元组中的第一个元素代表起始字节，第二个元素代表从起始字节后读取的字节数。元组列表如下所示：

```
[(0, 471),
 (473, 390),
 (865, 737),
 (1604, 414),
 (2020, 357),
 ...]
```

> **上下文管理器**
> 在 Python 中使用文件句柄时，最好使用上下文管理器，如代码清单 9.6 中的第一行代码 open(...) as file_handle :。Python 中的 open 函数要求，在完成文件的读写后，需要使用 close 方法显式地关闭文件。将代码放入上下文管理器中，Python 会在代码执行完毕后自动关闭打开的文件句柄。

在继续之前，请使用 len 函数查看一下输出列表的长度。列表应包含 568 454 个元素。

现在我们有了一个包含所有评论的字节位置的列表，需要将地址列表转换为实际评论的列表。为此，需要创建一个以起始位置和字节数作为输入的函数，在指定的字节位置读取文件，并返回已解析的评论对象。由于有成千上万条评论需要解析，因此可使用 Dask 加速这个过程。图 9.6 展示了如何将任务划分为多个 worker。

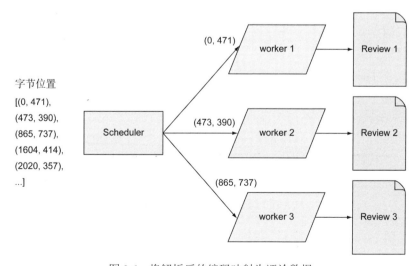

图 9.6　将解析后的编码映射为评论数据

实际上，地址列表将在 worker 之间分配；每个 worker 将打开文件，并在指定的字节位置解析评论。由于评论存储为 JSON，我们将为每个评论创建一个字典对象以存储其属性。评论的属性像这样：'review/userId：A3SGXH7AUHU8GW\n'，因此可利用以'：'结尾的每个键的模式将数据拆分为键值对。下一个代码显示了将执行此操作的函数。

代码清单 9.7　将字节流解析为下一个键值对的字典

```
使用传入的文件名创建文件句柄                        前移到传入的起始位置，缓存指定的字节数
    def get_item(filename, start_index, delimiter_position, encoding='cp1252'):
      ▶ with open(filename, 'rb') as file_handle:
            file_handle.seek(start_index) ◀
            text = file_handle.read(delimiter_position).decode(encoding)
      ▶ elements = text.strip().split('\n')
        key_value_pairs = [(element.split(': ')[0], element.split(': ')[1])
                            if len(element.split(': ')) > 1
                            else ('unknown', element)
                            for element in elements] ◀
        return dict(key_value_pairs)
将换行符用作分隔符来拆分字符串，            将模式用作分隔符,将每个原始属性解析
列出的每个属性有一个元素                    为键值对，将键值对的列表转换为字典
```

现在我们有了一个可以解析文件指定部分的函数，需要将这些指令实际发送给 worker，以便将分析代码应用于数据。现在将所有内容放在一起，并创建一个 Bag 包含所有已解析的评论内容。

代码清单 9.8　生成一个评论的 Bag

```
reviews = bag.from_sequence(output).map(lambda x: get_item('foods.txt',
  x[0], x[1]))
```

代码清单 9.8 中的代码做了两件事：首先使用 Bag 数组的 from_sequence 函数将字节地址列表转化成一个 Bag。这将创建一个 Bag，内容与原始地址列表相同，但现在允许 Dask 将 Bag 的内容交给 worker。接下来，调用 map 函数将每个字节地址元组转化为其所对应的评论对象。map 有效地将字节地址和 get_item 函数分发给 worker(请记住，当 Dask 以本地模式运行时，worker 是计算机上的独立运行的线程)。创建一个名为 Review 的新 Bag，当计算完成时，将输出已解析的评论。在代码清单 9.8 中，我们在 lambda 表达式使用了 get_item 函数，传入了一个固定的文件名，动态传入开始和结束字节地址。代码清单 9.8 的结果将显示一个 Bag 已被创建有 101 个分区。但是，从 Bag 中取出元素现在会导致完全不同的输出！

第 9 章 使用 Bag 和 Arrays

代码清单 9.9　从转换后的 Bag 中查看元素

```
reviews.take(2)

# Produces the following output:
'''({'product/productId': 'B001E4KFG0',
  'review/userId': 'A3SGXH7AUHU8GW',
  'review/profileName': 'delmartian',
  'review/helpfulness': '1/1',
  'review/score': '5.0',
  'review/time': '1303862400',
  'review/summary': 'Good Quality Dog Food',
  'review/text': 'I have bought several of the Vitality canned dog food
     products and have found them all to be of good quality. The product looks
     more like a stew than a processed meat and it smells better. My Labrador
     is finicky and she appreciates this product better than  most.'},
 {'product/productId': 'B00813GRG4',
  'review/userId': 'A1D87F6ZCVE5NK',
  'review/profileName': 'dll pa',
  'review/helpfulness': '0/0',
  'review/score': '1.0',
  'review/time': '1346976000',
  'review/summary': 'Not as Advertised',
  'review/text': 'Product arrived labeled as Jumbo Salted Peanuts...the
     peanuts were actually small sized unsalted. Not sure if this was an error
     or if the vendor intended to represent the product as "Jumbo".'})'''
```

现在，转换后的 Bag 中的每个元素都是一个字典，其中包含评论的所有属性！这将使我们的分析容易得多。此外，如果对转换后的 Bag 进行计数，也会得到完全不同的结果。

代码清单 9.10　统计转换后 Bag 中的元素个数

```
from dask.diagnostics import ProgressBar

with ProgressBar():
    count = reviews.count().compute()
count

# Produces the following output:
'''
[########################################] | 100% Completed |  8.5s
568454
'''
```

Bag 中的元素数量相比前面将原始文本切分成逻辑块数，大大地减少了。此数目与斯坦福的数据集官网上提供的评论数目是一致的，因此可以确定我们已正确解析了数据，没有遇到任何其他编码问题！现在数据要更容易处理一些，下面将介绍使用 Bag 处理数据的其他方法。

9.2 转换、过滤和合并元素

与 Python 中的列表和其他常规集合不同，Bag 不能使用下标访问数据，这意味着无法直接访问 Bag 的特定元素。这使得数据操作变得更具挑战性。

如果熟悉函数式编程或 MapReduce 风格的编程，这种思路自然而然。但是，如果经常习惯于使用 SQL、电子表格和 Pandas 的话，可能会有点不适应。如果是这种情况，请不要担心。通过一点实践，你也将开始转换视角来考虑数据操作!

我们接下来的目标是：

使用 Amazon Fine Foods 评论数据集，通过使用评论得分作为阈值将评论标记为正面或负面。

9.2.1 使用 map 函数转换元素

首先，我们将简单地获取整个数据集的所有评分。为此，我们将再次使用 map 函数。思考一下我们如何将一个评论的 Bag 转换到一个评论分数的 Bag，而不是考虑获得评论分数的方式。需要某个函数以一条评论对象(字典)作为输入并返回评论分数。如下所示。

代码清单 9.11 从一个字典中提取一个值

```
def get_score(element):
    score_numeric = float(element['review/score'])
    return score_numeric
```

这只是普通的 Python 代码。可将任何字典传递给此函数，如果该字典中包含 review/score 键，则将其键值强制转换为 float 类型并返回。如果使用此函数映射到我们的字典 Bag，它将把每个字典转换成一个包含相关评论分数的浮点数。这十分简单。

代码清单 9.12 获取评论的分值

```
review_scores = reviews.map(get_score)
review_scores.take(10)

# Produces the following output:
# (5.0, 1.0, 4.0, 2.0, 5.0, 4.0, 5.0, 5.0, 5.0, 5.0)
```

现在，review_scores Bag 包含所有原始评论分数。你创建的转换函数可以是任何有效的 Python 函数。例如，如果想根据评分将评论标记为正面或负面，则可使用与此类似的函数。

代码清单 9.13　将评论标记为正面或负面

```
def tag_positive_negative_by_score(element):
    if float(element['review/score']) > 3:
        element['review/sentiment'] = 'positive'
    else:
        element['review/sentiment'] = 'negative'
    return element

reviews.map(tag_positive_negative_by_score).take(2)

'''
Produces the following output:

({'product/productId': 'B001E4KFG0',
  'review/userId': 'A3SGXH7AUHU8GW',
  'review/profileName': 'delmartian',
  'review/helpfulness': '1/1',
  'review/score': '5.0',
  'review/time': '1303862400',
  'review/summary': 'Good Quality Dog Food',
  'review/text': 'I have bought several of the Vitality canned dog food
      products and have found them all to be of good quality. The product looks
      more like a stew than a processed meat and it smells better. My Labrador
      is finicky and she appreciates this product better than most.',
  'review/sentiment': 'positive'},    ←── 这条评论大于 3 分(5 分)，是正面的
 {'product/productId': 'B00813GRG4',
  'review/userId': 'A1D87F6ZCVE5NK',
  'review/profileName': 'dll pa',
  'review/helpfulness': '0/0',
  'review/score': '1.0',
  'review/time': '1346976000',
  'review/summary': 'Not as Advertised',
  'review/text': 'Product arrived labeled as Jumbo Salted Peanuts...the
      peanuts were actually small sized unsalted. Not sure if this was an error
      or if the vendor intended to represent the product as "Jumbo".',
  'review/sentiment': 'negative'})'''    ←── 这条评论小于 3 分(1 分)，是负面的
```

在代码清单 9.13 中，如果评分高于三颗星，则将其标记为正面。否则将其标记为否定。当我们从转换后的 Bag 中获取一些元素时，可以看到显示了新的 review/sentiment 元素。但请注意，由于我们正在为每个字典分配新的键值对，因此我们似乎已经修改了原始数据，但原始数据实际上并未改变。Bag 像 DataFrame 和 Arrays 一样，是不可变的对象。幕后发生的事情是，每个旧字典都被转换为带有附加键值对的副本，而原始数据保持不变。可通过查看原始 reviews Bag 来确认这一点。

代码清单 9.14　演示 Bag 的不可变性

```
reviews.take(1)

'''
Produces the following output:
```

```
({'product/productId': 'B001E4KFG0',
  'review/userId': 'A3SGXH7AUHU8GW',
  'review/profileName': 'delmartian',
  'review/helpfulness': '1/1',
  'review/score': '5.0',
  'review/time': '1303862400',
  'review/summary': 'Good Quality Dog Food',
  'review/text': 'I have bought several of the Vitality canned dog food
     products and have found them all to be of good quality. The product looks
     more like a stew than a processed meat and it smells better. My Labrador
     is finicky and she appreciates this product better than  most.'},)
'''
```

如你所见，review/sentiment 键在任何地方都找不到。与使用 DataFrame 一样，不变性可确保不会遇到任何数据丢失问题。

9.2.2 使用 filter 函数过滤 Bag

Bag 的第二个重要数据操作是过滤。尽管 Bag 无法提供一种轻松访问特定元素(如 Bag 中的第 45 个元素)的方法，但它们确实提供了一种搜索特定数据的简便方法。过滤器表达式是返回 True 或 False 的 Python 函数。filter 方法将过滤器表达式映射到 Bag 上，并且保留所有在计算过滤器表达式时返回 True 的元素。相反，舍弃过滤器表达式返回 False 的任何元素。例如，如果要查找产品 B001E4KFG0 的所有评论，则可创建一个过滤器表达式以返回该数据。

代码清单 9.15　搜索特定产品

```
specific_item = reviews.filter(lambda element: element['product/productId']
    == 'B001E4KFG0')
specific_item.take(5)

'''
Produces the following output:

/anaconda3/lib/python3.6/site-packages/dask/bag/core.py:2081:
    UserWarning: Insufficient elements for `take`. 5 elements requested, only
    1 elements available. Try passing larger `npartitions` to `take`.
 "larger `npartitions` to `take`.".format(n, len(r)))

({'product/productId': 'B001E4KFG0',
  'review/userId': 'A3SGXH7AUHU8GW',
  'review/profileName': 'delmartian',
  'review/helpfulness': '1/1',
  'review/score': '5.0',
  'review/time': '1303862400',
  'review/summary': 'Good Quality Dog Food',
  'review/text': 'I have bought several of the Vitality canned dog food
     products and have found them all to be of good quality. The product looks
     more like a stew than a processed meat and it smells better. My Labrador
     is finicky and she appreciates this product better than  most.'},)
'''
```

代码清单 9.15 返回了我们请求的数据，以及一条警告，指出 Bag 中的元素少于我们要求的数量，而且指定的产品只有一个评论。还可轻松地进行模糊匹配搜索。例如，可从中找到文本提及 dog 的所有评论。

代码清单 9.16　检索所有提及 dog 的评论

```
keyword = reviews.filter(lambda element: 'dog' in element['review/text'])
keyword.take(5)

'''
Produces the following output:
({'product/productId': 'B001E4KFG0',
  'review/userId': 'A3SGXH7AUHU8GW',
  'review/profileName': 'delmartian',
  'review/helpfulness': '1/1',
  'review/score': '5.0',
  'review/time': '1303862400',
  'review/summary': 'Good Quality Dog Food',
  'review/text': 'I have bought several of the Vitality canned dog food
     products and have found them all to be of good quality. The product looks
     more like a stew than a processed meat and it smells better. My Labrador
     is finicky and she appreciates this product better than  most.'},
 ...)
'''
```

过滤操作与映射操作一样，也可以使用更复杂的过滤表达式。为了说明这一点，让我们来看下面的场景：

使用 Amazon Fine Foods Reviews 数据集，编写过滤器函数，以删除 Amazon 客户认为没有帮助的其他评论。

亚马逊使用户能够对评论的有用性进行评分。review/helpfulness 属性表示用户说该评论有用的次数和总的投票数。有用度为 1/3 表示有 3 位用户对评论进行了评估，只有 1 位用户认为评论有帮助(这意味着其他两位用户认为该评论没有帮助)。无用的评论可能是评论者不公平地给出了非常低分的评论，或者是非常高的分数而没有在评论中证明其合理性。

从数据集中消除无用评论可能是一个好主意，因为它们可能无法公平地代表产品的质量或价值。让我们通过比较带有和不带有无用评论的平均评分来查看无用评论对数据的影响。首先创建一个过滤器表达式，如果超过 75%的投票用户认为该评论有用，则该表达式将返回 True，从而删除该阈值以下的所有评论。

代码清单 9.17　过滤无用评论的过滤表达式

```
                             #将评论的有用评论数提取出来，并转化成 float 类型
def is_helpful(element):
    helpfulness = element['review/helpfulness'].strip().split('/')
    number_of_helpful_votes = float(helpfulness[0])
    number_of_total_votes = float(helpfulness[1])
```

```
    # Watch for divide by 0 errors
    if number_of_total_votes > 1:       #若有75%的投票认为该评论有用，则保留它
        return number_of_helpful_votes / number_of_total_votes > 0.75
    else:
        return False
```

与代码清单9.15和代码清单9.16中使用lambda表达式内联定义的简单过滤器表达式不同，我们将为此过滤器表达式定义一个函数。在我们评估发现该评论有用的用户的百分比之前，首先必须通过解析和转换原始帮助度分数来计算百分比。同样，可使用Python的局部变量来执行此操作。如果没有用户对评论进行投票，我们使用try-except来捕获任何潜在的除零错误(注意，假设尚未对评论进行投票被认为是无用的)。如果获得至少一票，将返回一个布尔表达式，如果超过75%的用户认为该评论有用，则该布尔表达式的值为True。现在可将其应用于数据以查看会发生什么。

代码清单9.18　查看过滤后的数据

```
helpful_reviews = reviews.filter(is_helpful)
helpful_reviews.take(2)

'''
Produces the following output:

({'product/productId': 'B000UA0QIQ',
  'review/userId': 'A395BORC6FGVXV',
  'review/profileName': 'Karl',
  'review/helpfulness': '3/3',          这是一条有用的评论
  'review/score': '2.0',
  'review/time': '1307923200',
  'review/summary': 'Cough Medicine',
  'review/text': 'If you are looking for the secret ingredient in Robitussin
      I believe I have found it.  I got this in addition to the Root Beer Extract
      I ordered (which was good) and made some cherry soda.  The flavor is
      very medicinal.'},
 {'product/productId': 'B0009XLVG0',
  'review/userId': 'A2725IB4YY9JEB',
  'review/profileName': 'A Poeng "SparkyGoHome"',
  'review/helpfulness': '4/4',
  'review/score': '5.0',
  'review/time': '1282867200',
  'review/summary': 'My cats LOVE this "diet" food better than their regular
      food',
  'review/text': "One of my boys needed to lose some weight and the other
      didn't.  I put this food on the floor for the chubby guy, and the
      protein-rich, no by-product food up higher where only my skinny boy can
      jump.  The higher food sits going stale.  They both really go for this
      food.  And my chubby boy has been losing about an ounce a week."})
'''
```

9.2.3 计算 Bag 的描述统计量

不出所料，过滤后的 Bag 中的所有评论都是"有帮助的"。现在，让我们看一下它如何影响评论得分。

代码清单 9.19　比较平均评论分值

```
helpful_review_scores = helpful_reviews.map(get_score)

with ProgressBar():
    all_mean = review_scores.mean().compute()
    helpful_mean = helpful_review_scores.mean().compute()
print(f"Mean Score of All Reviews: {round(all_mean, 2)}\nMean Score of
   Helpful Reviews: {round(helpful_mean,2)}")

# Produces the following output:
# Mean Score of All Reviews: 4.18
# Mean Score of Helpful Reviews: 4.37
```

在代码清单 9.19 中，我们首先通过将 get_score 函数映射到过滤后的 Bag 中提取分数。然后在每个包含评论分数的 Bag 上调用 mean 方法。计算均值后，将显示输出。比较平均得分，可以查看评论的帮助程度和评论的情感色彩之间是否存在任何关系。负面评论通常被视为有帮助，还是没有帮助？通过比较均值可以帮助我们回答这个问题。可以看出，如果过滤掉无用评论，则平均评论分数实际上会高于所有评论的平均分数。这很可能是由于如果评论者没有很好地说明负面评分的理由，负面评论会被否决。可通过查看有帮助或无帮助的评论的平均长度来证实我们的怀疑。

代码清单 9.20　基于有用度比较评论的平均长度

```
def get_length(element):
    return len(element['review/text'])

with ProgressBar():
    review_length_helpful = helpful_reviews.map(get_length).mean().compute()
    review_length_unhelpful = reviews.filter(lambda review: not
       is_helpful(review)).map(get_length).mean().compute()
print(f"Mean Length of Helpful Reviews: {round(review_length_helpful,
    2)}\nMean Length of Unhelpful Reviews: {round(review_length_unhelpful,2)}")

# Produces the following output:
# Mean Length of Helpful Reviews: 459.36
# Mean Length of Unhelpful Reviews: 379.32
```

在代码清单 9.20 中，我们将 map 和过滤器操作链接在一起以产生结果。由于我们已经过滤出来有用的评论，因此可以简单地将 get_length 函数映射到有用的评论 Bag 中，以提取每个评论的长度。但是，我们之前没有提取出无用的评论，因此我们执行了以下操作。

(1) 使用 remove_unhelpful_reviews 过滤器表达式过滤评论 Bag。

(2) 使用 not 运算符反转过滤器表达式的行为(保留无用的评论，丢弃有用的评论)。

(3) 将 map 与 get_length 函数一起使用以计算每条无用评论的长度。

(4) 最后，计算所有评论长度的平均值。

看来，无用评论的平均长度确实比有帮助的评论的平均长度要短。这意味着评论越长，社区认为其投票有用的可能性越大。

9.2.4 使用 foldby 方法创建聚合函数

Bag 的最后一项重要数据操作是 fold。fold 是一种特殊的 reduce 操作。尽管在本章中没有明确提到 reduce 操作，但在整本书中，甚至在以前的代码中，我们都已经看到了许多 reduce 操作。如你所料，reduce 操作根据名称，将 Bag 中的项目集合减少为单个值。例如，上一个代码中的 mean 方法将原始评论评分的 Bag 缩减为一个均值。reduce 运算通常涉及对 Bag 中的值进行某种聚合，如求和、计数等。

无论 reduce 操作做什么，它始终会产生单个值。另一方面，fold 允许将分组添加到聚合上。一个很好的示例是按 review score 对评论进行计数。使用 fold 操作可对每个分组进行计数，而不是使用 reduce 操作对 Bag 中所有元素进行计数。这意味着 fold 操作会将 Bag 中的元素数量减少到指定的不同组的数量。在 review score 示例中，由于可能有五个不同的 review score，将导致原始 Bag 变成五个元素。图 9.7 显示了一个 fold 操作示例。

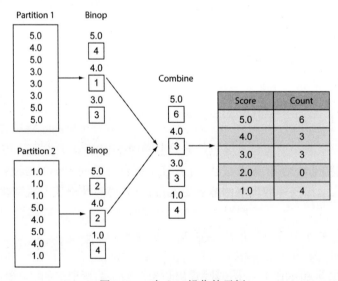

图 9.7　一个 fold 操作的示例

首先，需要定义两个函数提供给 foldby 方法。这些称为 binop 和 combine 函数。

binop 函数定义每个组的元素应执行的操作，并且始终具有两个参数：一个用于累加器，一个用于元素。累加器用于保存对 binop 函数调用过程中的中间结果。在此示例中，由于我们的 binop 函数是一个计数函数，因此每次调用 binop 函数时，累加器会增加 1。由于 binop 函数是针对组中的每个元素调用的，因此这会返回每个组中的元素个数。如果需要访问每个元素的值，例如，如果想对 review score 求和，则可以通过 binop 函数的 element 参数来访问它。一个求和函数会将元素简单地加到累加器中。

combine 函数定义如何处理各个 Bag 分区上 binop 函数的结果。例如，3 分的评论可以分布在多个分区上。我们要计算整个 Bag 上的三星评论的总数，因此每个分区的中间结果应加在一起。和 binop 函数一样，combine 函数的第一个参数是一个累加器，第二个参数是一个元素。构造这两个函数可能会很困难，但是可以将其视为"分组"操作。binop 函数指定对分组数据应执行的操作，而 combine 函数定义对跨分区存在的组应执行的操作。

现在我们看一下代码。

代码清单 9.21 使用 foldby 根据评论分数统计评论数

```
def count(accumulator, element):     ◀── 定义一个函数，对于每个元素，将累加器加 1
    return accumulator + 1

def combine(total1, total2):     ◀── 定义一个函数用于跨分区合并各组的元素总数
    return total1 + total2

with ProgressBar():     ◀── 使用 foldby 方法使用上面两个函数，累加器初始化为 0
    count_of_reviews_by_score = reviews.foldby(get_score, count, 0, combine,
        0).compute()
count_of_reviews_by_score
```

foldby 方法的五个必需参数(从左到右)分别是 key 函数、binop 函数、binop 累加器的初始值、combine 函数、combine 累加器的初始值。key 函数定义了分组的依据。通常，key 函数只会返回一个用作分组依据的 key 值。在前面的示例中，它仅使用本章前面定义的 get_score 函数返回 review score 的值。代码清单 9.21 的输出如下所示。

代码清单 9.22 foldby 操作的输出

```
# [(5.0, 363122), (1.0, 52268), (4.0, 80655), (2.0, 29769), (3.0, 42640)]
```

代码运行返回一个元组列表，其中第一个元素是 key，第二个元素是 binop 函数的结果。例如，363 122 条评论被评为五星。鉴于评论的平均得分很高，大多数评论都获得了五星好评也就不足为奇了。同样有趣的是，一星的评论要多于二星

或三星的评论。该数据集中所有评论中近 75%是五星或一星，似乎我们的大多数评论者要么很喜欢他们的购买的东西，要么很讨厌它。为了更好地了解数据，让我们更深入研究一下评论评分和评论有用性的统计信息。

9.3 从 Bag 中创建 Arrays 和 DataFrame

由于表格格式非常适合进行数值分析，因此即使你在项目中使用非结构化数据集，在清理和整理数据时，也可能需要将一些转换后的数据存储为结构化格式。因此，有必要了解如何使用 Bag 来构建其他类型的数据结构。Amazon Fine Foods 数据集中有一些数字数据，例如评论得分和先前计算的有用性百分比。为了更好地了解这些值代表的有关评论的信息，需要为这些值生成描述性统计信息。正如我们在第 6 章中的讲的那样，Dask 在 Dask Array API 的 stats 模块中提供了大量的统计函数。现在，我们将研究如何将要分析的 Bag 数据转换为 Dask Array，以便使用其中一些统计函数。我们首先创建一个函数，该函数可对数据评论得分进行分组并计算每个评论的可用性百分比。

代码清单 9.23　获取每条评论的分值和有用性排名

```
def get_score_and_helpfulness(element):
    score_numeric = float(element['review/score'])
    helpfulness = element['review/helpfulness'].strip().split('/')
    number_of_helpful_votes = float(helpfulness[0])
    number_of_total_votes = float(helpfulness[1])
    # Watch for divide by 0 errors
    if number_of_total_votes > 0:
        helpfulness_percent = number_of_helpful_votes / number_of_total_votes
    else:
        helpfulness_percent = 0.
    return (score_numeric, helpfulness_percent)
```

获取评论的分值并将其转换成 float 类型

计算有用性排名

以元组形式返回两个值

代码清单 9.23 中的代码应该看起来很熟悉。它实质上将 get_score 函数和有用性得分(来自用于删除无用评论的过滤器函数)的计算结合在一起。由于此函数返回两个值的元组，因此使用此函数在评论 Bag 中进行映射将生成一个元组 Bag。这有效地模仿了表格数据的行-列格式，因为 Bag 中的每个元组的长度都相同，并且每个元组的值都具有相同的含义。

为了轻松将具有适当结构的 Bag 转换为 DataFrame，Dask Bags 提供了 to_dataframe 方法。现在，我们将创建一个包含评论得分和有用性值的 DataFrame。

代码清单 9.24　从 Bag 创建一个 DataFrame

```
scores_and_helpfulness = reviews.map(get_score_and_helpfulness).to_
    dataframe(meta={'Review Scores': float, 'Helpfulness Percent': float})
```

to_dataframe 方法采用单个参数,该参数指定每一列的名称和数据类型。从本质上讲,这与我们在第 5 章中多次介绍的 drop-assign-rename 模式看到的 meta 参数相同。该参数接受一个字典,其中键是列名,值是列的数据类型。有了 DataFrame 中的数据,你以前了解的有关 DataFrame 的所有知识现在都可以用于对数据的分析和可视化!例如,与前面一样计算描述性统计信息。

代码清单 9.25　计算描述性统计量

```
with ProgressBar():
    scores_and_helpfulness_stats = scores_and_helpfulness.describe().compute()
scores_and_helpfulness_stats
```

代码清单 9.25 生成图 9.8 所示的输出。

	Review Scores	Helpfulness Percent
count	568454.000000	568454.000000
mean	4.183199	0.407862
std	1.310436	0.462068
min	1.000000	0.000000
25%	4.000000	0.000000
50%	5.000000	0.360390
75%	5.000000	1.000000
max	5.000000	3.000000

图 9.8　评论分值和有用性百分比的描述性统计信息

评论评分的描述性统计数据使我们更确信已知的信息:绝大多数评论是积极的。但可用性百分比会更有趣。平均可用性得分仅为 41%,这表明评论者往往没有发现有帮助的评论。但是,这很可能受到没有任何投票的大量评论的影响。这可能表明,亚马逊购物者通常对食品评论不感兴趣,因此当评论有用时(因为口味变化多端可能就是这种情况),他们不会竭力说些什么;或者说典型的亚马逊购物者确实认为这些评论没有帮助。将这些发现与其他非食品类商品的评论进行比较,以了解参与评论是否有所不同,可能会很有趣。

9.4　使用 Bag 和 NLTK 进行并行文本分析

当我们研究了如何转换和过滤 Bag 中的元素时,发现一个很明显的事情:如果所有转换函数都只是普通 Python 函数,那么我们应该能使用任何可用于通用集合的 Python 库,这正是使 Bag 如此强大和多功能的原因!我们将逐步介绍一些使用流行的文本分析库NLTK(自然语言工具包)准备和分析文本数据的典型任务。作为此示例的目标，我们将使用以下情形：

使用NLTK和Dask Bag，在对亚马逊产品的正面和负面评论文本中找到最常提及的短语，以查看评论者在其评论中经常讨论的内容。

9.4.1 二元分析的基础

为了找出该数据集中评论内容的更多信息，我们将对评论文本进行二元分析。二元组是文本中的相邻单词对。比起简单地计算单个单词的频率，二元组更有用的原因是它们通常会增加上下文。例如，我们可能希望正面评价会经常包含"好"一词，但这并不能真正帮助我们理解什么是好。二元组的 good flavor 或 good packaging 告诉我们很多有关评论者对产品的正面评价的更多信息。为了更好地理解评论的真实主题或情感，需要做的另一件事是删除不利于传达该信息的词语。许多英语单词增加了句子的结构，但没有传达信息。例如，the、a 和 an 之类的单词不提供任何上下文或信息。由于这些词非常普遍(对于正确的句子构成是必不可少的)，因此我们在正面评论中找到这些词的可能性与在负面评论中一样。由于它们没有添加任何信息，因此我们将其删除。这些被称为停顿词，进行文本分析时最重要的数据准备任务之一就是检测和删除停顿词。图 9.9 显示了一些常见停顿词的示例。

"This food tastes so good!"

"A terrible experience"

"A great experience"

停顿词不会增加主语的信息和语句的含义
图 9.9 停顿词的示例

我们执行二元分析的过程分析包括以下步骤：
(1) 提取文本数据。
(2) 删除停顿词。
(3) 创建二元组。
(4) 计算二元组的频率。
(5) 找到前十个二元组。

9.4.2 提取 token 和过滤停顿词

在开始之前，请确保你已在 Python 环境中正确安装了 NLTK。有关安装和配置 NLTK 的说明，请参阅附录 A。安装 NLTK 后，需要将相关模块导入到当前的工作空间中。然后我们将创建一些函数来帮助我们进行数据准备。

代码清单 9.26　提取和过滤函数

```
from nltk.corpus import stopwords
from nltk.tokenize import RegexpTokenizer
from functools import partial

tokenizer = RegexpTokenizer(r'\w+')

def extract_reviews(element):
    return element['review/text'].lower()

def filter_stopword(word, stopwords):
    return word not in stopwords
def filter_stopwords(tokens, stopwords):
    return list(filter(partial(filter_stopword, stopwords=stopwords),
        tokens))

stopword_set = set(stopwords.words('english'))
```

该函数用于从 Bag 获取某个元素的评论文本内容，并将其转换成小写。
这很重要，因为 Python 是大小写敏感的

该函数用于检查单词是否在停顿词列表 stopwards 中，若在就返回 False，否则返回 True

使用 filter_stopwords 函数过滤给定的单词列表 tokens，过滤掉列表中的停顿词

从 NLTK 中获取英语中的停顿词列表，并将其转换成一个集合，因为集合在比较操作中更快

使用正则表达式创建一个只过滤英文单词的 tokenizer。
这表示标点符号、数字等字符将被忽略

在代码清单 9.26 中，我们定义了一些函数，可帮助你从原始 Bag 中获取评论文本并过滤掉停顿词。要指出的一件事是在 filter_stopwords 函数内部使用了 partial 函数。通过使用 partial 函数，可以冻结 stopwords 参数的值，同时保持 words 参数的值动态。由于我们要将每个单词与相同的停顿词列表进行比较，因此停顿词参数的值应保持静态。定义好数据准备函数后，我们现在将在评论 Bag 上进行映射，以提取并清理评论文本。

代码清单 9.27　提取和清理评论文本

```
review_text = reviews.map(extract_reviews)
review_text_tokens = review_text.map(tokenizer.tokenize)
review_text_clean = review_text_tokens.map(partial(filter_stopwords,
    stopwords=stopword_set))
review_text_clean.take(1)

# Produces the following output:
'''
(['bought',
  'several',
  'vitality',
  'canned',
  'dog',
  'food',
  'products',
  'found',
  'good',
```

从每个单词列表中的去除停顿词

将评论字符串 Bag 转换成单词列表的 Bag

将评论对象 Bag 转换成评论字符串 Bag

```
        'quality',
        'product',
        'looks',
        'like',
        'stew',
        'processed',
        'meat',
        'smells',
        'better',
        'labrador',
        'finicky',
        'appreciates',
        'product',
        'better'],)
'''
```

代码清单 9.27 中的代码应该非常简单。我们仅使用 map 函数将 extract、tokenizer 和 filter 功能应用于评论 Bag。如你所见,我们剩下一个代码 Bag,每个列表都包含在每个评论文本中找到的所有唯一的非停顿词。如果从这个新 Bag 中获取一个元素,则会返回第 1 条评论中所有单词的列表(除去停顿词)。需要特别注意的是:当前 Bag 是一个嵌套的集合。我们将暂时回到这一点。但是,既然我们已经得到了每个评论清理后的单词列表,我们将把单词列表 Bag 转换为双字母组列表的 Bag。

代码清单 9.28　创建单词对 Bag

```
def make_bigrams(tokens):
    return set(nltk.bigrams(tokens))

review_bigrams = review_text_clean.map(make_bigrams)
review_bigrams.take(2)

# Produces the following (abbreviated) output:
'''
({('appreciates', 'product'),
  ('better', 'labrador'),
  ('bought', 'several'),
  ('canned', 'dog'),
  ...
  ('vitality', 'canned')},
 {('actually', 'small'),
  ('arrived', 'labeled'),
  ...
  ('unsalted', 'sure'),
  ('vendor', 'intended')})
'''
```

在代码清单 9.28 中,我们创建了另一个函数来映射先前生成的 Bag。同样,这非常令人兴奋,因为使用 Dask 可以完全并行化此过程。这意味着可以使用完全相同的代码来分析数十亿或数万亿的评论!如你所见,我们现在有一个二元组列表。但是，我们仍然具有嵌套的数据结构。取两个元素将输出两个双字母组列表。我们将在整个 Bag 中找到最常见的二元组，因此需要摆脱嵌套结构。这称为对一个 Bag 的展开。展开可消除一层嵌套；例如，两个包含 5 个元素的列表组成的列表将变成包含所有 10 个元素的单个列表。

代码清单 9.29　展开单词对 Bag

```
all_bigrams = review_bigrams.flatten()
all_bigrams.take(10)

# Produces the following output:
'''
(('product', 'better'),
 ('finicky', 'appreciates'),
 ('meat', 'smells'),
 ('looks', 'like'),
 ('good', 'quality'),
 ('vitality', 'canned'),
 ('like', 'stew'),
 ('processed', 'meat'),
 ('labrador', 'finicky'),
 ('several', 'vitality'))
'''
```

将代码清单 9.29 中的 Bag 展开后，得到 Bag 中的所有二元组，没有任何嵌套。现在不再可能找出哪个二元组来自哪个评论，但这没关系，因为这对我们分析来说并不重要。我们想要做的是使用这些二元组作为关键字转换此 Bag，并计算每个二元组在数据集中出现的次数。可以重用本章前面定义的计数和计算函数。

代码清单 9.30　对单词对进行计数，并找出其中最常用的 10 个单词对

```
with ProgressBar():
    top10_bigrams = all_bigrams.foldby(lambda x: x, count, 0, combine,
       0).topk(10, key=lambda x: x[1]).compute()
top10_bigrams

# Produces the following output:
'''
[########################################] | 100% Completed | 11min  7.6s
[(('br', 'br'), 103258),
 (('amazon', 'com'), 15142),
 (('highly', 'recommend'), 14017),
 (('taste', 'like'), 13251),
 (('gluten', 'free'), 11641),
 (('grocery', 'store'), 11627),
 (('k', 'cups'), 11102),
 (('much', 'better'), 10681),
 (('http', 'www'), 10575),
 (('www', 'amazon'), 10517)]
'''
```

代码清单 9.30 中的 foldby 函数看起来与本章前面的 foldby 函数完全一样。但是，这里将一种新方法与它链接，即 topk 方法，该方法将返回 Bag 按降序排序时的前 k 个元素。在前面的示例中，我们通过将方法的第一个参数设为 10 获取了前 10 个元素。第二个参数(即 key 参数)定义了 Bag 的排序依据。转换函数返回一个元组 Bag，其中第一个元素是 key，第二个元素是频率。我们想找到最常出现的 10 个二元组，因此应按每个元组的第二个元素对 Bag 进行排序。因此，key 函数仅返回每个元组的频率元素。由于 key 函数非常简单，因此此处使用了 lambda 表达式。分析最常见的二元组，看来有一些无用条目。例如，"amazon com"是第二常见的二元组。这是有道理的，因为评论来自亚马逊。似乎有些 HTML 标签也可能泄漏到评论中，因为"br br"是最常见的二元组。这是 HTML 标记
，它表示空白(换行)。这些词根本没有帮助或描述性，因此应将其添加到停用词列表中，然后重新运行二元分析。

代码清单 9.31　增加更多停顿词，重新进行分析

```
more_stopwords = {'br', 'amazon', 'com', 'http', 'www', 'href', 'gp'}

all_stopwords = stopword_set.union(more_stopwords)   ◄──── 创建一个新的停顿词集合，取前面 stopword_set 和
                                                            more_stopwards 的并集
filtered_bigrams = review_text_tokens.map(partial(filter_stopwords,
    stopwords=all_stopwords)).map(make_bigrams).flatten()

with ProgressBar():
    top10_bigrams = filtered_bigrams.foldby(lambda x: x, count, 0, combine,
    0).topk(10, key=lambda x: x[1]).compute()
top10_bigrams

# Produces the following output:
'''
[########################################] | 100% Completed | 11min 19.9s
[(('highly', 'recommend'), 14024),
 (('taste', 'like'), 13343),
 (('gluten', 'free'), 11641),
 (('grocery', 'store'), 11630),
 (('k', 'cups'), 11102),
 (('much', 'better'), 10695),
 (('tastes', 'like'), 10471),
 (('great', 'product'), 9192),
 (('cup', 'coffee'), 8988),
 (('really', 'good'), 8897)]
'''
```

9.4.3　分析二元组

现在我们删除了额外的停顿词,可看到一些清晰的主题。例如,k cups 和 coffee 被多次提及。这可能是因为许多评论都针对 Keurig 咖啡机的咖啡包。最常见的二元组是 highly recommend，这也是有道理的，因为许多评论都是正面的。可以继

续对停顿词列表进行迭代，以查看出现了哪些新模式(也可删除诸如 like 和 store 的词，因为它们没有提供太多信息)，但是看看如何在二元组列表查找负面评价也很有趣。在本章的结尾，我们从原始评论集过滤出仅获得一星或两星的评论，然后看一下最常见的二元组。

代码清单 9.32　过滤负面评论中最常见的单词对

```
negative_review_text = reviews.filter(lambda review:
    float(review['review/score']) < 3).map(extract_reviews)
                                                              ← 使用过滤表达式过滤出评分小于 3 的评论
negative_review_text_tokens = negative_review_text.map(tokenizer.tokenize)
                                                              ← 由于我们处理一个新的评论数据集，需要对它进行分词
negative_review_text_clean =
    negative_review_text_tokens.map(partial(filter_stopwords,
stopwords=all_stopwords))

negative_review_bigrams = negative_review_text_clean.map(make_bigrams)
negative_bigrams = negative_review_bigrams.flatten()

with ProgressBar():
    top10_negative_bigrams = negative_bigrams.foldby(lambda x: x, count, 0,
    combine, 0).topk(10, key=lambda x: x[1]).compute()
top10_negative_bigrams

# Produces the following output:
'''
[##########################################] | 100% Completed |  2min 25.9s
[(('taste', 'like'), 3352),
 (('tastes', 'like'), 2858),
 (('waste', 'money'), 2262),
 (('k', 'cups'), 1892),
 (('much', 'better'), 1659),
 (('thought', 'would'), 1604),
 (('tasted', 'like'), 1515),
 (('grocery', 'store'), 1489),
 (('would', 'recommend'), 1445),
 (('taste', 'good'), 1408)]
'''
```

我们从代码清单 9.32 中获得的二元组列表和从所有评论中获取的二元组有相似之处，但也有一些不同的二元组对产品感到沮丧或失望(thought would、waste money 等)。有趣的是，taste good 出现在负面评论的二元组中。这可能是因为评论者会说 I thought it would taste good 或 It didn't taste good。这表明分析该数据集需要更多工作(可能需要更多停顿词)，但是现在你拥有完成此工作需要的所有工具！在第 10 章中，当我们使用 Dask 的机器学习管道来构建情感分类器时，将使用该数据集。会根据其文字尝试预测评论是正面还是负面的。同时，希望你能体会到 Dask Bag 用于非结构化数据分析的强大功能和灵活性。

9.5 本章小结

- 非结构化数据(如文本等)不适合使用 DataFrame 进行分析。
- Dask Bag 是一种更灵活的解决方案,可用于处理非结构化数据。
- Bag 是无序的,没有任何索引概念(不同于 DataFrame)。要访问 Bag 的元素,可使用 take 方法。
- map 方法用于根据用户自定义的函数来变换 Bag 的每个元素。

第 10 章

使用 Dask-ML 进行机器学习

本章主要内容：
- 使用 Dask-ML API 构建机器学习模型
- 使用 Dask-ML API 扩展 scikit-learn
- 使用交叉验证的 gridsearch 验证模型并优化超参数
- 使用序列化保存和发布经过训练的模型

数据科学家们普遍认为 80/20 规则肯定适用于数据科学，即 80%的时间花费在数据科学项目上是为机器学习准备数据，而另外 20%是实际构建和测试机器学习模型。本书也不例外！到目前为止，我们已经使用两种不同"风味"的数据集进行收集、清理和探索过程，即使用 DataFrame 和使用 Bag。现在是时候继续构建自己的一些机器学习模型了！作为参考，图 10.1 显示了工作流程中的进展情况。我们已经快接近尾声了！

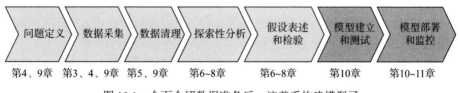

图 10.1 全面介绍数据准备后，该着手构建模型了

在本章中，我们将介绍 Dask 的最后一个主要 API：Dask-ML。正如我们已经看到 Dask DataFrame 如何并行化 Pandas 以及 Dask Arrays 如何并行化 NumPy 一样，Dask-ML 是 scikit-learn 的并行实现。图 10.2 显示了 Dask API 及其提供的基础功能之间的关系。

如果以前有 scikit-learn 的经验，你会发现对这个 API 非常熟悉。如果不是，你从这里学到的知识应该可以给你足够的 scikit-learn 介绍，以便你继续探索它！Dask-ML 是 Dask 较新的新增功能，因此与 Dask 的其他 API 相比，没有那么多成熟时间。但它仍然提供了各种功能，并且被设计为具有灵活性，可以解决通常使用 scikit-learn 解决的大多数问题。

我们将在第 9 章中从 Amazon Fine Foods 的评论联系起来，并基于以下场景探讨 Dask-ML：

使用 Amazon Fine Foods 评论数据集，用 Dask-ML 训练情感分类器模型，该模型可在不知道评论分数的情况下解释评论是正面还是负面。

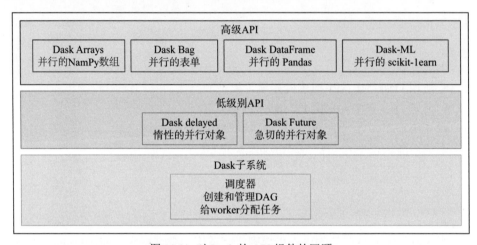

图 10.2　对 Dask 的 API 组件的回顾

10.1　使用 Dask-ML 建立线性模型

在开始建立模型之前，需要注意以下几点：
(1) 需要使用第 9 章的代码将评论标记为正面或负面。
(2) 然后，需要将数据转换为机器学习模型可以理解的格式。
(3) 最后，需要保留一小部分数据，用于测试和验证模型的准确性。

首先，评论需要标记为正面或负面。我们回顾第 9 章中的一些代码，根据评论者提供的评论分数来执行此操作。如果评论获得三颗星或以上，就将评论标记为正面；如果评论获得两星或更少的评分，就将评论标记为负面。回顾一下，这是我们曾经用过的代码。

代码清单 10.1　根据评论分数标记评论数据

```python
import dask.bag as bag
import os                                              # 打开原始文本文件进行处理
from dask.diagnostics import ProgressBar

os.chdir('/Users/jesse/Documents')
raw_data = bag.read_text('foods.txt')
                                                       # 辅助函数,可根据文件句柄中的当前
                                                       # 字节位置查找下一个评论
def get_next_part(file, start_index, span_index=0, blocksize=1024):
    file.seek(start_index)
    buffer = file.read(blocksize + span_index).decode('cp1252')
    delimiter_position = buffer.find('\n\n')
    if delimiter_position == -1:
        return get_next_part(file, start_index, span_index + blocksize)
    else:
        file.seek(start_index)
        return start_index, delimiter_position
                                                       # 辅助函数读取数据,并在给定的字节位置进行解析
def get_item(filename, start_index, delimiter_position, encoding='cp1252'):
    with open(filename, 'rb') as file_handle:
        file_handle.seek(start_index)
        text = file_handle.read(delimiter_position).decode(encoding)
        elements = text.strip().split('\n')
        key_value_pairs = [(element.split(': ')[0], element.split(': ')[1])
                            if len(element.split(': ')) > 1
                            else ('unknown', element)
                            for element in elements]
        return dict(key_value_pairs)
                                                       # 为每个完整的 review 对象创
                                                       # 建一个字节范围列表
with open('foods.txt', 'rb') as file_handle:
    size = file_handle.seek(0,2) - 1
    more_data = True
    output = []
    current_position = next_position = 0
    while more_data:
        if current_position >= size:
            more_data = False
        else:                                          # 将字节范围的 Bag 转换为 review 对象的 Bag
            current_position, next_position = get_next_part(file_handle,
            current_position, 0)
            output.append((current_position, next_position))
            current_position = current_position + next_position + 2

reviews = bag.from_sequence(output).map(lambda x: get_item('foods.txt',
        x[0], x[1]))
                                                       # 使用评论分数将每个评论标记为肯定或否定
def tag_positive_negative_by_score(element):
    if float(element['review/score']) > 3:
        element['review/sentiment'] = 'positive'
    else:
        element['review/sentiment'] = 'negative'
    return element

tagged_reviews = reviews.map(tag_positive_negative_by_score)
```

10.1.1 准备二进制向量化数据

现在我们再次标记了评论，需要把评论文本转换成机器学习算法可以理解的格式。如果有人说某个产品"很棒"，我们人类可以直观地理解，这个人对产品产生了正面情绪。另一方面，计算机通常不会和人类掌握相同的语言——计算机本质上无法理解"很棒"的含义或它如何转化为关于产品的情感。但是，请考虑一下刚才所说的内容：如果一个人说某产品"很棒"，他们可能会对产品产生正面的感觉。这是可以在数据中搜索的模式。使用"很棒"一词的评论是否比不使用"很棒"一词的评论更有可能是正面的？如果是这样的话，可以说评论中出现"很棒"这个词会使评论更有可能是正面的。这是将文本数据转换为机器可理解格式(称为二进制向量化)的一种通用方法背后的全部思想：使用二元向量化，我们获取一个语料库或者一个显示在评论数据中的所有单词的唯一列表，并生成包含1和0的向量，其中1表示单词存在，0表示单词不存在。

在图10.3中，可以看到原始文本中出现的单词(例如 lots 和 fun)在二进制向量中被分配为1，而未出现在原始文本中(但出现在其他文本样本中)的单词标记为0。一旦使用二进制向量化对文本进行了转换，我们就可以使用任何标准分类算法，例如逻辑回归，来查找单词存在与情感之间的相关性。反过来，这有助于我们建立一个模型，在我们没有实际评价分数的情况下，将分为正面评价和负面评价。让我们看一下如何将原始评论转换为二进制向量数组。

图10.3 二进制向量化的示例

首先，我们将应用第9章中探讨的一些转换来标记文本并删除停顿词(如果这是你第一次运行此代码，请确保已按照附录A中的说明正确设置了NLTK)。

代码清单10.2 标记文本和删除停顿词

```
from nltk.corpus import stopwords
from nltk.tokenize import RegexpTokenizer
from functools import partial

tokenizer = RegexpTokenizer(r'\w+')          ◀── 辅助函数，取出评论文本赋值给 review/tokens 字段，并将所有字母更改为小写

def extract_reviews(element):
    element['review/tokens'] = element['review/text'].lower()
    return element

def tokenize_reviews(element):          ◀── 辅助函数，使用 NLTK 分词器将长字符串拆分成单个单词
    element['review/tokens'] = tokenizer.tokenize(element['review/tokens'])
```

```
        return element                    ◀── 过滤器函数,以检查单词 word 是否
def filter_stopword(word, stopwords):          在停顿词列表 stopwords 中
    return word not in stopwords
                                         ◀── 辅助函数,可从每组评论单
def filter_stopwords(element, stopwords):      词中删除所有停顿词
    element['review/tokens'] = list(filter(partial(filter_stopword,
      stopwords=stopwords), element['review/tokens']))
    return element                           ┌── 向基本停顿词集合
                                             │  中添加更多停顿词
stopword_set = set(stopwords.words('english'))
more_stopwords = {'br', 'amazon', 'com', 'http', 'www', 'href', 'gp'}
all_stopwords = stopword_set.union(more_stopwords)   ┌── 将辅助函数映射到数据,
review_extracted_text = tagged_reviews.map(extract_reviews) ◀── 去除评论中的停顿词

review_tokens = review_extracted_text.map(tokenize_reviews)
review_text_clean = review_tokens.map(partial(filter_stopwords,
    stopwords=all_stopwords))
```

借助经过清理和标记化的评论数据,可以快速计算出出现在评论中的独一无二的单词的数量。为此,我们将重新介绍 Bag API 的一些内置函数。

代码清单 10.3　计算 Amazon Fine Foods 评论集的独一无二的单词

```
def extract_tokens(element):      ◀──
    return element['review/tokens']    └── 从每个评论中取出单词列表

extracted_tokens = review_text_clean.map(extract_tokens)
unique_tokens = extracted_tokens.flatten().distinct()   ◀──
            展开数据,得到所有单词的列表,然后用 distinct 对列表进行唯一化
with ProgressBar():
    number_of_tokens = unique_tokens.count().compute()  ◀──
number_of_tokens                              计算唯一化后的单词数量

#Produces the following output:
# 114290
```

这段代码看起来应该很熟悉。唯一值得注意的是,提取的单词必须展开(扁平化)以获取所有单词的唯一列表。因为 extracted_tokens 函数返回字符串列表,所以在应用 distinct 前,需要使用 flatten 连接所有内部列表。根据我们的代码,在 568 454 条评论中出现了 114 290 个唯一词。这意味着我们将使用二进制向量化生成的数组将为 568 454 行乘以 114 290 列,约为 649 亿个 1 和 0。根据 NumPy 的数据大小,每个布尔值占一个字节,总共大约为 64GB 数据。虽然 Dask 可以处理如此大的数组阵列,但是我们将减小练习规模,以便更轻松地快速运行此解决方案。我们将使用评论数据集中前 100 个最常用的单词作为语料库,而不是使用整个 114 290 个唯一单词的语料库。如果想使用更大或者更小的语料库,则可以轻松地修改代码以改用前 1000 个或前 10 个单词。还可以根据需要修改代码以使用整个语料库。

无论选择的语料库的大小如何，所有代码都适用。当然，在实践中，最好是从整个语料库开始——通过仅选择前 100 个词，我们可能会忽略掉一些很少出现的单词，它们可能是目标变量的重要预测因子。我只是建议为了快速运行的示例而缩小规模。让我们来看看如何获得语料库中最常见的 100 个单词。

代码清单 10.4　查找 reviews 数据集中最常用的 100 个单词

```
def count(accumulator, element):          ← 辅助函数，在语料库中，遇到一次给
    return accumulator + 1                    定单词的每个实例，向计数器加 1

def combine(total_1, total_2):            ← 辅助函数，可跨分区合并同一单词的结果
    return total_1 + total_2
                                          按单词对数据进行分组，并使用 foldby 计算出现次数
with ProgressBar():   ←
    token_counts = extracted_tokens.flatten().foldby(lambda x: x, count, 0,
    combine, 0).compute()
                                                      按计数对结果进行降序排列
    提取前 100 个单词
    top_tokens = sorted(token_counts, key=lambda x: x[1], reverse=True)   ←
    top_100_tokens = list(map(lambda x: x[0], top_tokens[:100]))
```

同样，由于我们在第 9 章中已经看过一些折叠示例，因此这段代码应该看起来很熟悉。和以前一样，我们使用 count 和 combine 函数来计算语料库中每个单词的出现次数。折叠的结果为我们提供了一个元组列表，其中每个元组的元素 0 是单词，每个元组的元素 1 是出现次数。使用 Python 的内置排序方法，我们沿着每个元组的元素 1 进行排序(频率计数)，以返回按降序排序的元组列表。最后使用 map 函数将单词从已排序的元组中剥离，以返回前 100 个最常用单词的列表。现在我们有了最终的语料库，可将二进制向量化应用于评论单词上。为此，我们将搜索每条评论查看它是否包含语料库中的单词。

代码清单 10.5　应用二进制向量化生成训练数据

```
import numpy as np                             使用 np.where 将语料库与每个评论的单词列表进行比较，
def vectorize_tokens(element):   ←             如果单词在 top_100_tokens 列表中存在，则返回 1，否则
    vectorized_tokens = np.where(np.isin(top_100_tokens,   返回 0
    element['review/tokens']), 1, 0)
    element['review/token_vector'] = vectorized_tokens
    return element
                                               将正面/负面情绪标签更改为二进
def prep_model_data(element):   ←              制值，1 代表正，0 代表负
    return {'target': 1 if element['review/sentiment'] == 'positive' else 0,
            'features': element['review/token_vector']}

model_data = review_text_clean.map(vectorize_tokens).map(prep_model_data)   ←

model_data.take(5)                     将这两个函数映射到数据上，生成一个字典，
                                       其中包含每条评论的目标向量和特征向量
'''
Produces the following output:
```

```
({'target': 1,
 'features': array([1, 1, 0, 0, 0, 0, 1, 0, 0, 0, 1, 0, 0, 0, 0, 0, 0, 0,
    0, 0, 0, 0, 0,
         0, 0, 0, 0, 1, 1, 0, 0, 0, 0, 0, 0, 0, 0, 0, 0, 1, 0, 0, 1, 0, 0, 0, 0,
         0, 0, 0, 0, 0, 0, 0, 0, 0, 0, 0, 0, 0, 0, 0, 0, 0, 0, 0, 0, 0, 0, 0, 0,
         0, 0, 0, 0, 0, 0, 0, 0, 0, 0, 0, 0, 0, 0, 0, 0, 0, 0, 0, 0, 0, 0, 0, 1,
         0, 0, 0, 0, 0, 0, 0, 0])},
 ...
 {'target': 1,
 'features': array([0, 0, 0, 0, 1, 0, 0, 0, 0, 0, 0, 0, 0, 0, 0, 0, 0, 0,
    0, 0, 0, 0, 1,
         0, 0, 0, 0, 0, 0, 0, 0, 0, 0, 0, 0, 0, 0, 0, 0, 0, 0, 0, 0, 0, 0, 0, 0,
         0, 0, 0, 0, 0, 0, 0, 0, 0, 0, 0, 0, 0, 0, 0, 0, 0, 0, 0, 0, 0, 0, 0, 0,
         0, 0, 0, 0, 0, 0, 0, 0, 0, 0, 0, 0, 0, 0, 0, 0, 0, 0, 0, 0, 0, 0, 0, 0,
         0, 0, 0, 0, 0, 0, 0, 0])})

'''
```

代码清单 10.5 显示了另一个很好的示例，说明了如何将 NumPy 等其他库引入 Dask。这里使用 NumPy 中的 where 函数将语料库中的单词列表与每个评论的 token 列表进行比较。如在示例输出中所见，这将为每个评论生成一个包含 100 个 1 和 0 的向量。我们还将二进制向量化应用于情感标记，这就是我们想要预测的结果，也称为目标。代码的结果返回一个字典 Bag，其中每个字典对象代表一条评论，并包含其各自的二进制值。我们快要完成模型，但是有一大障碍：我们的数据仍在 Bag 中，必须将它转化成 Array 才能被 Dask-ML 读取。以前，我们将数据从 Bag 转换为 Array，首先将其转换为 DataFrame，然后使用 DataFrame 的 values 属性直接访问底层 Array。可以在此处执行此操作，但是 DataFrame 在处理许多列时往往表现不佳。相反，我们将采用在二进制向量化步骤中生成的 NumPy 数组，并将它们连接为一个大的 Dask 数组。换句话说，我们将使用串联将数组列表简化为单个数组。图 10.4 直观地表示了我们想要完成的工作。

实际上，我们一次要从头开始构建一个 Dask 阵列。这实际上是相当快速和有效的，因为 Dask 的惰性计算意味着我们在很大程度上尝试实际处理元数据，直到我们真正尝试在最终数组中实现数据为止。让我们看看如何在代码中执行此操作。

代码清单 10.6　创建特征数组

```
from dask import array as dask_array        分区是一个可迭代的对象，在传递给
def stacker(partition):                     dask_array.concatenate 之前必须实例化
    return dask_array.concatenate([element for element in partition])
                                  从每个字典中提取 features 元素，将每个 NumPy 数组转换
with ProgressBar():                         为 Dask Arrays 对象，然后使用串联将所有数组归约在一起
    feature_arrays = model_data.pluck('features').map(lambda x:
    dask_array.from_array(x,
    1000).reshape(1,-1)).reduction(perpartition=stacker,
```

```
    aggregate=stacker)
    feature_array = feature_arrays.compute()
feature_array

#Produces the following output:
# dask.array<concatenate, shape=(568454, 100), dtype=int64, chunksize=(1,
    100)>
```

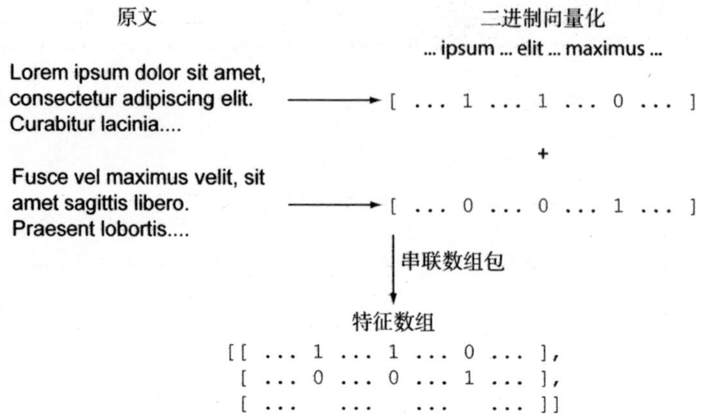

```
           原文                          二进制向量化
                                   ... ipsum ... elit ... maximus ...
   Lorem ipsum dolor sit amet,
   consectetur adipiscing elit.  ──▶  [ ... 1 ... 1 ... 0 ... ]
   Curabitur lacinia....
                                              +
   Fusce vel maximus velit, sit
   amet sagittis libero.         ──▶  [ ... 0 ... 0 ... 1 ... ]
   Praesent lobortis....
                                         │ 串联数组包
                                         ▼
                                       特征数组
                                   [[ ... 1 ... 1 ... 0 ... ],
                                    [ ...  0 ... 0 ... 1 ... ],
                                    [ ...      ...    ...    ]]
```

图 10.4　将原始数据向量化到一个 Bag 数组中，然后连接到单个数组

　　代码清单 10.6 包含了几个我们将要解压缩的新方法。首先是 Dask Array API 的连接函数。它将一系列 Dask 数组连接或合并为单个 Dask Arrays。由于我们最终希望将 568 454 个向量中的每个向量合并为一个大数组，因此这正是我们要使用的函数。由于数据分布在大约 100 个分区中，因此需要将每个分区的阵列列表缩减为一个阵列，然后将 100 个分区级 Arrays 合并为一个最终的大型 Arrays。这可以通过 Dask Arrays 的还原法来完成。此函数与 map 的工作方式略有不同，因为传递给它的函数应该接收整个分区，而不是单个元素。将 from_array 函数映射到每个元素之后，每个分区实际上都是 Dask Arrays 对象的惰性列表。这正是 dask_array.concatenate 输入所要的。但是，传递到 stacker 函数的分区对象恰好是生成器对象，dask_array.concatenate 无法处理该对象。因此，我们必须使用列表理解将其具体化为列表。你可能首先认为这会适得其反，因为将分区具体化为列表会带来数据。但是，该分区恰好是一个惰性 Dask Arrays 对象列表，因此，实际传递的唯一数据是一些元数据和 DAG 跟踪到目前为止产生的计算。可以看到我们得到了想要的结果，因为新的 Arrays 形状声明它是 568 454 行乘 100 列。特征阵列的形状如图 10.5 所示。

第 10 章　使用 Dask-ML 进行机器学习

```
                          特征数组

                           100列
                        （每个单词1列）
                      ─────────────────▶
    568 454行         [[ ... 1 ... 1 ... 0 ... ],
   （每次review 1行）   [ ... 0 ... 0 ... 1 ... ],
                      [ ...   ...   ...   ... ]]
```

图 10.5　特征数组的形状

既然我们已经对数据做了很多工作，现在是保存进度的最佳时机。在训练模型之前写出数据也会加快速度，因为数据已经处于构建模型所需的形状。Array API 包含一种使用 ZARR 格式将 Dask 数组写入磁盘的方法，ZARR 格式是类似于 Parquet 的列存储格式。文件格式的细节在这里无关紧要——我们仅使用 ZARR，因为 Array API 使读取和写入该格式变得容易。我们快速将准备好的数据转储到磁盘上并读回以进行快速访问。

代码清单 10.7　将数据写入 ZARR 并读回

```
with ProgressBar():
    feature_array.rechunk(5000).to_zarr('sentiment_feature_array.zarr')
    feature_array = dask_array.from_zarr('sentiment_feature_array.zarr')

with ProgressBar():
    target_arrays = model_data.pluck('target').map(lambda x:
    dask_array.from_array(x,
    1000).reshape(-1,1)).reduction(perpartition=stacker,
    aggregate=stacker)
    target_arrays.compute().rechunk(5000).to_zarr('sentiment_target_array.zarr')
    target_array = dask_array.from_zarr('sentiment_target_array.zarr')
```

代码清单 10.7 很简单——因为我们已经通过代码清单 10.6 中的连接将 feature-array 转换成了我们所要的形状，所以只需要保存它。我们在目标数组数据上重用连接代码，以对目标数据执行相同的过程。唯一值得指出的新项目是我们决定重新整理数据。你可能已经注意到在连接之后，数组的块大小为(1,100)。这意味着每个块包含一行和 100 列。ZARR 格式为每块写入一个文件，这意味着如果不重新查找数据，我们将生成 568 454 个单独的文件。由于从磁盘上获取数据会产生额外的开销，因此这将极其低效的——无论在本地模式下还是在大型集群上运行 Dask，情况都是如此。通常，我们希望每个块都在 10MB 到 1GB 之间，以最大限度地减少 I/O 开销。在此示例中，我选择了每个块 5000 行的块大小，因此最终得到大约 100 个文件，类似于原始数据被分为 100 个分区。我们还遵循将目标变量转换为数组并将其写入磁盘的相同过程。现在我们终于可以建立模型了！

10.1.2 使用 Dask-ML 建立 Logistic 回归模型

我们将从使用 Dask-ML API 内置的算法开始：Logistic 回归。Logistic 回归是一种算法，可用于预测二进制(是或否，好或坏，等等)结果。这完全符合我们建立模型来预测评论情绪的愿望，因为情绪是离散的：正面或负面。但是我们怎么知道模型在预测情绪方面有多好呢？或者换一种说法，如何确定模型实际上学习了数据中的一些有用模式？为此，我们要搁置一些评论，以禁止该算法查看和学习。这称为保留集或测试集。如果模型可以很好地预测保留集的结果，那么可以有把握地相信该模型实际上已经学到了有用的模式，可以很好地推广到我们的问题。否则，如果模型在保留集上的效果不佳，则很可能是由于算法提取了针对训练数据特有的强模式。这称为过度拟合训练集，应避免。与 scikit-learn 一样，Dask-ML 也提供了一些工具来帮助随机选择一个可用于验证的保留集。让我们看一下如何拆分数据并建立 Logistic 回归模型。

代码清单 10.8　构建 Logistic 回归

```
from dask_ml.linear_model import LogisticRegression
from dask_ml.model_selection import train_test_split

X = feature_array
y = target_array.flatten()

X_train, X_test, y_train, y_test = train_test_split(X, y, random_state=42)

lr = LogisticRegression()

with ProgressBar():
    lr.fit(X_train, y_train)
```

train_test_split 函数将数据随机分为两部分；默认情况下，这是 90/10 拆分，其中 90% 的数据处于训练中，而 10% 的数据处于测试中

fit 方法不是惰性的，因此我们将其包装在 ProgressBar 上下文中以监视执行情况

在代码清单 10.8 中，我们已经完成了数据准备工作中所有的艰苦工作，那么构建模型本身就相对容易了。train_test_split 函数将自动地随机拆分一个保留集，我们只需要将特征(X)和目标(y)输入 LogisticRegression 对象的 fit 方法即可。值得一提的是，我们将 train_test_split 函数的 random_state 参数设置为 42，你可能想知道为什么。这个参数的值实际上并不重要，最重要的是你对它进行了设置。这样可以确保每次在数据集上调用 train_test_split 函数时，都以相同的方式拆分数据。当你运行多个模型并将它们相互比较时，这一点很重要。由于数据固有的可变性，可以随机地在一个非常容易或很难预测的保留集上进行测试。在本例中，你看到的模型不会得到改善(或恶化)，因为你做了任何影响模型的事情。因此，我们希望确保每次构建模型时都以相同方式"随机"拆分数据。几分钟后，将对模型进行训练并准备进行预测。然后，是给模型打分的时候了，看看它在预测以前从未见过的评论时做得是否出色。

10.2 评估和调整 Dask-ML 模型

虽然建立模型与我们为准备数据所做的所有艰苦工作相比似乎很容易,但我们几乎还没有完成。我们的目标始终是尽可能产生最准确的模型,并且你必须考虑多个因素才能实现这个目标。首先,这里有大量的算法。仅分类而言,有逻辑回归、支持向量机、决策树、随机森林、贝叶斯模型等。每个模型都有几个不同的超参数,这些超参数定义了算法对异常值和影响力高的点的敏感度。通过模型和参数的许多组合,我们如何确定可以制造出最好的模型?答案是通过系统的实验。如果有办法对任意模型的准确性进行评分,则可以客观地找到最佳模型,并且可以使用自动化来简化任务。得分最高的模型是冠军模型,直到出现新的挑战者模型并击败它为止。然后,挑战者将成为新的冠军,并且循环重复。这种冠军挑战者模型在实践中效果很好,但是我们必须从某个地方开始。根据定义,第一个冠军模型的好坏并不重要,它只是作为与潜在挑战者进行比较的基准。因此,从一个简单模型(例如 Logistic 回归)开始,并使用所有默认值就可以了。

10.2.1 用计分法评估 Dask-ML 模型

建立基线后,可将它与使用不同算法或不同超参数集的更复杂模型进行比较。幸运的是,每一个 scikit-learn 算法,以及每一个 Dask-ML 算法的扩展,都有一个 score 方法。score 方法根据算法的类型来计算能够广泛接受的评分指标。例如,当调用评分方法时,分类算法会计算分类精度评分。此分数标识正确分类预测的百分比,范围在 0 到 1 之间,分数越高越准确。一些数据科学家更喜欢使用其他分数,例如 F1 准确性分数,但是每种评分方法的利弊与这个练习无关。你应该始终选择最能满足解决方案需要的评分指标,学习不同的评分方法是一个非常好的主意。既然我们已经训练了基线逻辑回归,那么让我们看一下它的效果如何。

代码清单 10.9 为逻辑回归模型评分

```
lr.score(X_test, y_test).compute()

#Produces the following output:
# 0.79629173556626676
```

如你所见,为模型评分的代码非常简单。在将 X 和 y 的训练版本传递给 fit 方法时,我们将 X 和 y 的测试版本传递给 score 方法。在一行中,这将使用 X_test 中包含的功能生成预测,并将预测与 y_test 中包含的实际值进行比较。我们的基线模型对测试集中 79.6%的评论进行了正确分类。这是个不错的开始!现在我们有了基线,可以开始尝试用挑战者模型击败它。在工作时,请记住,不可能获得完美的分类分数。这里的目标不是找到一个 100%完美的模型,而是要进行有计划的、可衡量的进展,并使用客观标准,在时间、数据质量等约束条件下,找到最佳模型。

10.2.2 使用 Dask-ML 构建朴素贝叶斯分类器

让我们看看逻辑回归模型如何与朴素贝叶斯分类器相提并论。朴素贝叶斯算法是文本分类中常用的一种算法,因为它是一种简单的算法,即使在数据集较小的情况下也具有相当不错的预测能力。这里只有一个问题:Dask-ML API 中没有朴素贝叶斯分类器类。但是,我们仍然可以使用 Dask 训练朴素贝叶斯分类器!不,我们不会从头开始构建算法。相反,可以使用 Dask-ML 的一种接口(称为增量包装器)进行学习。增量包装器允许我们在 Dask 中使用任何 scikit-learn 算法,只要该算法实现 partial_fit 接口即可。

> **scikit-learn 和 partial_fit**
>
> 在某些模型上可以使用 partial_fit 方法进行批量训练。这样可以使用其他数据有效地"更新"模型,而不必每次刷新训练数据时都从头重新进行训练。它也可用来训练无法一次全部保存在内存中的大型数据集的模型。例如,可以通过以下方式来训练模型:加载 DataFrame 的 1000 行,在这 1000 行上训练模型,加载接下来的 1000 行继续训练,这样一直进行下去。Dask-ML 使用这个接口以最少的用户配置来训练 scikit-learn 模型。

越来越多的 scikit-learn 算法支持此接口,因为人们对大型数据集的批量学习越来越感兴趣。朴素的贝叶斯算法属于支持批量学习的算法类别,因此可以轻松地与 Dask 一起用于并行化训练。让我们看看它是什么样子。

代码清单 10.10 用增量包装器训练朴素贝叶斯分类器

```
from sklearn.naive_bayes import BernoulliNB    ← 从 scikit-learn 导入朴素的
from dask_ml.wrappers import Incremental          贝叶斯分类器

nb = BernoulliNB()

parallel_nb = Incremental(nb)   ← 用增量包装器
                                   包装估算器
with ProgressBar():                                 在增量包装的估算
    parallel_nb.fit(X_train, y_train, classes=[0,1])   ← 器上进行拟合;请
                                                        注意,这些类必须
                                                        是预定义的
```

代码清单 10.10 中的代码与代码清单 10.8 中的代码基本相同,不同的是这次是从 scikit-learn 而不是 Dask-ML 导入算法。要将算法与 Dask 结合使用,我们要做的是照常创建 Estimator 对象(我们所要做的只是将 Estimator 对象创建为普通对象),然后将其包装在 Incremental 包装器中。增量包装器本质上是一个辅助函数,

它告诉 Dask 有关估算器对象的信息，以便将其传递给工作人员进行培训。除了一个关键例外，模型的拟合仍将正常进行：我们必须预先指定有效的目标类。由于我们的数据集中只有两个可能的结果，即正数和负数，我们分别将其编码为 1 和 0，因此我们只需要在此处的列表中传递它们即可。代码只需要几秒钟即可运行；然后可以对模型进行评分，看看它是否优于逻辑回归。

代码清单 10.11　对增量包装模型进行评分

```
parallel_nb.score(X_test, y_test)
#Produces the following output: 0.788866817014389754
```

奇怪的是，与 Dask-ML 算法的计分方法不同，增量计分的计分方法并非是惰性的，因此我们不需要调用即可进行计算。看起来朴素贝叶斯模型的性能与逻辑回归模型相似，但其得分比逻辑回归差约 1%，这意味着逻辑回归目前仍是冠军。我们应该继续尝试其他算法作为潜在的挑战者，接下来讨论另一个应该尝试的元素：调整超参数。

10.2.3　自动调整超参数

如前所述，大多数算法都具有一些控制算法行为的超参数。虽然算法作者通常选择默认值以提供最佳的常规性能，但通常可以通过调整超参数以更好地适应训练数据来获得一些额外的精度增益。手动调整超参数可能是一个高度重复和单调的过程，但是由于有了 scikit-learn 和 Dask-ML API，可以使很多工作自动化。例如，我们可能想要评估改变两个用于 Logistic 回归的超参数对结果的影响。使用名为 GridSearchCV 的"元估计器"，可以指示 Dask-ML 尝试许多不同的超参数组合，并以挑战者的方式使模型自动相互竞争。正如你将在下一个代码中看到的那样，它非常易于使用。

代码清单 10.12　使用 GridSearchCV 调整超参数

```
from dask_ml.model_selection import GridSearchCV

parameters = {'penalty': ['l1', 'l2'], 'C': [0.5, 1, 2]}   ◀── 定义一个参数字典
lr = LogisticRegression()

tuned_lr = GridSearchCV(lr, parameters)   ◀── 在 GridSearchCV 包装器中包装一个普通估计器以及参数字典
with ProgressBar():
    tuned_lr.fit(X_train, y_train)
```

GridSearchCV 对象的行为类似于增量包装器。和以前一样，可以采用任何算

法，例如 Dask-ML 的逻辑回归，并将其包装在 GridSearchCV 中。需要的另一个元素是一个字典，其中包含我们希望 GridSearchCV 尝试的参数以及可能尝试的值的列表。如代码清单 10.12 所示，我们在 GridSearchCV 中更改了两个参数：penalty(惩罚)参数和 C 系数。与每个参数名称关联的值是要尝试的值的列表。

> **逻辑回归中的 penalty 参数和 C 系数**
>
> 逻辑回归模型的两个重要超参数是 penalty 类型和 C 系数。这两个超参数都涉及算法如何确定数据的合适模型。具体来说，它们用于防止模型拾取用于训练数据子集独有的模式(但通常不会在整个数据集中找到)。
>
> L1 正则化(也称为 lasso regression)从本质上消除了模型中次要的输入。
>
> L2 正则化(也称为 ridge regression)不会从模型中消除不太重要的特征，但本质上是通过不让任何单个特征比其他特征更影响模型的结果来保持模型平衡。
>
> C 表示正则化将更积极，而 C 越高，应用的正则化越少。

通过将任何参数包含在字典中，可将其包含在 GridSearchCV 中。scikit-learn 的 API 文档列出了每种算法的所有参数和示例值，因此可以将其作为参考来选择要调整的参数。请务必注意，GridSearchCV 是一种"强力"类型算法，意味着它将尝试传递给它的所有参数组合。在代码清单 10.12 中，我们为 penalty 参数提供了两种选择，为 C 系数提供了三种选择。这意味着共将建立六个模型，每个模型代表不同的参数组合。请注意不要选择太大的搜索空间，否则完成网格搜索所需的时间可能会过长。但 GridSearchCV 可与 Dask 很好地扩展。每个模型都可以建立在一个单独的工作程序上，这意味着通过部署到集群和/或扩大工作程序的数量，可以毫不费力地减少时间。搜索完成后，可以查看每个模型的结果报告，包括其测试分数和训练时间。要查看结果，我们将运行以下代码。

代码清单 10.13　查看 GridSearchCV 的结果

```
import pandas as pd
pd.DataFrame(tuned_lr.cv_results_)
```

完成的 GridSearchCV 对象具有名为 cv_results_ 的属性，该属性是测试指标的字典。当显示在 Pandas DataFrame 中时，它更容易阅读，因此我们将它放在 DataFrame 中并打印结果。它看起来应该如图 10.6 所示。

在图 10.6 中，我们得到了有关 GridSearchCV 过程中发生的情况的大量指标。最感兴趣的 4 个列是测试分数列。这显示了每个模型对不同数据拆分的执行情况。有趣的是，C 系数为 1 且 penalty 为 L2 的模型表现最佳(与其他几个 C 系数组合并列)。这些恰好是逻辑回归的默认值，因此在这种情况下，超参数调整并没有找到比基线性能更好的模型的修改。如果对每种算法的默认值感到好奇，可在

scikit-learn 文档中找到它们。大多数情况下，默认值通常都能很好地拟合，但你可以随时检查超参数调整是否可以带来任何改善。为使搜索更详尽，我们希望对尝试过的每个不同算法(例如朴素的贝叶斯)运行超参数调整。使用本节介绍的技术和代码片段，你应该能够构建一个自动管道，该管道将尝试算法和超参数的多种组合！要记住的另一件事是，可以使用 champion-challenger 模型来评估新数据和功能的价值。例如，如果将语料库从 100 个单词增加到 150 个单词，该模型的准确度将提高多少？通过客观的实验，可以回答所有这些问题，并最终得到最佳模型。但目前，我们最初的逻辑回归在预测评论的情绪方面表现最好。我们应该期望能够为模型提供前所未有的新评论，并且平均而言，可以正确地预测这些评论是正面还是负面的，准确度约为 80%。

	params	mean_fit_time	std_fit_time	mean_score_time	std_score_time	split0_test_score	split1_test_score	split2_test_score	mean_test_score	std
0	{'C': 0.1, 'penalty': 'l1'}	1191.207684	26.653346	1.321249	0.663898	0.785682	0.788338	0.791587	0.788535	
1	{'C': 0.1, 'penalty': 'l2'}	540.608969	10.821922	0.631223	0.099735	0.790801	0.793709	0.796981	0.793830	
2	{'C': 0.5, 'penalty': 'l1'}	1188.468648	30.724562	0.593868	0.160326	0.790291	0.793938	0.797087	0.793772	
3	{'C': 0.5, 'penalty': 'l2'}	143.983551	3.258577	0.600326	0.104046	0.790801	0.793715	0.796987	0.793834	
4	{'C': 1, 'penalty': 'l1'}	1054.391921	82.434235	0.332632	0.093776	0.790689	0.793551	0.796559	0.793600	
5	{'C': 1, 'penalty': 'l2'}	86.940994	7.386560	0.352932	0.029528	0.790801	0.793715	0.796987	0.793834	

图 10.6　GridSearchCV 结果

10.3 持续的 Dask-ML 模型

本章简要介绍的最后一项是持久化一个经过训练的 Dask-ML 模型，以便可将其发布或部署在其他地方。对于许多数据科学项目，生成的最终模型(例如分类模型)旨在用于应用程序中的某个位置以作出预测或推荐。尽管生成一个模型可能需要大量计算能力，但是生成可以在面向用户的应用程序中显示的预测通常需要的能力要少得多。

许多数据科学工作流程包括运作一个强大的大型集群以遍历数据并生成模型，将模型发布到 Amazon S3 这样的存储库，关闭集群以节省成本，并通过诸如 Web 服务器这样廉价、功能较弱的机器公开模型。这是有意义的，因为预测模型的大小往往最多只有几千字节到几兆字节，而可能用于训练模型的训练数据则是兆字节或千兆字节。可以使用一个二进制序列化库来帮助我们从所有数据中获取所学到的知识(这是最终的预测模型)并将其持久保存到磁盘中，以便可以重复使用，而不必在下次使用时从头重建。

Python 有一个内置的二进制序列化库，称为 pickle，它允许将内存中的任何 Python 对象保存到磁盘中。稍后通过从磁盘读取对象并将其加载回内存来反序列化该对象，可如实地将对象重新创建为保存到磁盘时的状态。这也意味着 Python 对象可在一台机器上创建，对其进行序列化，通过网络传输，然后将其反序列化并由另一台计算机使用。实际上，这就是 Dask 将数据和任务发送到集群中不同工作节点的方式！

幸运的是，此过程也非常容易。唯一的要求是，加载序列化对象的计算机必须具有该对象使用的所有 Python 库。例如，如果序列化了 Dask DataFrame，我们就无法在没有安装 Dask 的计算机上加载它；我们在尝试加载文件时会遇到一个 ImportError。除此之外，它非常简单。在此示例中，我们将使用名为 dill 的库，该库是 pickle 库的包装器。dill 对 JSON 和嵌套字典等复杂的数据结构提供了更好的支持，而 Python 的内置 pickle 库有时会出现问题。将一种模型写入磁盘非常简单。例如，下面介绍如何将朴素贝叶斯分类器写入磁盘。

代码清单 10.14 将朴素贝叶斯分类器写入磁盘

```
import dill
with open('naive_bayes_model.pkl', 'wb') as file:
    dill.dump(parallel_nb, file)
```

这里的所有都是它的。dump 函数序列化传递给它的对象，并将其写入你指定的文件句柄。在这里，打开了一个名为 naive_bayes_model.pkl 的新文件的句柄，因此数据将被写入该文件。因为 pickle 文件是二进制文件，所以需要始终在文件句柄中使用 b 标志进行读写，以表示该文件应以二进制模式打开。读取模型文件也非常简单。

代码清单 10.15 从磁盘读取朴素贝叶斯分类器

```
with open('naive_bayes_model.pkl', 'rb') as file:
    nb = dill.load(file)
nb.predict(np.random.randint(0, 2,(100, 100)))

#Produces the following output:
# array([0, 1, 1, 1, 1, 1, 1, 1, 1, 1, 1, 1, 1, 1, 1, 1, 1, 1, 1, 1,
    1, 1, 1, 1, 1, 1, 1, 1, 1, 1, 1, 0, 1, 1, 1, 1, 1, 1, 0, 1, 1,
    1, 1, 1, 1, 1, 1, 1, 1, 1, 1, 1, 1, 1, 1, 1, 1, 1, 1, 1, 1, 0,
    1, 1, 1, 1, 1, 1, 1, 1, 1, 1, 1, 1, 1, 1, 1, 1, 1, 0, 1, 1,
    1, 1, 1, 1, 1, 1])
```

如代码清单 10.15 所示，我们只是使用 load 函数读取文件。我们不必拥有用于训练模型的任何数据，因为模型对象是完全独立的。为了展示其生成预测的能力，我们通过生成一些随机的二进制向量来提供一些虚拟数据。正如预期的那样，我们得到了一系列预测。

希望你现在对使用 Dask-ML 轻松完成数据准备工作的轻松程度而感到赞赏！在第 11 章中，我们将探索如何在集群模式下使用 Dask 以及如何使用 AWS 在云上部署 Dask，从而完成我们的旅程。

10.4 本章小结

- 二进制向量化用于将文本块中单词的存在与某个预测变量(如情感)相关联。
- 机器学习使用统计和数学方法来寻找将特征(输入)与预测变量(输出)相关联的模式。
- 数据应分为训练和测试集，以避免过度拟合。
- 尝试决定使用哪种模型时，请选择一些误差指标，并使用 champion-challenger 方法根据所选指标客观地找到最佳模型。
- 可以使用 GridSearchCV 自动执行机器学习模型的选择和调整过程。
- 经过训练的机器学习模型可使用 dill 库保存，以便以后重用以生成预测。

第 11 章

扩展和部署 Dask

本章主要内容：
- 使用 Docker 和 Elastic Container Service 在 Amazon AWS 上创建 Dask 分布式集群
- 使用 Jupyter Notebook 服务器和 Elastic 文件系统，在 Amazon AWS 上存储和访问数据科学 Notebook 和共享数据集
- 使用分布式客户端对象将作业提交到 Dask 集群
- 使用分布式监视仪表板监视集群上作业的执行情况

到目前为止，我们一直以本地模式运行 Dask。这意味着我们要求 Dask 做的所有事情都在一台计算机上执行。在本地模式下运行 Dask 对于原型设计、开发和临时性探索非常有用，但我们仍然会很快达到单台计算机的性能限制。正如在第 1 章中假设的厨师需要召唤援手以便及时准备晚餐一样，也可配置 Dask 将工作分散到许多计算机上以更快地处理大型工作。当有时间限制时，这在生产系统中变得尤为重要。因此，通常在生产中，以集群模式扩展和运行 Dask。

图 11.1 显示了我们到达了工作流程的最后一部分："模型部署和监控"。虽然在设计解决方案时提前规划总是好的，但最终版本很难准确表示最初的设想。这就是我们为什么把部署和监控放在工作流程最后的原因。一旦你清楚了解了解决问题所需的数据、数据量以及应用程序必须多快地提供问题答案，可以开始计划需要哪些资源支持最终的解决方案。这些考虑通常在解决方案的原型设计期间得到解决。幸运的是，Dask 旨在尽可能无缝地从 Notebook 计算机上的原型过渡到集群上的全面应用程序。实际上，调度器无论是以本地模式还是集群模式运行，

对其他所有内容都是透明的。这意味着你写的任何 Dask 代码，以及我们在之前的 10 个章节中涵盖的所有代码，都可以放在你的 Notebook 计算机和任何大小的集群上运行且不必修改。

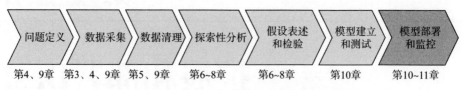

图 11.1 本章将介绍工作流程的"模型部署和监控"

也就是说，如何建立、维护和监控 Dask 集群仍然值得一看。在本章中，我们将介绍如何使用可被用作私有沙箱的 Amazon AWS 建立集群。AWS 被选中进行这个实践，因为它是一个非常流行的云计算平台，具有支持性社区，有大量学习资源和慷慨的账户，允许免费试用 AWS。Dask 适合在其他云计算平台(如 Microsoft Azure 或 Google Cloud Platform)上运行，当然，也可以在私有服务器场(farm)上运行。虽然这个练习也将提供一些关于 AWS 和 Docker 元素的良好实践经验，但重点将主要放在 Dask 上。我们将只介绍 AWS 和 Docker 的基本知识，因为需要知道这些知识才能启动和运行集群。你可能还会遇到 AWS 和 Docker 的问题，我们还将介绍一些常见的故障排除步骤。但是，它们本身都是庞大的学科，在这里深入研究它们没有太大必要。

11.1 使用 Docker 在 Amazon AWS 上创建 Dask 集群

在开始前，先介绍一些基本术语，并了解将在 AWS 中创建的架构。

如图 11.2 所示，系统有 4 个不同元素：客户端、Jupyter Notebook 服务器、Scheduler 和 worker。这 4 个元素各自扮演着不同角色。

Scheduler(调度器)——通过 Notebook 服务器从客户端接收作业，拆分要完成的工作，并协调工作节点完成工作。

worker(工作节点)——从调度器接收任务并计算它们。

Jupyter Notebook 服务器——提供前端以允许用户运行代码并将作业提交到集群。

客户端——向用户显示结果。

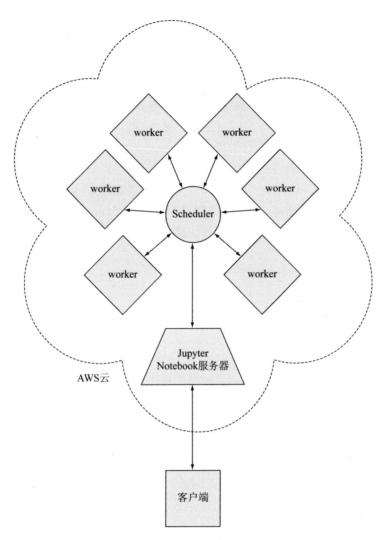

图 11.2 我们的 Dask 分布式集群的架构图

11.1.1 入门

在本地模式下，所有任务在同一台计算机上运行，默认情况下，工作线程数与 CPU 核心数相对应。在集群模式下，我们将配置每个任务在单独计算机上运行。还可以自由地增加或者减少工作节点的数量，使得可以根据需要灵活地扩展集群。但是，由于所有这些元素都将驻留在不同计算机上，我们必须考虑一些新因素：数据必须位于所有工作节点都可以访问的共享位置，并且所有工作节点必须安装正确的 Python 包。第一个需要考虑的因素毋庸置疑，即建立一个每个工作节点都可以访问的共享文件系统，然后把数据放在这个共享文件系统里。第二个应该考虑的因素从过去来看处理起来有点棘手。比如，如果想运行第 9 章中的代码，该代码使用 NLTK(自然语言工具包)在集群上过滤掉所有停顿词，那么我们必须确保集群中的每个工作节点都安装了 NLTK，并且下载了停顿词数据。如果在集群中有少量工作节点，那么手动执行可能不是问题，但如果需要将集群扩展到 10 000 个工作节点，那么逐一配置的话将需要很长时间。这就是 Docker 发挥作用的地方。Docker 基本上允许我们创建一个镜像，其中包含创建系统的数据和指令。镜像可在容器内启动，就像虚拟机一样成为一个功能齐全的独立系统。这个镜像可部署到 Amazon ECS 上，只需要按下一个按钮，就可以启动数百或数千的工作节点，使得它们都具有相同的配置和软件。在本章的后面，将创建一个 Docker 镜像，其中包含运行 Dask 工作节点以及所需的 Python 包的所有软件。我们也会为调度器和 Notebook 服务器执行相同的操作。所以本节的总体目标包含在以下场景中：

使用 8 个 ECS 实例设置 Amazon AWS 环境，并使用提前创建好的 Dask Docker 镜像部署 Dask 集群。

如果要按照示例进行操作，需要从 www.docker.com/get-started 下载并安装最新版本的 Docker。这样才能创建需要的镜像。你还需要按照 https://aws.amazon.com/free 上的说明创建 AWS 账户。需要注意，这些操作仅在使用 AWS 免费套餐的条件下才能执行，但如果亚马逊要求预先付款来以激活账户，你一定要在操作结束后遵循清除说明，避免产生账户费用。如果确实超出了 AWS 免费规则的限制，由于我们使用的资源非常有限，因此你的花费也是极低的。你还需要一个 SSH 客户端。如果使用的是 macOS 或 Unix/Linux 操作系统，则应在系统上预安装 SSH 客户端。如果使用的是 Windows 操作系统，那么可以下载 PuTTY 等 SSH 客户端 (https://docs.aws.amazon.com/AWSEC2/latest/UserGuide/ putty.html)。最后按照 https://aws.amazon.com/cli 上的说明安装 AWS 命令行界面(CLI)工具。完成设置后，下面按照七个步骤来配置集群：

(1) 生成安全密钥。
(2) 创建 ECS 集群。
(3) 配置集群的网络。
(4) 在 Elastic 文件系统(EFS)中创建共享数据驱动器。
(5) 在 Elastic Container Repository(ECR)中为 Docker 镜像分配空间。
(6) 为调度器、工作节点和 Notebook 服务器创建和部署镜像。
(7) 连接到集群。

11.1.2 生成安全密钥

首先，登录 AWS 控制台。你应该可以看到如图 11.3 所示的页面。

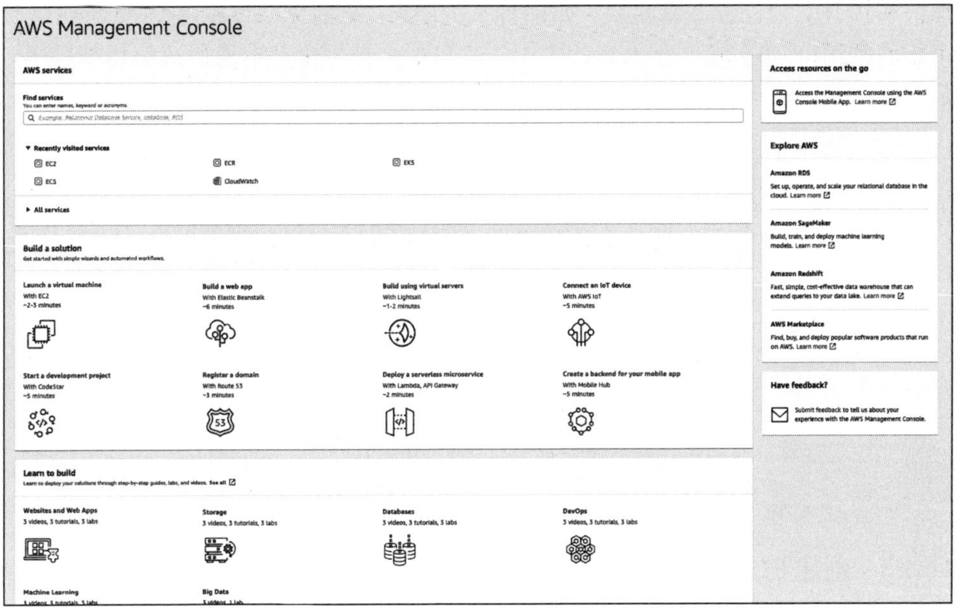

第 11 章　扩展和部署 Dask

图 11.3　AWS 控制台主界面

我们要做的第一件事是创建一个安全密钥，然后在部署 Docker 镜像时使用密钥对 AWS 进行身份验证。执行此操作，将鼠标指在 bell 图标旁的右上角账户名上，如图 11.4 所示。

单击 My Security Credentials，进入 Your Security Credentials 页面。如果收到弹出的警告消息，如图 11.5 所示，选择 Continue to Security Credentials。

图 11.4　账户控制菜单

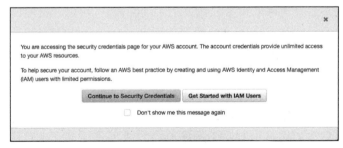

图 11.5　安全警告消息

单击 Access Keys 的下拉区域。如果有任何现有的密钥，则可以选择 Delete 以删除它们。然后单击 Create Access Key。可以看到一个类似图 11.6 的对话框，其中包含你的新访问密钥和私有访问密钥(图 11.6 中的密钥已被遮蔽以保证安全，你会在页面上的对话框中看到实际生成的密钥)。单击 Download Key File，下载包含这两个值的 CSV 文件。如果愿意，可以截取页面，因为稍后会使用这些密钥。

保留私钥并安全保管非常重要。如果将私钥遗失，它将无法恢复(必须重新创建一个新的密钥)，如果私钥落入坏人手中，它可能会被用来获取密码或信用卡号码，危害 AWS 账户。

图 11.6　Create Access Key 对话框

创建安全密钥后，下一步是创建 ECS 集群。

11.1.3　创建 ECS 集群

在云端工作时，通常会谈论"计算资源"而不是物理计算机。因为当服务器在云端被征用后，它们很少是专门为一个人使用的物理机器。取而代之的是，它们是虚拟机，称为"实例"，它们在许多其他云客户共享的庞大服务器集群上运行。不过，对于用户来讲，它们似乎又是单独的物理机器。每个实例都有自己独立的 IP 地址、文件系统空间等。在 AWS 中，云计算资源是通过 Elastic Compute Cloud(EC2)进行申请——这个服务允许创建和移除可用于托管任何所需内容的虚拟服务器。ECS 支持在 EC2 实例上的容器中运行 Docker 镜像。这非常有用，因为不必登录每个 EC2 实例然后手动配置它。可以轻松地使用 EC2 实例运行我们在本章后面创建的 Docker 镜像的副本。

由于许多用户已经接受了使用 Docker 进行云部署的简易性，因此亚马逊简化了申请 EC2 实例并将 Docker 配置为设置向导的流程。然后很快将通过安装向导。首先创建一个 SSH 密钥，将其与 EC2 实例关联。这样便可以使用 SSH 登录 EC2 实例(稍后将执行此操作)。开始时，用鼠标在 AWS 控制台上滑到 Services 菜单，然后在 Compute 栏目下选择 EC2。图 11.7 显示了菜单区域，可在其中找到 EC2 的链接。

跳转到 EC2 仪表板后，单击类似于图 11.8 的区域，显示 0 Key Pairs。

单击 Create Key Pair 按钮，如图 11.9 所示。

当系统提示给密钥对指定名称时，输入 dask-cluster-key 并单击 Create。这样可以创建密钥对并将其下载到下载文件夹里。下载文件应该被命名为 dask-cluster-key.pem.txt。把它重命名为 dask-cluster-key.pem 并保存在安全之处。这是一个私钥文件，应保存好它，因为私钥可用来访问 EC2 实例。

第 11 章 扩展和部署 Dask

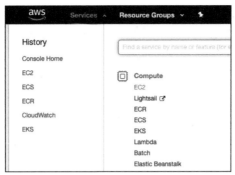

图 11.7 导航到 EC2 仪表板

图 11.8 导航到密钥对界面

图 11.9 选择 Create Key Pair

创建密钥对后，可创建 ECS 集群。返回到 AWS 控制台左上角的 Services 菜单，然后在 Compute 菜单下选择 ECS。当看到 ECS 欢迎界面时，请单击页面左侧 Amazon ECS 菜单下的 Clusters 菜单项。现在应该看到一个类似于图 11.10 的界面。

图 11.10 Amazon ECS 集群管理界面

单击界面左上角区域中的 Create Cluster 按钮。将启动 ECS Create Cluster 向导。当系统提示你选择集群模板时，请选择 EC2 Linux + Networking，如图 11.11 所示。单击 Next step 按钮进入配置集群页面。在集群名称框中输入集群名，如 dask-cluster。集群的名称不能有除连字符以外的任何空格、大写字母或特殊字符。在 EC2 Instance Type 下拉框中选择 t2.micro 实例类型。这个实例类型适用于 AWS 免费版。最后，在 Number of Instances 框中输入 8，然后在 Key pair 下拉框中选择之前创建的密钥对。其余选项可保留默认值。在继续操作之前，验证配置与图 11.12 类似。

图 11.11　ECS Create Cluster 安装向导步骤 1

验证配置后，单击页面底部的 Finish 按钮，创建集群。如果一切都输入成功，将看到 Launch Status 界面。这个界面显示的是请求和创建集群的进度。当 View Cluster 按钮亮起后，集群完成创建。单击页面左侧菜单上的 Cluster。然后回到 Clusters 界面，在这个界面可以看到新创建的集群。界面应与图 11.13 类似。

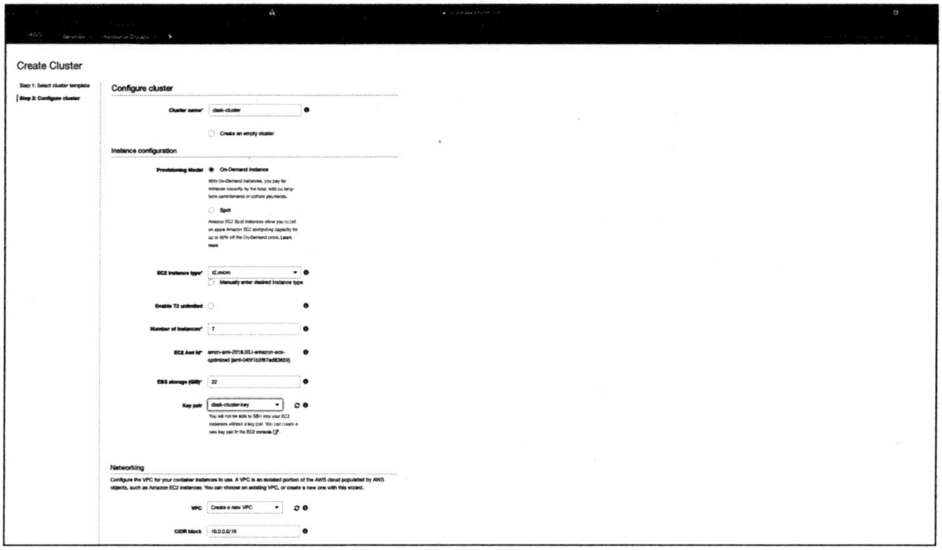

图 11.12　集群配置设置

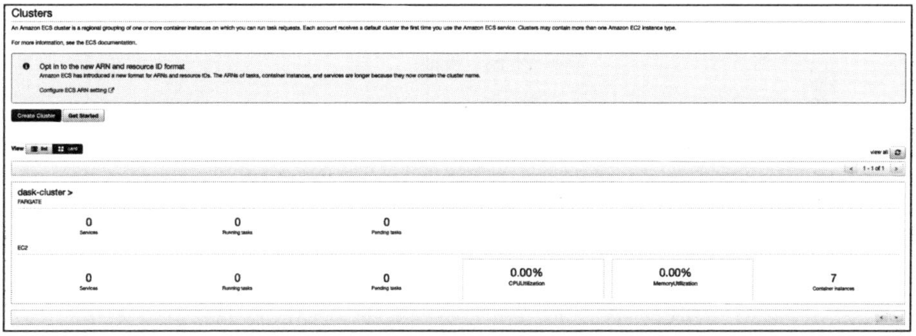

图 11.13　显示新创建的集群的状态窗口

这个界面上最重要的注意事项是页面最右侧的容器实例数。这显示的是当前正在运行并加入集群的 EC2 实例数。由于我们申请了 8 个 EC2 实例，因此应该可以看到显示的 8 个容器实例可用。如果没有看到 8 个容器实例，请等待几分钟并刷新页面。有时，EC2 实例需要几分钟才能完全启动并连接到集群。

11.1.4　配置集群的网络

现在，集群已启动并运行，需要配置集群的防火墙规则以允许连接到它。为此，需要返回 EC2 Dashboard。单击 Services 菜单，然后在 Compute 部分选择 EC2。进入 EC2 Dashboard 后，从 NETWORK & SECURITY 标题下页面左边的菜单中选择 Security Groups，如图 11.14 所示。

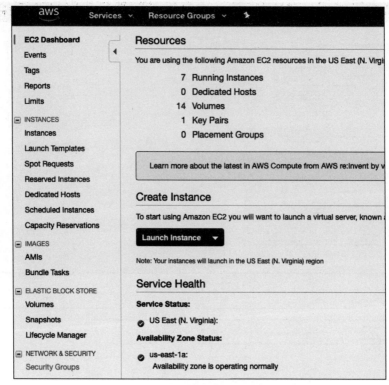

图 11.14　显示安全组配置的 EC2 Dashboard 菜单

图 11.15 显示了安全组的示例。在 Security Groups 页面，找到与你刚刚创建的集群对应的安全组。组名应该类似于 EC2Container- Service - *<cluster name>* -EcsSecurityGroup-xxxxxxxxx。可单击安全组左侧的复选框并将其选中。

Name	Group ID	Group Name	VPC ID	Description
	sg-0540d2666321f4e15	default	vpc-0a2df8e3dfc8fe3e4	default VPC security group
	sg-50815413	default	vpc-aa4be3d0	default VPC security group
	sg-0a6779447dfbc9b22	EC2ContainerService-dask-cluster-EcsSecurityGroup-19IMGAMH6D7RF	vpc-0a2df8e3dfc8fe3e4	ECS Allowed Ports
	sg-06bb25178c347d26a	launch-wizard-1	vpc-aa4be3d0	launch-wizard-1 created 2018-12-08T16:46:26.332-06:00
	sg-0103fddb2a70eadff	launch-wizard-2	vpc-aa4be3d0	launch-wizard-2 created 2018-12-09T11:17:59.524-06:00

图 11.15　ECS 集群的安全组示例

在页面的下半部分，选择 Inbound 选项卡并单击 Edit 按钮，如图 11.16 所示。

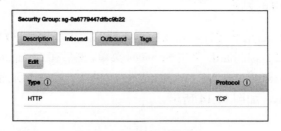

图 11.16　入站防火墙规则

首先创建规则，从而允许你的 IP 地址可对其进行 SSH 连接，登录到属于集群的 EC2 实例。在 Type 列下选择 SSH，然后在 Source 列下选择 My IP。还可输入防火墙规则的可选说明。图 11.17 显示了此配置的一个示例(注意，你的 IP 地址与图中的 IP 地址可能不同)。

图 11.17　SSH 防火墙规则示例

配置的下一个规则是允许所有 EC2 实例之间相互通信。例如，Dask 调度器需要能够与工作节点通信以分发指令。再次单击 Add Rule，从 Type 列中选择 All TCP，然后从 Source 列中选择 Custom。在选择 Custom 的下拉框旁边，开始输入 ec。将显示所列出安全组的下拉列表，如图 11.18 所示。

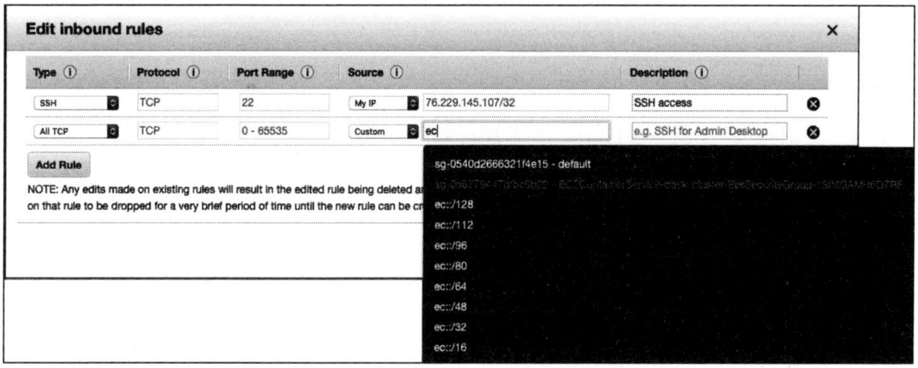

图 11.18　从安全组创建入站规则

从下拉列表中选择 ECS 集群安全组。最后，需要为 Jupyter Notebook 服务器以及 Dask 诊断管理页面打开端口。图 11.19 显示了要创建的两个附加规则的相关配置。

为 Jupyter Notebook 服务器创建入站规则，单击 Add Rule，从 Type 列中选择 Custom TCP Rule，在 Port Range 列中输入 8888，然后从 Source 列中选择 My IP。接着为 Dask 管理端口创建相同的规则。在 Port Range 列中输入 8787-8789，而不是端口 8888。创建所有规则后，单击 Save 按钮。

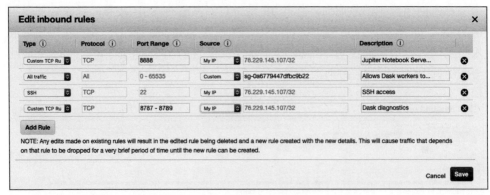

图 11.19　Jupyter 和 Dask 管理的防火墙规则

保存规则后，测试它们以确保一切都按预期工作。我们首先需要找到其中一个正在运行的 EC2 实例的 IP 地址或主机名。在 EC2 Dashboard 上，单击 Instances 标题下左侧菜单中的 Instances，进入 EC2 实例管理器。在界面上，可以看到所有当前运行的 EC2 实例的列表，如图 11.20 所示。

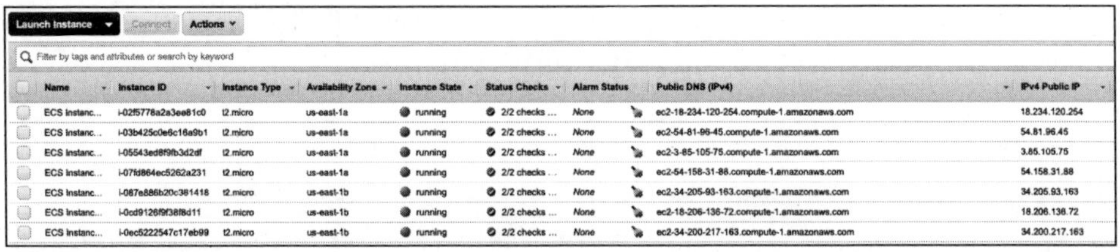

图 11-20　当前运行的 EC2 实例的列表

在 Public DNS (IPv4) 列中复制其中一个主机名。选择哪一个并不重要。

1. 在 macOS/Linux/Unix 上使用 SSH 连接

要连接到 EC2 实例，请根据使用的操作系统使用以下说明：

(1) 打开终端窗口并导航到存储 daskcluster-key.pem 文件的文件夹。

(2) 如果这是你第一次连接，请通过输入 chmod 400 dask-cluster-key.pem 使 PEM 文件为只读，否则，SSH 客户端可能不允许使用密钥文件进行连接。

(3) 为进行连接，请输入 ssh -i dask-cluster-key.pem ec2-user@<hostname>；将从 EC2 实例管理器复制的主机名填入<hostname>空间。

(4) 如果系统提示你添加密钥指纹，请输入 yes。

(5) 如果连接成功，应该可以看到类似于图 11.21 的登录界面。

(6) 如果连接不成功，请仔细检查是否正确输入了 SSH 命令。如果连接问题仍然存在，请仔细检查防火墙规则以确保打开正确的端口。

![终端截图]

图 11.21　与 EC2 实例的成功连接

2. 在 Windows 上使用 SSH 连接

与 MacOS/Linux/Unix 系统不同，Windows 没有内置的 SSH 客户端。亚马逊推荐使用 PuTTY 的免费版 SSH 客户端连接到 EC2。可在 https://docs.aws.amazon.com/AWSEC2/latest/UserGuide/putty.html 上找到有关下载和安装 PuTTY 以及使用它连接到 EC2 实例的说明。

成功连接到 EC2 实例后，可立即断开连接。在你将在下一部分的末尾重新连接，以将一些数据上传到我们即将创建的共享文件系统。在这方面，不要将 EC2 实例的主机名或 IP 地址复制到任何地方。EC2 实例是暂时的，这意味着它们的 IP 地址和文件系统内容等特性只在实例的生命周期中存在。当 EC2 实例结束时，它们会释放 IP 地址，并且实例在启动备份时几乎不可能再分配到相同的 IP 地址。通常，只要连接到 EC2 实例，就应该可以使用 EC2 实例管理器查找当前的 IP 地址。同样，不要在 EC2 实例上存储想要长期访问的数据。相反，应该将持久化数据放在持久性文件系统上，我们将在下一节介绍如何创建 Elastic 文件系统的共享。

11.1.5　在 Elastic 文件系统中创建共享数据驱动

在离开 EC2 实例管理器之前，需要从其中一个 EC2 实例获取 VPC ID。EC2 使用 VPC ID 来识别属于你账户的云资源。要获取这个值，在 EC2 实例管理器中选择一个实例，然后查看窗口的下半部分以获取 VPC ID 值。你应该在 Private IPs 下获取此值，如图 11.22 所示。

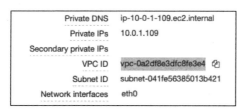

图 11.22　EC2 实例管理器中的 VPC ID

复制此值，然后单击页面左上角的 Services 菜单。在 Storage 标题下选择 EFS。你将进入 Amazon EFS 的欢迎界面。单击 Create File System 按钮，启动 EFS 创建向导。第一步，从 VPC 下拉框中选择与从 EC2 实例复制的 VPC ID 匹配的 VPC ID。在 Create mount targets 区域中，保留 Subnet 列的默认值，清除 Security groups 框。然后，开始输入 EC2(使用大写字母)并选择 ECS 集群的安全组 ID(它应类似于 EC2ContainerService-<*cluster name*>-EcsSecurityGroupxxxxxxxxx)。界面应该与图 11.23 类似。

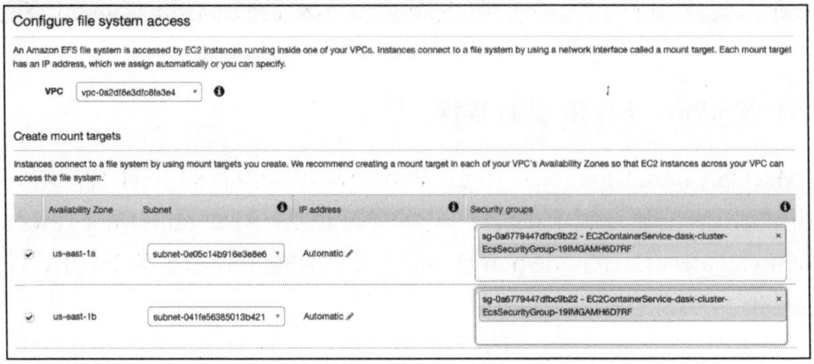

图 11.23　EFS 的文件系统访问配置

单击 Next 按钮。接受默认值，然后再次单击 Next 按钮。最后，在审阅界面上单击 Create File System。几分钟后，你应该可以看到文件系统已成功创建。在离开页面之前，请复制我们刚才创建的文件系统的 DNS 名称。这个值显示在 File system access 标题下方，如图 11.24 所示。

图 11.24　EFS 的 DNS 名称

既然已经创建了文件系统，需要通知 EC2 实例在引导时挂载文件系统，以便可将其用于存储。为此，请导航回到 EC2 Dashboard。在左侧菜单中，单击 Auto Scaling 标题下的 Launch Configurations。Create launch configuration 的显示和外观界面如图 11.25 所示。

图 11.25　启动配置管理器

选择启动配置(应只有一个)，单击 Actions 按钮，然后选择 Copy Launch

Configuration。将出现 Copy Launch Configuration 向导。在页面的上边缘单击 3。配置详细信息，然后展开 Advanced details 部分。界面应该与图 11.26 类似。

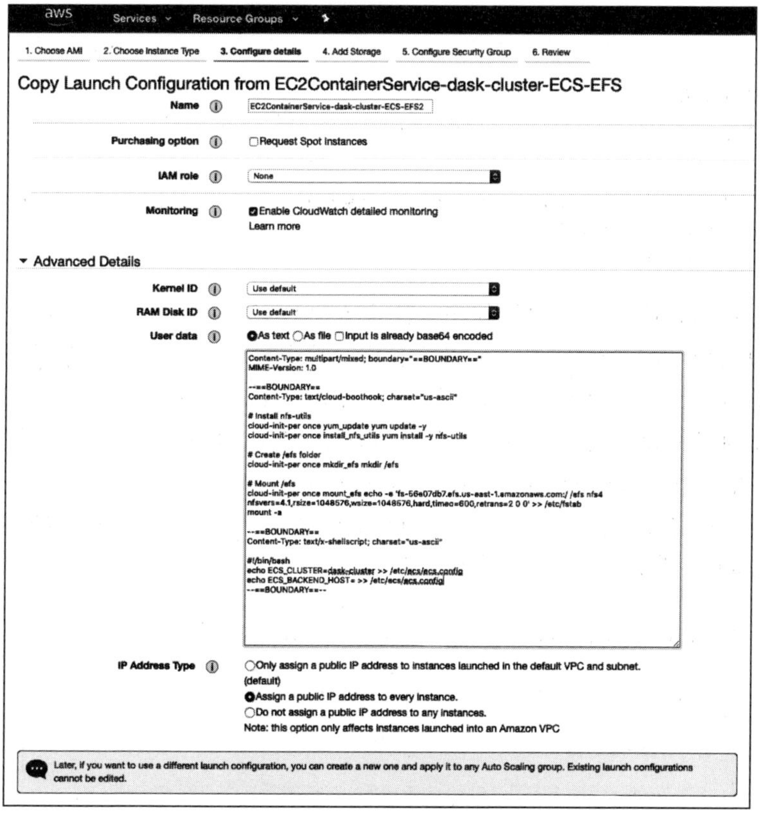

图 11.26　启动配置详细信息

在 Name 字段中为新的启动配置指定唯一名称，并且确保在 IAM role 的下拉框中选择 ecsInstanceRole。否则，重启后的 EC2 实例将无法与 ECS 通信。在 User data 字段中，将代码清单 11.1 的内容复制到文本框中。

代码清单 11.1　启动配置的用户数据

```
Content-Type: multipart/mixed; boundary="==BOUNDARY=="
MIME-Version: 1.0

--==BOUNDARY==
Content-Type: text/cloud-boothook; charset="us-ascii"

# Install nfs-utils
cloud-init-per once yum_update yum update -y
cloud-init-per once install_nfs_utils yum install -y nfs-utils

# Create /efs folder
cloud-init-per once mkdir_efs mkdir /efs
```

```
# Mount /efs
cloud-init-per once mount_efs echo -e '<your filesystem DNS name>://efs nfs4
  nfsvers=4.1,rsize=1048576,wsize=1048576,hard,timeo=600,retrans=2 0 0' >>
  /etc/fstab
mount -a

--==BOUNDARY==
Content-Type: text/x-shellscript; charset="us-ascii"

#!/bin/bash
echo ECS_CLUSTER=<your ecs cluster name> >> /etc/ecs/ecs.config
echo ECS_BACKEND_HOST= >> /etc/ecs/ecs.config
--==BOUNDARY==--
```

填写从 EFS 确认界面中复制的文件系统的 DNS 名称，其中显示的是*<你的文件系统DNS 名称>*，并填写 ECS 集群名称，其中显示*<你的ECS 集群名称>*(除非你选择了其他名称，否则它应该是 dask-cluster)。此数据实质上告诉 EC2 实例将自己配置为在引导时安装先前在该部分创建的 EFS 文件系统。将用户数据添加到配置后，单击 Skip to Review，然后单击 Create launch configuration。当提示选择密钥对时，请选择之前生成的 dask-cluster-key。选中复选框，然后单击 Create launch configuration。图 11.27 显示了该对话框。

图 11.27　确认密钥对

创建启动配置后，单击 Close 按钮。然后，在左侧菜单中，单击 Auto Scaling 标题下的 Auto Scaling groups。我们现在需要配置 EC2 实例以使用新的启动配置。选择在创建 ECS 集群时自动创建的自动缩放组(应该只有一个)，然后单击 Edit 按钮。自动缩放组管理器界面应该类似于图 11.28。

在 Edit details 对话框中，将 Launch Configuration 下拉列表更改为刚创建的启动配置。界面应该类似于图 11.29。此配置非常重要——它控制着 ECS 集群中有多少 EC2 实例。应该包括在 Dask 集群中需要的工作节点的数量，还有一个用于托管调度器的实例和一个用于托管 Notebook 服务器的实例。通过集群中的 8 个实例，我们能拥有 6 工作节点、1 个调度器和 1 个 Notebook 服务器。如果想要 100 个工作节点，需要 102 个实例。完成 Auto Scaling group 的配置后，单击 Save 按钮。

图 11.28　自动缩放组管理器　　　　图 11.29　自动缩放组配置

因为启动配置只在 EC2 实例启动时运行，所以需要终止并重新启动当前运行的 EC2 实例，配置更改才能生效。为此，请跳转回到 EC2 实例管理器。然后，选择当前处于运行状态的所有实例，单击 Actions 操作按钮，选择 Instance State 实例状态，然后选择 Terminate。界面应该类似于图 11.30。

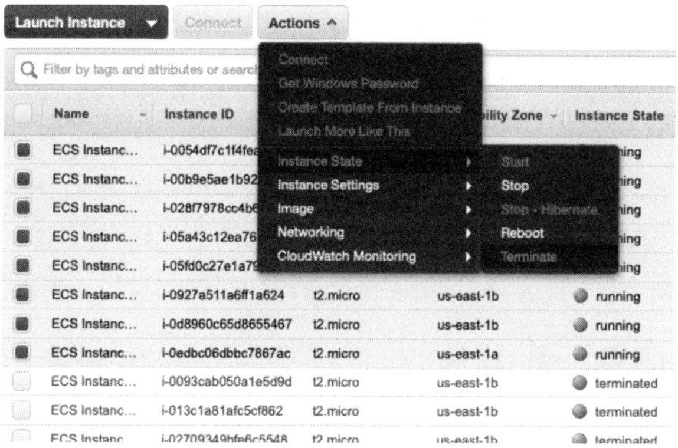

图 11.30　循环输出 EC2 实例以应用新的启动配置

当系统提示要终止实例时，请单击 Yes, Terminate。几秒钟后，将看到实例从绿色运行状态变为琥珀色关闭状态，并最终变为红色终止状态。大约 5～10 分钟后，你应该可以看到 8 个新的 EC2 实例的启动并变为绿色的运行状态。实例重新启动后，导航跳转回 ECS 仪表板，确保你的 ECS 集群显示的是 8 个连接的 ECS 容器实例。如果看到 0 连接的 ECS 容器实例并且至少持续了 15 分钟，请仔细检查启动配置中是否存在错误配置。特别注意 IAM 角色必须设置为 ecsContainerInstance，以避免阻止实例与集群关联的权限问题！

一旦 EC2 实例成功重启，需要通过上传一些数据测试 EC2 实例和 EFS 之间的连接是否正常。为此,导航并跳转回 EC2 Instances Manager,复制正在运行的 EC2 实例的主机名或 IP 地址。然后在第 11 章的文件中找到 arrays.tar。打开一个终端窗口并输入 scp -i dask-cluster-key.pem arrays.tar ec2-user@ <hostname>:/home/ec2-user。填写出现过<hostname>的 EC2 实例的名称。这使用 SCP 应用程序将 arrays.tar 文件上传到 EC2 实例的主目录。界面应该与图 11.31 类似。上传数据完成后,使用 SSH 连接到 EC2 实例。登录到 EC2 实例后,输入 tar -xvf arrays.tar 从 TAR 文件提取数据。界面应该与图 11.32 类似。

图 11.31　使用 SCP 上传数据

图 11.32　提取上传的数据

接下来,输入 rm arrays.tar 删除 TAR 文件,然后输入 sudo mv * / efs 将提取的数据移动到你创建的 EFS 卷。通过输入 cd/efs 然后输入 ls 来验证数据是否已移动。你应该看到显示的两个 ZARR 文件。最后,验证所有其他 EC2 实例是否可以访问这些数据。要执行此操作,请返回 EC2 实例管理器,复制其他正在运行的 EC2 实例的主机名,使用 SSH 连接到它,输入 cd/efs,然后输入 ls,并确认你仍然可以看到两个 ZARR 文件。每当需要存储可由所有 EC2 实例访问的其他数据时,可遵循将数据上传到一个实例并将其移动到/ efs 文件夹的相同模式。

11.1.6　在 Elastic Container Repository 中为 Docker 镜像分配空间

到目前为止,我们已经完成了集群基础架构的创建。在部署和启动 Dask 集群之前,需要做的最后一件事是为我们将在下一节创建 Docker 镜像分配一些空间。这将可以上传完整图像并在 ECS 容器中启动它们。首先返回 ECS Dashboard,然后单击左侧菜单上的 Repositories。将进入 Elastic Container Repository(ECR)的管理器页面。单击页面右上角的 Create repository 按钮以启动 Create repository 向导。我们将首先为调度器创建一个存储库。在空的名称字段中输入 dask-scheduler,界面应如图 11.33 所示。

单击 Create repository。返回 ECR Manager 页面后,再重复该过程两次。创建两个名为 dask-worker 和 dask-notebook 的存储库。完成创建存储库后,创建镜像并将其部署到集群。

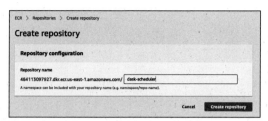

图 11.33　创建 ECR 存储库

11.1.7　为调度器、工作节点和 Notebook 创建和部署镜像

我们将从创建和部署调度器镜像开始，因为需要将工作节点镜像和 Notebook 镜像配置为指向使集群工作的调度器的 IP 地址。在开始前，确保 Docker 已经安装并且正在你的本地机器上运行。另外，请确保使用在第 11.1.1 节中创建的安全密钥进行 AWS CLI 的配置。可在 https://docs.aws.amazon.com/cli/latest/userguide/cli-chap-configure.html 找到有关配置 AWS CLI 的说明。验证完所有已配置的内容后，在第 11 章文件中找到 scheduler 文件夹，然后在终端窗口(如果运行的是 Windows，则为 PowerShell)中导航到该文件夹。在 ECR Manager 页面中，选择 dask-scheduler 的存储库，然后单击 View Push Commands 按钮。弹出窗口将类似于图 11.34。在终端或 PowerShell 窗口中依次复制并运行此对话框中的命令。在创建和运行的过程中，应该可以看到类似图 11.35 所示的内容。可能需要几分钟才可以完成，具体取决于计算机运行速度和互联网连接速度。创建完成后，可通过单击 dask-scheduler 存储库来验证镜像是否已上传。你应该可以看到类似于图 11.36 的页面。

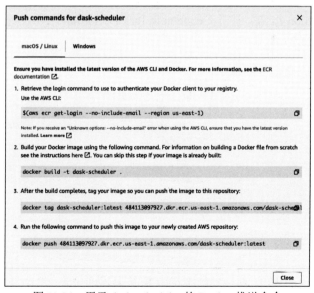

图 11.34　用于 dask-scheduler 的 Docker 推送命令

图 11.35　创建 dask-scheduler 镜像

图 11.36　验证 ECR 中是否存在镜像

此时已将映像上传到 ECR，我们需要告知 ECS 如何在容器中启动它。为此，需要创建一个 ECS 任务定义。在离开 ECR Manager 页面前，为 dask-scheduler 镜像复制 Image URI 列中的值，稍后将用到该值。

要为 scheduler 镜像创建任务定义，可单击 ECR Manager 页面左侧菜单中的 Task Definitions，从而打开 ECS Task Definitions Manager 页面。单击蓝色的 Create new Task Definition 按钮，打开 Create new Task Definition 向导。选择 EC2 作为启动类型，如图 11.37 所示。

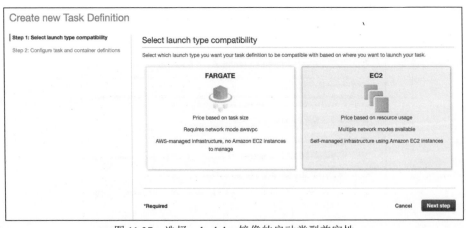

图 11.37　选择 scheduler 镜像的启动类型兼容性

单击 Next step。在打开的下一个页面中，在 Task Definition Name 字段中输入 dask-scheduler。在 Network Mode 下拉菜单中选择 Host。屏幕如图 11.38 所示。

图 11.38　任务定义配置

其他设置保留默认。向下滚动到 Volumes heading 区域，单击 Add volume，将看到一个用于添加卷的对话框。在 Name 字段中输入 efs-data，在 Source path 字段中输入/efs，如图 11.39 所示。

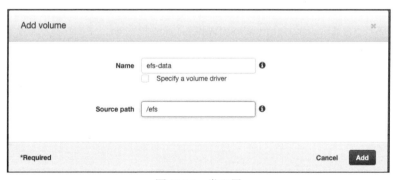

图 11.39　卷配置

单击 Add 按钮返回任务定义配置页面。接下来，单击 Container definitions 标题下的 Add container 按钮。在 Container name 字段中，输入 dask-scheduler。然后，将你从 ECR 管理器页面复制的镜像的 URI 粘贴到 Image 文本框中。接下来，将内存限制更改为 700MB 的软限制。最后为 TCP 端口 8786 和 8787 添加主机和容器端口映射，页面应该类似于图 11.40。

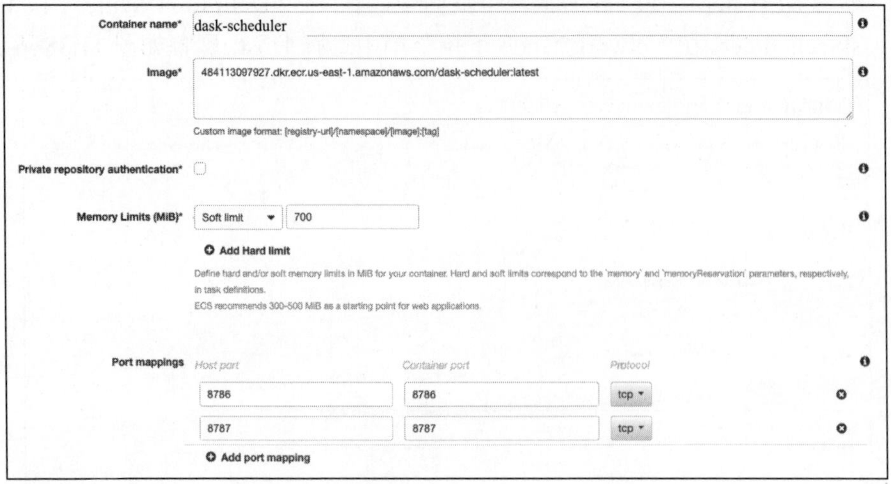

图 11.40　dask-scheduler 的容器配置

向下滚动到 Storage and logging 区域，并配置挂载点，如图 11.41 所示。

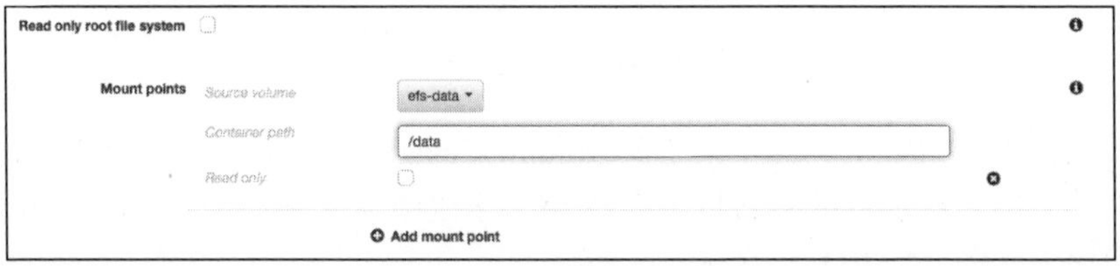

图 11.41　配置挂载点

选中标记为 Auto-configure CloudWatch Logs 复选框，并保留默认设置。页面应该与图 11.42 类似。

图 11.42　日志记录设置

最后，单击 Add 按钮完成将容器添加到任务定义中。页面现在应该与图 11.43 类似。

单击 Create 来创建任务定义，并观察任务定义是否已成功创建。我们现在有一个模板可用来启动 dask-scheduler 镜像的副本！现在我们所要做的是启动它。为此，必须创建一个绑定到任务定义的 ECS 服务。首先导航到 ECS 任务定义管理器页面，然后选中 dask-scheduler 任务定义旁的复选框。单击 Actions 按钮，然后选择 Create Service。这将启动 Create Service 向导。

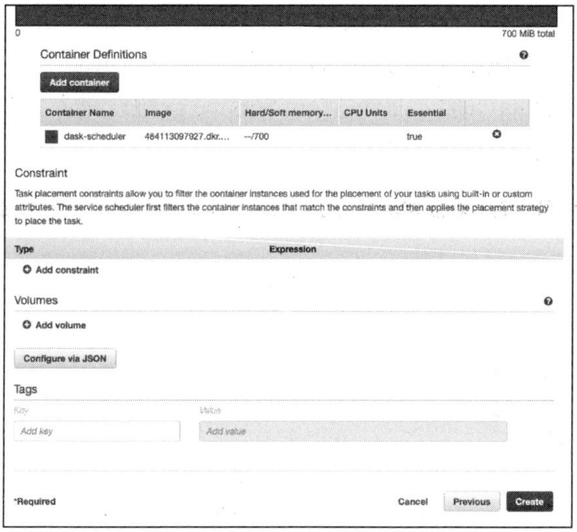

图 11.43　完整的容器配置

首先选择 EC2 作为 Launch 类型。接下来在 Service name 字段中输入 dask-scheduler。然后在 Number of tasks 字段中输入 1，并从 Placement Templates 下拉列表中选择 One Task Per Host。页面应如图 11.44 所示。

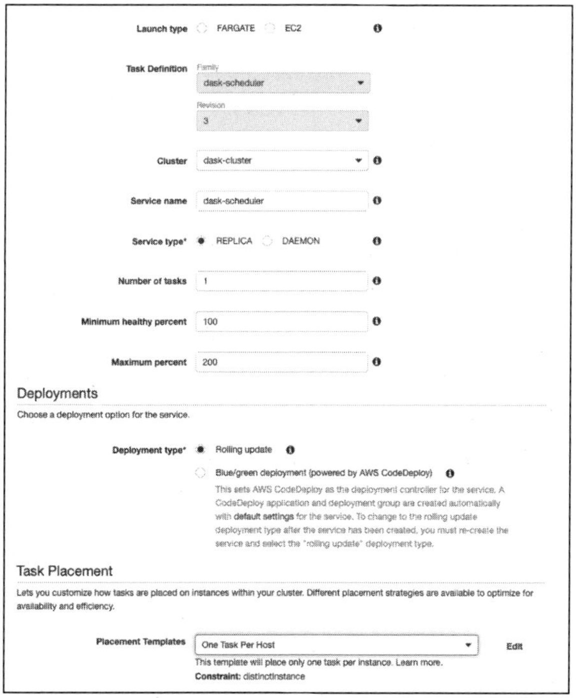

图 11.44　dask-scheduler 的服务配置

单击 Next step 按钮。在下一页面中取消选中 Enable Service Discovery Integration 旁边的复选框。将其他设置保留为默认设置。单击 Next step 按钮。将设置保留为默认设置，然后单击 Next step。最后，在审阅页面上单击 Create Service。你将进入 Launch Status 页面。单击 View Service 按钮以进入集群状态页面。页面应该与图 11.45 类似。

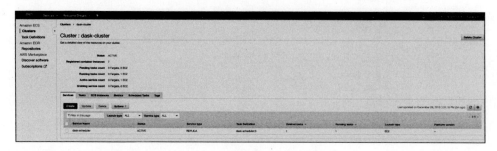

图 11.45　dask-cluster 的状态

要获取更多有关 dask-scheduler 服务的信息，可单击 dask-scheduler 链接。你将进入服务状态页面。几分钟后，你应该注意到有一个正在运行的任务，类似于图 11.46。

图 11.46　正在运行的任务示例

如果服务处于待处理状态，请再等待几分钟并刷新页面。有时，ECS 可能需要几分钟才能配置镜像。任务处于 Running 状态后，单击 Task 列下的链接以提取任务的详细信息。在任务详细信息页面上，你将看到名为 EC2 Instance ID 的字段旁边的链接。单击要转到 EC2 实例管理器的链接。这是运行 dask-scheduler 容器的 EC2 实例！比如当你要登录监视仪表板时，公共 DNS 名称和公共 IP 可用于从 AWS 外部连接到 scheduler。因为我们将在工作节点连接到集群后再打开诊断仪表板，所以要提前把公共 DNS 名称复制下来。该信息的一个示例如图 11.47 所示。

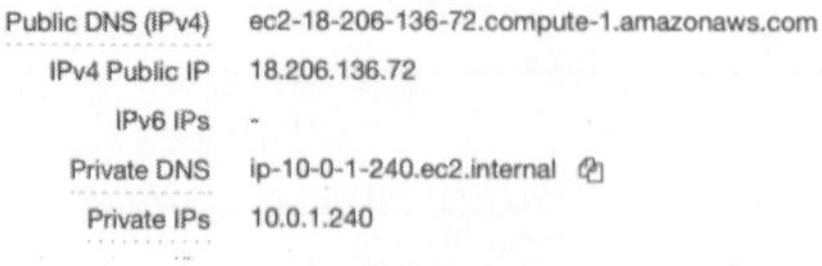

图 11.47　EC2 实例的 IP 和 DNS 信息示例

现在，我们已经准备好为 dask-worker 和 dask-notebook 部署镜像了！为此，请完全按照相同的步骤，分别使用 worker 和 notebook 文件夹中的 Dockerfiles 来部署和启动 dask-scheduler 镜像。当分别创建任务定义和服务时，请注意配置中的一些例外。

- 对于 dask-worker 图像：
    - Add Container 页面上的 Port mappings 应设置为 8000 tcp 而非 8786 tcp 和 8787 tcp。
    - Create Service 向导的 Step 1 页面上的 Number of Tasks 字段应设置为 6 而非 1。
- 对于 dask-notebook 图像：
    - Create Task Definition 向导的 Step 2 页面上的 Network Mode 下拉框应设置为 Default 而非 Host。
    - Add Container 页面上的 Port mappings 应设置为 8888 tcp 而非 8786 tcp 和 8787 tcp。

一旦你确认有 1 个正在运行的 dask-scheduler 服务实例，1 个正在运行的 dask-notebook 服务实例，以及 6 个正在运行的 dask-worker 服务实例，我们就可以连接到该集群并开始运行一些作业。

> **服务发现：工作人员如何找到调度器**
>
> 在云环境中工作所带来的挑战之一是基础架构的许多方面都是短暂的。例如，当 EC2 实例启动时，不能保证它具有与上一次运行时相同的 IP 地址。这可能会使我们的集群配置变得脆弱和棘手。例如，如果将调度器的 IP 地址硬编码到工作节点的配置文件中，我们必须确保调度器的 IP 地址始终与配置文件相匹配。如果调度器的 IP 地址发生更改，工作节点将无法在未更新配置文件的情况下与调度器通信。
>
> 服务发现的解决方案是试图创建一个众所周知的位置来解决这个问题，例如数据库或共享文件系统上的文件，并使用该位置存储有关哪些 IP 地址和端口托管服务的信息(有点像电话簿)。在集群中，我们使用一种非常简单的服务发现形式来通告调度器的 IP 地址。当调度器进程启动时，它会将主机名写入共享 EFS 文件系统的扩展名为 .scheduler 的文件中。当工作节点和 Notebook 镜像启动时，它们将读取此共享文件，并配置为与文件中指定的位置的调度器进行通信。更复杂的服务发现的解决方案层出不穷，如 Consul 和 Amazon 自己的 ECS 服务发现平台(遗憾的是，该平台在 AWS 免费层上不可用)，但为了简单起见，我们选择使用这种基于文件的解决方案。
>
> 也就是说，确保 dask-scheduler 服务始终在 dask-worker 和 dask-notebook 服务之前启动，因为 dask-worker 和 dask-notebook 服务依赖于从共享文件中读取 dask-scheduler 的位置。

11.1.8 连接到集群

dask-notebook 镜像包含一个 Jupyter Notebook 服务器,我们将用它与 Dask 集群进行交互。当 Dask 以集群模式运行时,它还提供了其他一些诊断工具,用于显示如何在集群上分配工作负载。这将有助于查看 worker 是否遇到了困难,或者日常是否正常跟踪工作进度。在连接到 Notebook 电脑服务器之前,先看一下诊断页面。要访问 Dask 集群上的诊断页面,请打开 Web 浏览器并输入 http://<*your scheduler hostname*>:8787,使用此前复制的公共 DNS 值替换<*your scheduler hostname*>。等到页面加载后,单击顶部菜单上的 Workers。你应该可以看到类似于图 11.48 的页面。

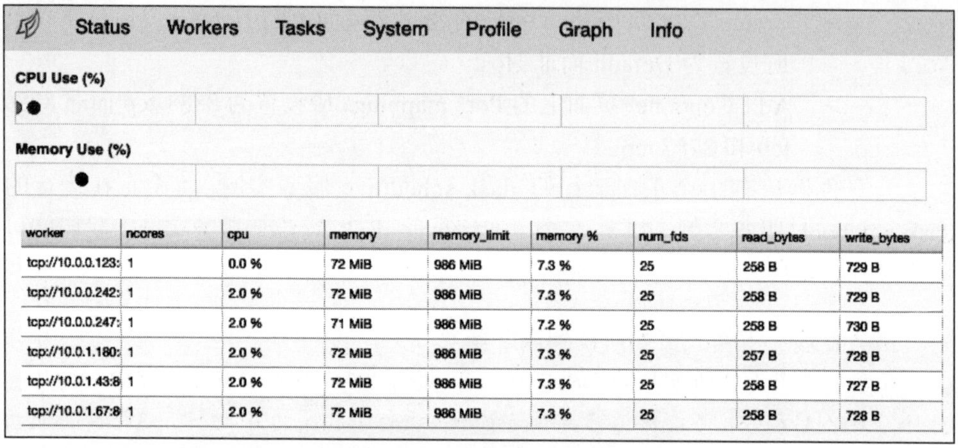

worker	ncores	cpu	memory	memory_limit	memory %	num_fds	read_bytes	write_bytes
tcp://10.0.0.123:	1	0.0 %	72 MiB	986 MiB	7.3 %	25	258 B	729 B
tcp://10.0.0.242:	1	2.0 %	72 MiB	986 MiB	7.3 %	25	258 B	729 B
tcp://10.0.0.247:	1	2.0 %	71 MiB	986 MiB	7.2 %	25	258 B	730 B
tcp://10.0.1.180:	1	2.0 %	72 MiB	986 MiB	7.3 %	25	257 B	728 B
tcp://10.0.1.43:8	1	2.0 %	72 MiB	986 MiB	7.3 %	25	258 B	727 B
tcp://10.0.1.67:8	1	2.0 %	72 MiB	986 MiB	7.3 %	25	258 B	728 B

图 11.48 Dask 集群的 worker 状态

可以从表中看到 6 行数据。这些对应于集群中的每个 worker。可以查看每个 worker 当前的 CPU 使用情况、内存使用情况和网络活动。此页面有助于密切关注 worker 的整体状况。保持这个窗口打开,稍后再回过头查看这个窗口。

最后,我们将连接到 Notebook 计算机服务器。为此,请按照为 dask-scheduler 容器查找公用 DNS 名称所采取的步骤查找 dask-scheduler 容器的公用 DNS 名称。复制 Notebook 服务器的公用 DNS 名称后,打开 Web 浏览器并在地址栏中输入 http://<*your notebook hostname*>:8888,用你复制的公有 DNS 名称替换<*your notebook hostname*>。页面应该类似于图 11.49。

要查找登录令牌,请返回你登录到 AWS 控制台的 Web 浏览器窗口。然后转到 dask-notebook 服务中当前正在运行的任务的详细信息,然后单击 Logs 选项卡。页面应该与图 11.50 类似。

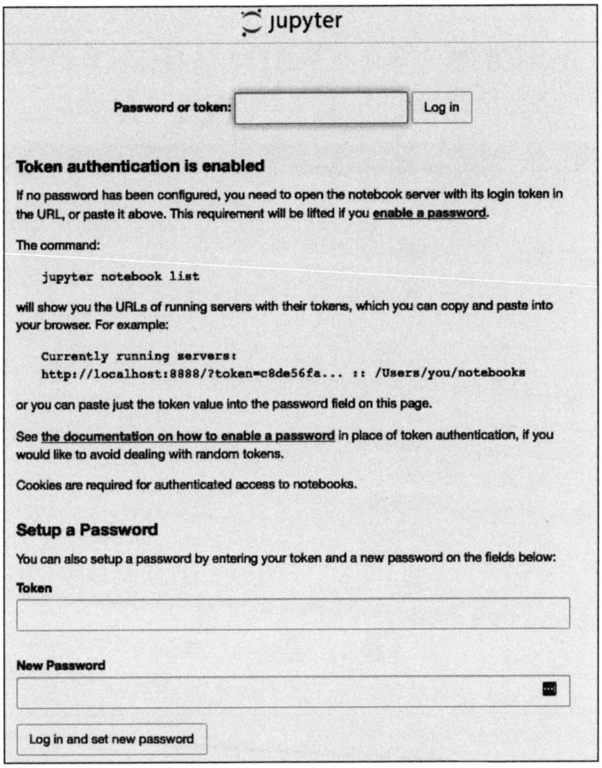

第 11 章 扩展和部署 Dask

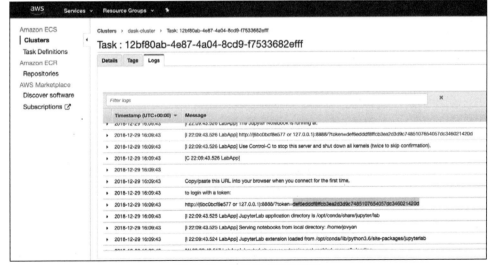

图 11.49　Jupyter 登录界面

图 11.50　任务日志记录页面

我们将每个任务定义配置为将日志发送到 AWS CloudWatch，因此可通过 ECS Dashboard 访问任何正在运行的容器的原始日志。如果需要更深入地了解特定服务后台的情况，请查看日志。默认情况下，Jupyter 在启动时会在日志中打印登录令牌。向下滚动，直至找到包含登录令牌的日志条目行。复制此值并将其粘贴到 Jupyter 登录窗口，然后单击 Log In。页面应该与图 11.51 类似。

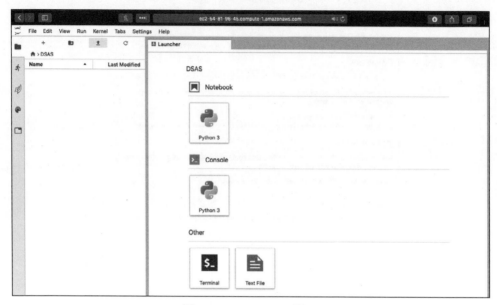

图 11.51　Jupyter Lab 窗口

从这里开始，就可以开始在集群上运行代码了！在下一节中，我们将了解如何将 Notebook 上传到 Notebook 服务器并监视集群上作业的执行情况。

11.2　在集群上运行和监视 Dask 作业

在本节中，我们将通过以下场景返回到我们在第 10 章中研究的情感分类器问题：
使用 Amazon Fine Foods 数据集，创建一个使用 AWS 中 Dask 集群的情感分类器模型，并监控作业的执行情况。

为简洁起见，第 11 章 Notebook 是第 10 章 Notebook 的节选。与运行从原始数据到完整情感分类器模型的整个过程不同，你在上一节上传到 EFS 的数据包含第 10 章中生成的 ZARR 文件。因此，第 11 章 Notebook 只是从预处理数据创建分类器模型的一个简短示例，突出显示在集群上运行代码必要的微小差异。在完成第 11 章的 Notebook 后，如果愿意，可以修改前面章节中的任何 Notebook 以在集群上运行。首先，将第 11 章 Notebook 上传到 Jupyter Notebook 服务器。

在 Jupyter Notebook 服务器的主页面上，单击 Settings 菜单下文件资源管理器窗格中的向上箭头图标。该按钮的位置如图 11.52 所示。

图 11.52　将 Notebook 上传到 Jupyter Notebook 服务器

导航到第 11 章 Notebook 的位置,然后单击 Upload。几秒钟后,你会看到 Notebook 显示在工作文件夹下的文件浏览器窗格中。双击 Notebook,在新选项卡中打开它。如前所述,此 Notebook 中的代码与第 10 章完全相同。只有两个差异允许代码在集群上运行:一是使用分布式客户端界面,二是对存储 ZARR 文件的文件系统路径进行微小更改。

分布式客户端界面是使代码在集群上运行而非在 Notebook 服务器本地运行的关键。

代码清单 11.2　初始化分布式客户端

```
from dask.distributed import Client, progress
client = Client()
client
```

这种情况下需要做的是初始化客户端。执行此代码后,任何计算类型的 Dask 方法(如 compute、head 等)都将发送到集群,而非在本地执行。可以选择将调度器的 IP 地址和端口传递给 Client 对象,但这种情况下,这不是必要的。因为你在上一节中为 Notebook 服务器镜像所做的 Dockerfile 更改是添加了一个包含调度器 URI 的环境变量。如果客户端构造函数中没有显式传递调度器 URI,它将读取 DASK_SCHEDULER_ADDRESS 环境变量的值。执行此代码后,可看到类似于图 11.53 的结果。

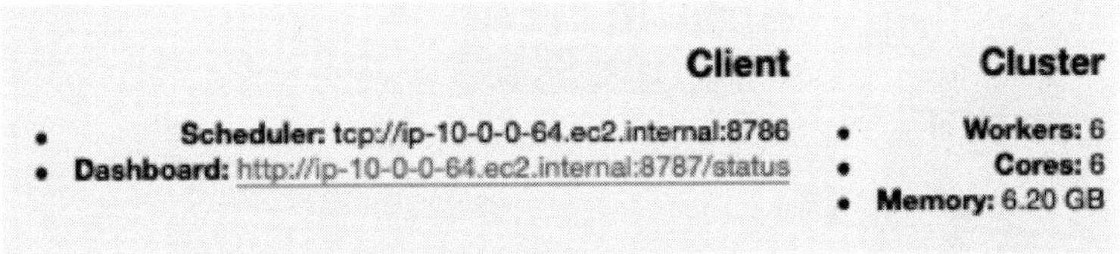

图 11.53　集群的客户端统计信息

这些信息表明,正如我们所期望的那样,6 个 worker 都在 Dask 集群中!现在可以运行任何 Dask 代码,它将在集群上执行。

对集群的 Notebook 进行的第二次更改发生在第二个单元格中。

代码清单 11.3　更改数据的文件路径

```
from dask import array as da
feature_array = da.from_zarr('/data/sentiment_feature_array.zarr')
target_array = da.from_zarr('/data/sentiment_target_array.zarr')
```

如你所见，被引用的数据文件位于/data 文件夹中。这是因为我们上一节在任务定义中设置的挂载点将/efs 文件夹从 EC2 实例公开给容器内的/data 文件夹。这意味着你复制到其中一个 EC2 实例上的/efs 文件夹的任何数据都可立即提供给/data 文件夹中的 Notebook 服务器和 worker 使用。如果要分析集群上的其他数据集，可按上一节的步骤，使用 SCP 将 arrays.tar 文件上传到 EFS。

最后，在执行 Notebook 中的其余单元格之前，请返回到 Dask 诊断窗口，然后单击顶部菜单上的 Status 链接。Status 页面提供有关 Dask 作业执行的详细信息。看到该页面后，执行 Notebook 中的剩余单元格。这将在集群上开启创建情感分类器模型的过程，你能在诊断页面上看到该过程的详细信息。诊断页面的示例如图 11.54 所示。

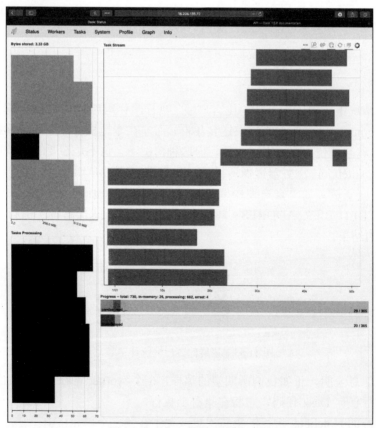

图 11.54　Dask 诊断页面的示例

Status 页面提供了作业在集群中有关进度的 4 种不同信息：
- 内存压力
- 工作级别任务队列
- 任务流
- 进度

从左上角开始，在字节存储之下是内存压力的信息。存储的字节数让我们知道集群中全局内存中存储了多少数据。这个数字通常会随着数据处理而上下波动。图中显示了每个 worker 的内存压力。蓝条表示 worker 有足够的内存，而黄条表示 worker 的内存不足，可能需要将数据溢出到磁盘。如果作业运行缓慢或者随机崩溃，请密切注意内存的压力，以确保工作不会耗尽内存。如果 worker 一直承受着很大的内存压力，那么重新对数据集分区并增加分区数量可能是个好主意。因为较小的数据块将更容易适应内存，并降低溢出到磁盘的需求。

内存压力图之下是工作级任务队列部分。这显示了根据调度器的当前执行计划，对当前排队等待在每个工作机上执行的任务数的简单计数。蓝条表示队列中可以接受的任务数，而红条表示 worker 正在缺少工作。当一个 worker 依赖于另一个 worker 正在处理的某些数据时，通常会发生这种情况。一般来说，任务应该平均分配给 worker。如果一个 worker 队列中的任务数比其他 worker 多得多，则该 worker 可能有问题，导致其处理速度比其他 worker 慢。最好检查 Dask 之外的另一个进程是否正在该 worker 上运行，或者它是否存在其他性能问题。

工作级任务队列部分的右侧是作业进度部分。它将显示有多少任务处于挂起状态，有多少任务已经完成，以及是否发生任何错误。随着工作接近完成，进度条将逐渐填满。任何出错的任务都将在另一个 worker 上重试。

最后，作业进度部分的上方是任务流部分。它显示了每个任务完成每个工作的时间。条形图的颜色与进度条的颜色相关。例如，如果 pandas_read 任务具有绿色进度条，则 pandas_read 任务的持续时间将在任务流中显示为绿色条。这可以用来从慢工作中发现低效率。如果某种类型的操作花费了很长时间，那么重构代码以提高效率。它还可用于帮助发现与工作级任务队列类似的单个工作节点的性能问题。例如，如果一个 worker 定期用 100 毫秒来完成 Pandas 的阅读任务，而其他 worker 每次只用 50 毫秒，则可能是某个 worker 出了问题，导致速度减慢。查看任务流的另一种方法是查看底层 DAG。诊断仪表板实际上允许在作业处理时实时查看基础 DAG。查看 DAG 时，请单击顶部菜单中的 Graph 链接。Graph 页面的一个示例如图 11.55 所示。

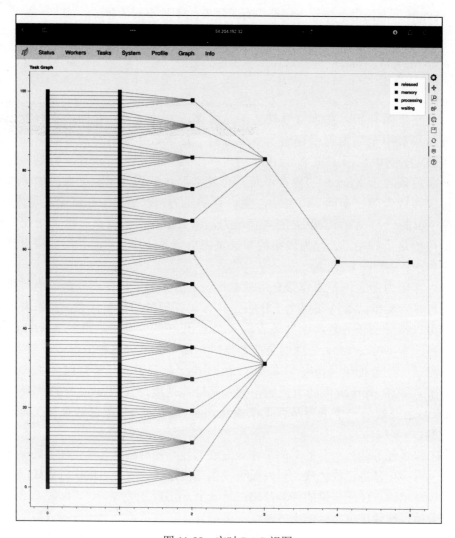

图 11.55　实时 DAG 视图

此页面上的 DAG 始终是从左到右读取。下游任务的所有上游依赖项将保留在内存中,直到下游任务完成处理。此时,来自上游任务的数据将从内存中释放。

11.3　在 AWS 上清理 Dask 集群

我们要讨论的最后一件事是如何清理 AWS 的服务。如本章前面所述,AWS 使用基于使用情况的计费方式。这意味着,每当 EC2 实例进入运行状态时,AWS 就会开始计算 EC2 实例的运行时间和每分钟的使用费用。AWS 免费套餐包括每月可以免费使用 750 小时的 EC2。我们在集群配置中有 8 个 EC2 实例,实例在启动时每 1 小时内可以同时产生 8 小时的效果。这意味着集群可以保持 93 小时或者不到 4 天时间在线，并且不会产生费用。幸运的是，可使用我们在本章前面配置的 Auto Scaling Group 轻松开启和关闭集群。

如果想要关闭 EC2 实例，只需要返回到 AWS 控制台的 EC2 仪表板，单击左侧菜单中 Auto Scaling 标题下的 Auto Scaling Groups。然后，为 ECS 集群选择自动缩放组(应该只有一个组)，然后单击 Edit。在 Desired Capacity 字段中，将 8 改为 0，然后单击 Save 按钮，页面如图 11.56 所示。

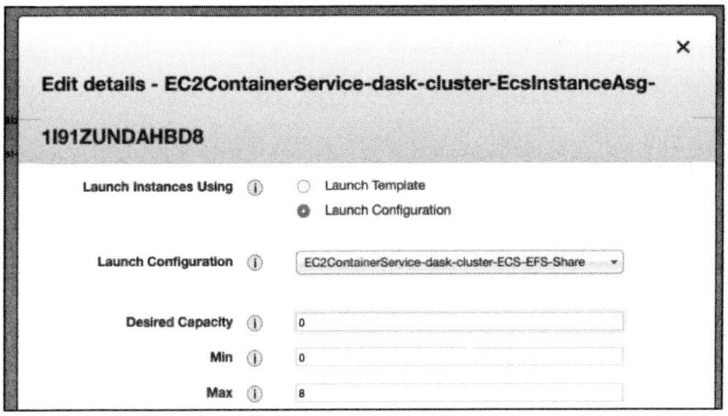

图 11.56　关闭 EC2 自动缩放组

几分钟后，EC2 实例将开始关闭。可以通过检查 EC2 Instances Manager 并观察正在运行的 EC2 实例的状态，看它现在处于 Shutting Down 还是 Terminated 状态。如果想要之后重新启动集群，只需要将 Desired Capacity 从 0 更改回 8(或改成你想要调出的任何实例数量对应的数字)。

其他需要考虑的服务是 EFS 和 ECR。由于这两种服务都是存储服务，因此它们都是根据正在使用的存储量的大小计费的。只要向/efs 文件夹上传数据总量不超过 5GB，就可以保持 EFS 免费。

不方便的是，ECR 有一些限制。ECR 的免费级别限制为每个月 500MB。按月存储意味着会计算一个月内使用存储量的平均值，如果该平均值超过 500MB，就将计费。3 个 Dask 集群的镜像消耗的总空间大约是 2GB，因此如果这些镜像在 ECR 中保留超过一周的时间，则将超过 ECR Free Tier 的限制。根据 ECR 每 GB 每月 0.10 美元的定价，将镜像存储在 ECR 中一整月将花费 0.20 美元。如果要避免所有可计费的费用，则必须在完成练习后删除 ECR 存储库。可以从 ECR Repository Manager 页面执行删除操作。但遗憾的是，如果希望以后继续使用集群，就必须重新部署镜像并重新创建 ECS 服务。

关闭 EC2 实例并删除 ECR 存储库后，将停止所有基于现有使用情况的计费。

11.4 本章小结

- Dask 集群可使用 Amazon AWS、Docker 和 ECS 在云上创建,并且允许根据工作负载的需求轻松地扩展集群的大小。
- 使用分布式任务调度器的客户端将作业提交到 Dask 集群。分布式任务调度器在整个集群中参与划分和组织工作,并将结果发送给末端用户。
- 访问分布式任务调度器的 8787 端口上运行的诊断页面,允许监控作业的执行情况并查看集群的问题。
- EC2 自动扩展组可用于快速启动和关闭集群,允许控制资源成本,并可在完成后轻松地清理资源。

附录 A

软件的安装

要运行 Jupyter Notebook 并使用本书中的示例代码，你必须在系统上安装以下软件。
- Python 2.7.14 以上版本或者 Python 3.6.5 以上版本(强烈推荐)
- 下面的 Python 库：
  - IPython
  - Jupyter
  - Dask (1.0.0 版本以上)
  - Dask-ML
  - NLTK
  - holoviews
  - geoviews
  - graphviz
  - Pandas
  - NumPy
  - Matplotlib
  - Seaborn
  - bokeh
  - pyarrow
  - SQLAlchemy
  - Dill

安装和维护所有必需的 Python 包的最简单方法是下载免费的 Python 发行版 Anaconda，可从 www.anaconda.com/download 进行下载。Anaconda 发行版支持 Windows、macOS 和大多数主要的 Linux 发行版。如果你安装了 Anaconda，除了 graphviz 和 pyarrow 外，安装程序中已经包含所有必需的库。要安装 graphviz 和 pyarrow，请按照 A.1 节中的说明进行。如果你希望从头开始安装所有软件包，请按照 A.2 部分中的说明进行。

A.1　使用 Anaconda 安装依赖库

如果已经安装了 Anaconda 发行版，则只需要安装 graphviz 和 pyarrow。如果已经设置了专门用于运行示例代码的虚拟环境，请确保在运行安装命令之前将其激活。打开命令提示符或终端窗口，然后输入以下命令。

```
conda install -c conda-forge pyarrow
conda install -c conda-forge dill
conda install graphviz
conda install python-graphviz
```

这样就可以使用 Jupyter Notebook 运行示例代码了。

A.2　不使用 Anaconda 安装依赖库

如果不使用像 Anaconda 这样的发行版来安装软件包，可以使用 pip 来实现。但是，强烈建议使用 Anaconda，因为从 pip 安装包时，你可能会遇到一些编译器或者运行时依赖性问题(例如，NumPy 需要使用 FORTRAN 编译器来构建)。请在命令提示符或终端窗口中运行以下命令，即可获取相应的程序包。

```
pip install ipython jupyter dask graphviz python-graphviz pandas numpy
matplotlib seaborn bokeh pyarrow sqlalchemy holoviews geoviews dask-ml
nltk dill
```

依赖库安装完成后，需要启动 Jupyter Notebook 服务器来运行所有示例代码。

A.3　启动 Jupyter Notebook 服务器

可通过打开终端或命令提示符并输入 jupyter notebook，然后按 Enter 键来启动 Jupyter Notebook 服务器，以运行本书提供源代码。系统默认 Web 浏览器应在几秒钟后打开，并自动导航到 Jupyter 主页。确保在工作时保持终端窗口处于打开状态，因为关闭窗口将导致 Jupyter Notebook 服务器终止。

A.4　配置 NLTK

对于第 9 章和第 10 章中的示例，需要为 NLTK 下载其他一些数据。为此，请在终端窗口中运行以下命令。

```
python -m nltk.downloader all
```

如果遇到问题，请尝试使用提升的权限运行命令(在 Unix/Linux/macOS 系统上使用 sudo 或在 Windows 中以管理员身份运行 cmd)。运行此命令后，就可以使用 NLTK 了。